21世纪全国本科院校土木建筑类创新型应用人才培养规划教材

城市与区域认知实习教程

邹　君　杨立国　编著
邓　昕　贺　伟

内 容 简 介

城市与区域认知实习是地理科学、人文地理与城乡规划及城乡规划等专业的主要实践教学环节，是大学生提高专业实践能力、培养团队协作精神的重要途径。针对当前地理类和规划类专业认知实习中面临的一些问题，结合国家强化实践教学环节的文件精神及我国高校当前的实际情况，本书就城市与区域认知实习需遵循的理念和原则、实习前的准备工作、实地调查环节的组织和指导方法、实习后期的总结提升等问题进行了探讨和说明，同时，对部分优秀实习作品进行了评析。

本书可作为地理科学专业、人文地理与城乡规划专业、城乡规划专业及资源环境类和城乡规划类相关专业本科生进行认知实习的参考教材，也可供上述相关专业的本科生和指导教师阅读，同时对低年级本科生的认知实习也具有重要的参考价值。

图书在版编目(CIP)数据

城市与区域认知实习教程/邹君等编著．—北京：北京大学出版社，2014.8
(21世纪全国本科院校土木建筑类创新型应用人才培养规划教材)
ISBN 978-7-301-24544-6

Ⅰ.①城… Ⅱ.①邹… Ⅲ.①城市规划—区域规划—中国—高等学校—教材 Ⅳ.①TU982.2

中国版本图书馆CIP数据核字(2014)第164112号

书　　　名：城市与区域认知实习教程
著作责任者：邹　君　杨立国　邓　昕　贺　伟　编著
策 划 编 辑：吴　迪
责 任 编 辑：伍大维
标 准 书 号：ISBN 978-7-301-24544-6/TU·0418
出 版 发 行：北京大学出版社
地　　　址：北京市海淀区成府路205号　100871
网　　　址：http://www.pup.cn　　新浪官方微博:@北京大学出版社
电 子 信 箱：pup_6@163.com
电　　　话：邮购部62752015　发行部62750672　编辑部62750667　出版部62754962
印　刷　者：北京宏伟双华印刷有限公司
经　销　者：新华书店
787毫米×1092毫米　16开本　13.5印张　309千字
2014年8月第1版　2015年11月第2次印刷
定　　　价：30.00元

前　言

近年来，衡阳师范学院城市与旅游学院城乡规划教研室的老师们在城市与区域认知实习的教学指导方面坚持贯彻“前移后拓”理念，在实习组织、实习管理、实习指导等诸多方面进行了大胆尝试和积极实践，取得了良好的教学效果，学生普遍反映收获颇丰。为此，在教育部地理科学“十二五”专业综合改革试点项目和湖南省普通高校教学改革研究项目“高师院校城乡规划专业认知实习模式探索与实践”（湘教通[2012]142 号）的资助下，我们着手编写了这本实习教材。

本书首先介绍了城市与区域认知实习的理念和原则，然后，分别从实习准备、实习过程和实习总结三个阶段介绍了认知实习的实习方法、实习管理、实习组织和实习指导等问题，最后附上近年来我系学生城市与区域认知实习的优秀实习作品，并对其进行了评析。本书对地理类和规划类相关专业低年级本科生的认知实习也具有重要的参考价值。

本书的编写分工如下：邹君负责第 1 章、第 2 章和第 3 章的编写（杨立国完成其中部分工作），第 4 章由杨立国、邓昕、贺伟、邹君共同完成（邹君完成 1 个专题，杨立国、邓昕、贺伟每人完成 3 个专题），第 5 章、第 6 章由邹君编写，第 7 章的作品评析由邹君、杨立国、邓昕、廖诗家和蒋志凌等老师共同完成，全书统稿工作由邹君负责。感谢 2010 级资源环境与城乡规划管理专业寻丹丹、吴倩、朱杨芬、吴华佗同学在第 7 章的学生优秀实习作品修改过程中的辛勤劳动。

由于编者水平有限，加之时间仓促，本书难免有疏漏之处，敬请广大读者批评指正。

编　者

2014 年 3 月

目　录

第一篇　实习概述篇

第1章　绪论 …… 3

1.1 关于《城市与区域认知实习教程》 …… 3

1.1.1 本书编写的缘起 …… 3

1.1.2 认识《城市与区域认知实习教程》 …… 3

1.2 城市与区域认知实习的目的与意义 …… 4

1.2.1 实习目的 …… 4

1.2.2 实习意义 …… 5

1.3 实习理念与原则 …… 5

1.3.1 实习理念 …… 6

1.3.2 实习原则 …… 6

第2章　实习时间组织及任务安排 …… 8

2.1 实习准备阶段的主要任务与要点 …… 8

2.2 实地调研阶段的主要任务与要点 …… 9

2.3 实习总结阶段的主要任务与要点 …… 9

第二篇　实习内容篇

第3章　实习技能指导 …… 13

3.1 专题方案拟定 …… 13

3.1.1 实习目的 …… 13

3.1.2 实习重点 …… 13

3.1.3 实习难点 …… 13

3.1.4 调查方案的内容 …… 13

3.1.5 调查方案编制方法 …… 14

3.1.6 调查方案拟定的注意事项 …… 14

3.1.7 专题调查方案举例——长沙湘江风光带景观设计调查方案 …… 15

3.1.8 练习 …… 17

3.2 问卷设计与访谈提纲编写 …… 17

3.2.1 实习目的 …… 17

3.2.2 实习重点 …… 18

3.2.3 实习难点 …… 18

3.2.4 理论准备 …… 18

3.2.5 实习方法 …… 21

3.2.6 实习案例——衡阳城市意象调查问卷和访谈提纲解析 …… 21

3.2.7 练习 …… 22

3.3 实地调查 …… 23

3.3.1 实习目的 …… 23

3.3.2 实习重点 …… 23

3.3.3 实习难点 …… 23

3.3.4 实地调查的内容 …… 23

3.3.5 实地调查的指导 …… 23

3.3.6 实地调查的注意事项 …… 24

3.3.7 实习方法 …… 24

3.3.8 实地调查案例——长沙湘江风光带景观设计调查 …… 26

3.3.9 练习 …… 27

3.4 实习研讨 …… 27

3.4.1 实习目的 …… 27

3.4.2 实习重点 …… 27

3.4.3 实习难点 …… 28

3.4.4 理论准备——头脑风暴法 …… 28

3.4.5 实习内容 …… 29

3.4.6 实习案例——长沙湘江风光带景观设计调查专题实习研讨 …… 29

3.5 数据整理与分析 …… 30

3.5.1 实习目的 …… 30

3.5.2 实习重点 …… 30

3.5.3 实习难点 ………………… 30
3.5.4 理论准备：调查数据的整理、分析和表达 ……… 30
3.5.5 实习内容 ………………… 32
3.5.6 实习案例——城市商业步行街调查的数据整理与分析 …………………… 32
3.5.7 练习 ……………………… 34
3.6 专题报告撰写 ………………… 34
3.6.1 实习目的 ………………… 34
3.6.2 实习重点 ………………… 35
3.6.3 实习难点 ………………… 35
3.6.4 理论准备：实习报告和专题实习报告 ………………… 35
3.6.5 实习方法：实习专题报告编写方法 ………………… 35
3.6.6 实习过程 ………………… 37
3.6.7 实习案例——长沙湘江风光带设计调查报告 …… 39
3.6.8 练习 ……………………… 43
3.7 成果汇报与验收 ……………… 43
3.7.1 实习目的 ………………… 43
3.7.2 实习重点 ………………… 44
3.7.3 实习难点 ………………… 44
3.7.4 实习内容 ………………… 44
3.7.5 实习步骤 ………………… 44
3.7.6 实习方法 ………………… 44
3.8 总结性实习报告撰写 ………… 45
3.8.1 实习目的 ………………… 45
3.8.2 实习重点 ………………… 45
3.8.3 实习难点 ………………… 45
3.8.4 理论准备：总结性实习报告及其与专题实习报告的区别 ……………… 45
3.8.5 实习方法：总结性实习报告的撰写方法 ………………… 46
3.8.6 总结性实习报告撰写实例——新农村发展模式的调查与思考 ……………………… 47
3.8.7 练习 ……………………… 52
3.9 实习汇报 ……………………… 52
3.9.1 实习目的 ………………… 52
3.9.2 实习重点 ………………… 53
3.9.3 实习难点 ………………… 53
3.9.4 理论准备 ………………… 53
3.9.5 实习内容 ………………… 54
3.9.6 实习汇报案例 …………… 55
3.9.7 练习 ……………………… 57
3.10 实习展板 …………………… 57
3.10.1 实习目的 ……………… 57
3.10.2 实习重点 ……………… 57
3.10.3 实习难点 ……………… 57
3.10.4 理论准备：实习展板的作用 ……………………… 57
3.10.5 展板内容 ……………… 58
3.10.6 实习方法：实习展板的制作要求 ……………… 58
3.10.7 实习案例 ……………… 58
3.10.8 练习 …………………… 60
3.11 实习材料汇编 ……………… 60
3.11.1 实习目的 ……………… 60
3.11.2 实习重点 ……………… 60
3.11.3 实习难点 ……………… 60
3.11.4 理论准备：概述与作用 ……………………… 60
3.11.5 实习材料汇编的内容 …… 61
3.11.6 实习方法：实习材料汇编的制作 ……………………… 61
3.11.7 实习案例 ……………… 61
3.11.8 练习 …………………… 63

第4章 实习专题实践 ……………… 64

4.1 城市意象专题考察 …………… 64
4.1.1 实习目的 ………………… 64
4.1.2 实习内容 ………………… 64
4.1.3 实习重点 ………………… 64
4.1.4 理论与方法 ……………… 65
4.1.5 实习步骤 ………………… 66
4.1.6 练习 ……………………… 66
4.2 古镇历史文化景观专题考察 …… 66
4.2.1 实习目的 ………………… 67
4.2.2 实习内容 ………………… 67
4.2.3 实习重点 ………………… 67

4.2.4　理论与方法 …………………… 67
4.2.5　实习步骤 …………………… 68
4.2.6　练习 ………………………… 69
4.3　城市社区形态与结构专题考察 …… 69
4.3.1　实习目的 …………………… 70
4.3.2　实习内容 …………………… 70
4.3.3　实习重点 …………………… 70
4.3.4　理论与方法 …………………… 70
4.3.5　实习步骤 …………………… 72
4.3.6　练习 ………………………… 72
4.4　新农村发展专题考察 …………… 72
4.4.1　实习目的 …………………… 73
4.4.2　实习内容 …………………… 73
4.4.3　实习重点 …………………… 73
4.4.4　理论与方法 …………………… 73
4.4.5　实习步骤 …………………… 74
4.4.6　练习 ………………………… 75
4.5　城市出行与道路专题考察 ……… 75
4.5.1　实习目的 …………………… 75
4.5.2　实习内容 …………………… 76
4.5.3　实习重点 …………………… 76
4.5.4　理论与方法 …………………… 76
4.5.5　实习步骤 …………………… 77
4.5.6　练习 ………………………… 78
4.6　城市工业布局专题考察 ………… 78
4.6.1　实习目的 …………………… 78
4.6.2　实习内容 …………………… 78
4.6.3　实习重点 …………………… 78
4.6.4　理论与方法 …………………… 79
4.6.5　实习步骤 …………………… 80
4.6.6　练习 ………………………… 80
4.7　城市绿地景观专题考察 ………… 81
4.7.1　实习目的 …………………… 81
4.7.2　实习内容 …………………… 81
4.7.3　实习重点 …………………… 81
4.7.4　理论与方法 …………………… 81
4.7.5　实习步骤 …………………… 84
4.7.6　练习 ………………………… 84
4.8　城市用地类型判别专题考察 …… 84
4.8.1　实习目的 …………………… 84
4.8.2　实习内容 …………………… 85
4.8.3　实习重点 …………………… 85
4.8.4　理论与方法 …………………… 85
4.8.5　实习步骤 …………………… 90
4.8.6　练习 ………………………… 90
4.9　城市环境专题考察 ……………… 90
4.9.1　实习目的 …………………… 91
4.9.2　实习内容 …………………… 91
4.9.3　实习重点 …………………… 91
4.9.4　理论与方法 …………………… 91
4.9.5　实习步骤 …………………… 92
4.9.6　练习 ………………………… 92
4.10　城市对外联系专题考察 ………… 92
4.10.1　实习目的 …………………… 93
4.10.2　实习内容 …………………… 93
4.10.3　实习重点 …………………… 93
4.10.4　理论与方法 …………………… 93
4.10.5　实习步骤 …………………… 94
4.10.6　练习 ………………………… 95

第三篇　附录

第5章　实习成绩考核 ……………… 99
5.1　实践教学考核现状与问题 ……… 99
5.2　城市与区域认知实习的考核原则 …………………………… 99
5.2.1　过程考核原则 ……………… 99
5.2.2　全面考核原则 ……………… 99
5.2.3　教师评价与学生评价相结合原则 ……………………… 100
5.3　考核方式与方法 ………………… 100
5.4　考核表的设计 …………………… 100
5.5　考核操作方法 …………………… 102
5.5.1　实习考勤 …………………… 102
5.5.2　实习过程考核 ……………… 103

第6章　实习准备与学生管理准则 … 104
6.1　实习准备工作的内容 …………… 104
6.1.1　心理准备 …………………… 104
6.1.2　组织准备 …………………… 104
6.1.3　物质准备 …………………… 104
6.2　城市与区域认知实习学生管理准则 ………………………… 105
6.2.1　一条纪律和一个确保 ……… 105
6.2.2　两种精神 …………………… 105
6.2.3　三项注意 …………………… 105
6.2.4　五个要求 …………………… 106

第7章 优秀实习作品选登与评析 … 107

7.1 实习专题调查计划(方案) ……… 107

7.1.1 长沙市城市意象调查方案 …… 107

7.1.2 衡阳市解放大道交通流量调查方案 …… 111

7.1.3 衡阳城市形态调查方案 …… 115

7.1.4 长沙市望城区光明村新农村建设调查方案 …… 117

7.1.5 长沙“城中村”发展现状及问题调查方案——以黎托乡平阳村为例 …… 120

7.1.6 城市经济联系考察方案 …… 123

7.1.7 衡阳城市土地利用调查方案——以华新开发区为例 …… 125

7.1.8 南岳古镇发展调查方案 …… 127

7.1.9 衡阳市中山南路步行街商业业态调查方案 …… 129

7.1.10 历史文化街区调查方案——以长沙市坡子街为例 … 131

7.2 实习专题报告 …… 133

7.2.1 衡阳城市交通调查专题报告 …… 133

7.2.2 长沙城市边缘区发展现状及问题调查报告——以黎托乡平阳村为例 …… 140

7.2.3 衡阳城市形态调查报告 …… 145

7.2.4 南岳古镇发展调查报告 …… 154

7.2.5 衡阳城市广场道路绿化设计调查与分析报告 …… 159

7.2.6 长沙市光明村新农村建设调查报告 …… 166

7.2.7 衡阳城市意象调查报告 …… 172

7.2.8 城市商业步行街调查报告 …… 178

7.2.9 衡阳对外经济联系考察报告 …… 184

7.2.10 历史文化街区的开发与保护调查报告 …… 189

7.3 总结性实习报告 …… 195

参考文献 …… 204

第一篇

实习概述篇

第1章 绪论

1.1 关于《城市与区域认知实习教程》

1.1.1 本书编写的缘起

本书的编写主要基于以下三个方面的原因。

(1) 国家高度重视实践教学。2012 年 1 月，教育部会同中宣部、财政部等多部门联合下发《关于加强高校实践育人工作的若干意见》，进一步强调新时期高校实践育人的重要性。

(2) 国内学生尚无可资参考的城市与区域认知实习教材。目前国内开办资源环境与城乡规划管理、人文地理与城乡规划及城乡规划等相关专业的高校多达几百所，在校学生不下 10 万人。然而，迄今为止国内尚无针对城市与区域认知实习的专门性教材。

(3) 近年来，衡阳师范学院资源环境与城乡规划教研室的老师们在城市与区域认知实习的教学指导方面大胆创新、积极探索，积累了一些宝贵的实践教学经验，迫切希望能够与广大同行分享。

1.1.2 认识《城市与区域认知实习教程》

本书的编写思路是：首先，简单交代城市与区域认知实习的实习目的、实习意义、实习理念、实习原则和实习时间组织及任务安排等相关理论问题；其次，分别以时间(纵向)和内容(横向)为轴重点介绍城市与区域认知实习中的实习技能(第 3 章)和专题实践(第 4 章)；最后，介绍近年来我系历届学生的优秀实习作品及其评析(第 7 章)，供同学们参考和借鉴。

本书的重点为第二篇。其中，第 3 章将以时间为序重点介绍专题方案拟定、问卷设计与访谈提纲编写、实地调查、实习研讨、数据整理与分析、专题报告撰写等实习环节的内容、方法和组织等问题。每一环节组织成一节，每节设置实习目的、实习内容、实习重点、实习难点、理论准备、实习方法、实习案例、练习等部分。通过熟读该章，学生将对本实习的实习技能有全方位的了解。第 4 章将以内容为序重点介绍城市与区域认知实习中的典型实习专题，写作范例依据各实习专题的教学重点和难点撰写实习目的、实习内容、实习重点、理论与方法、实习步骤和练习等部分。通过第 4 章的讲解，学生将对实习内容体系有较为系统的认识。

1.2 城市与区域认知实习的目的与意义

城市与区域认知实习是人文地理与城乡规划、城乡规划等专业教学计划中的第一个系统性的集中实践教学环节，是学生基础实践教学中一个不可或缺的组成部分。

1.2.1 实习目的

作为一个在低年级开展的为期 2～3 周的短期集中性实践教学环节，城市与区域认知实习与以提高学生专业操作技能为主要目标的专业实习存在较大区别。其目的在于增加学生对城市、村镇和居住区等相关规划的感性认识，了解当今城乡发展、建设风格、功能布局及城乡规划的最新发展动态等知识，初步培养和建立系统观念和工程观念，了解规划设计图与城市、乡村、建筑等之间的关系，亲身体验实际空间感受和立体形象感受，以利于学生在今后的规划设计工作中积累经验和基础资料。具体来说，城市与区域认知实习的实习目的可以概括为以下几个方面。

1. 提高学生的综合素质

城市与区域认知实习要求学生学会用专业的眼光观察、认识和了解城市和区域建设中的诸多问题；学会实地踏勘、深度访谈、问卷调查等区域和城乡研究方法；提高沟通交流、口头表达、团结协作等能力，以及资料分析、实习报告撰写、PPT 和视频制作、计算机制图等专业技能；养成严守纪律和一切行动听指挥等良好行为习惯等。

2. 树立学生的专业意识

城市与区域认知实习是学生第一次尝试运用专业的眼光来观察和解释城乡发展中的各种问题，通过该实习可以使其充分认识到专业知识和专业技能的重要性，发现专业认知的乐趣，从而获得专业认同感，最终逐步形成一定的专业意识。

3. 培养学生的吃苦耐劳和团队合作精神

城市与区域认知实习的实习任务重、时间紧，且多在酷暑难耐的夏日或寒气逼人的冬季进行。恶劣的天气条件和繁重的实习任务能够很好地培养学生的吃苦耐劳精神，锤炼学生们的坚韧品质。另外，小组式的教学组织形式和探究性的学习模式能极大地促进同学之间的相互沟通和交流，培养学生的团队合作精神。

4. 塑造学生“城乡规划设计师”的社会责任感

城市与区域认知实习中，同学们将会发现城乡建设中有诸多与城乡规划理念相违背的现象存在，理想与现实之间将会产生激烈的矛盾冲突。这时，作为“城规人”的一种强烈的使命感和自豪感便会油然而生。当理想和现实发生冲突的时候，教师必须引导学生去坚守作为一个优秀规划师所必须具备的职业道德和社会责任感。

1.2.2 实习意义

城市与区域认知实习有利于增强学生解决实际问题的能力和协调交流能力，增加学生的社会责任感，是培养学生综合素质、实践能力和创新意识的重要途径。

1. 有利于专业知识的巩固和掌握

理论知识只有通过实践环节的进一步强化才有可能转化成认知主体(学生)自身的知识和技能。城市与区域认知实习将会相对系统地培养学生独立或协作性地从事野外调查和研究的能力，从而强化其通过课堂教学和课外阅读等途径掌握的基础理论知识。

2. 有利于培养学生的观察、思考和分析能力

城市与区域认知实习前，学生对城市、农村等的观察等同于旅游者，其认知是零碎的、表象的、非系统的。通过认知实习一系列有关城乡与区域发展方面的专题调查，系统地训练学生运用专业的眼光来观察和思考城乡建设与发展中存在的各种问题，并对调查获得资料和数据进行深入分析，形成若干专题报告，极大地锻炼了学生的观察、思考和分析能力。

3. 有利于野外考察和研究技能的培养

根据教学大纲要求和实习区域(城市)的实际情况，设立一系列有关城乡建设和发展方面的认识专题，学生需经历“拟定专题调研方案”、“实地考察与调研”及“调研资料分析和处理”等一系列实习环节。为保质保量地完成上述实习过程，学生还需使用文献查阅、实地访谈、问卷调查、摄影摄像、绘图标图等一系列调查和研究方法，从而锻炼了其实地考察和研究技能。

4. 有利于学生组织能力和协调能力的提升

为保障实习活动的顺利进行，需建立相对复杂的学生组织机构，负责实习活动的常规管理和突发情况的处理。这无疑将大大提高学生干部的组织和管理能力。同时，分组形式组织起来的教学活动，需要小组内部所有成员相互配合才能较好地完成实习任务。在成员不断分工合作、齐心协力地完成一项又一项实习任务的过程中，其组织协调能力、沟通交流能力及团队协作精神都会得到极大的提升。

1.3 实习理念与原则

如何在城市与区域认知实习中更为有效地提高学生的科研素质，培养学生的动手能力，是一个迫切需要解决的问题。为此，教师和学生在实习过程中需要树立一定的理念、贯彻一定的原则。

1.3.1 实习理念

1.“前移后拓”理念

所谓“前移后拓”是指将为期2～3周的实习活动在时间上向前推移和向后拓展数周，以达到强化实践教学环节、提高实践教学效果的目的。“前移”是指停课实习前，提前2～3周召开实习动员会，发放相关实习材料，从而使学生提前进入实习准备状态，明确实习任务，熟悉实习方法，提前复习相关理论知识和搜集相关实习资料，最大限度地减少实习的盲目性；“后拓”是指外出考察结束后，在校内进行2～3周的实习总结，通过整理实习报告，制作实习汇报课件、实习视频、实习展板和实习材料汇编等环节进一步加深学生对实习专题内容的认识，培养学生PPT制作、口头表达、视频制作等诸多专业技能。

2. 开放性教学和探究性学习理念

开放性教学有利于培养勇于进取、善于创新的开拓型人才；探究性学习则有利于培养具有独立学习能力，能主动吸收新信息的外向型人才。坚持开放性教学理念就是实习指导老师以开放的教学理念，努力营造以学生为主体，师生间、学生间多向互动的民主化实习指导氛围，把学生置于主动的、多元的、动态的、开放的学习情境中，通过学生主动地、开放地学习和探索，促进每个学生在智力、能力、思想、心理等方面得到充分而又全面的发展，以培养学生的综合素质。所谓探究性学习理念就是指学生在教师指导下，从问题或任务出发，通过自主探究活动，以获得知识技能、发展能力、培养情感体验为目的的一种新的学习方式。简单地说，开放性教学和探究性学习理念的实质就是完成教师和学生在教学活动中的角色转变，教师从知识的传授者变为指导者，学生从知识的被动接受者变为知识的主动建构者。

1.3.2 实习原则

1. 以人为本原则

学校教育教学中的“以人为本”，就是要以学生为本，学生是中心，一切教育教学工作都要围绕学生的需要，以利于学生个性的全面发展和健康成长。城市与区域认知实习中的“以人为本”即是在整个实习过程中应以学生为中心，让学生全面参与、积极思考、自主学习，培养学生的自我意识、竞争意识和创新意识。

2. 团队协作原则

传统的“老师讲，学生记”的实习教学模式往往造成多数学生处于“搭便车”、“打酱油”的旅游观光状态，绝大多数学生的主观能动性得不到充分发挥，实习效果可想而知。团队协作原则要求对学生进行分组，对每天的实习任务进行科学设计，只有所有实习成员各司其职、相互协作才能较好完成任务，从而尽可能地调动广大学生的积极性，最大限度消除学生的“打酱油”现象。贯彻团队协作原则能够让学生体验到合作的快乐，认识到团队协作的意义，培养学生的合作精神和竞争意识。

3. 从严要求原则

独特的年龄和心理特征决定了大多数大学生不同程度地抱有偷懒心理，自制力不强，往往会出现“老师放松一尺，学生退后一丈”的结果。因此，严格要求是十分必要的。但是，要注意“度”的把握，过高的标准会使学生望而却步；而太低的标准又会使学生轻而易举地完成任务，达不到预期的实习效果。

4. 因材施教原则

实践教学同样需要承认学生之间的个体差异，这种差异性表现在思想状态、知识能力水平、工作状况等方面。因此，指导老师要通过多种途径了解学生的具体情况，从而在实习指导过程中灵活运用和及时变通，最终实现对不同的学生进行差别化的实习指导和考核标准。

第2章 实习时间组织及任务安排

从时间上来看，城市与区域认知实习可以分为三个阶段：实习准备阶段、实地调研阶段和实习总结阶段。

2.1 实习准备阶段的主要任务与要点

实习准备阶段是指实习动员大会至外出考察调研前的2～3周的时间。该阶段仍需照常上课，同学们需要利用课余时间准备城市与区域认知实习的相关任务。

实习准备阶段的主要任务有：①查阅相关文献资料，包括实习计划、实习指导书、实习教材及与城市与区域认知实习内容相关的有关课程理论书籍等；②初步拟定各实习专题的调研方案，以实习计划材料为依据，集小组全体成员的智慧，争取在本阶段完成所有实习专题的调研方案初稿，送交指导老师进行修改和完善；③准备外出实习需携带的工具和资料，包括至少一台笔记本电脑(每组)、相机和摄像机一至两台(每组)、皮尺或卷尺、被调查城市的地图资料、纸和笔(包括素描纸)等。

本阶段的重点是文献资料查阅与专题方案拟定，其中，专题方案的拟定既是重点也是难点。

文献资料查阅的目的主要有两个。

(1) 了解和熟悉各专题的主要理论知识，以便在下一阶段的实地调研过程中能够得心应手。阅读材料主要包括老师下发的实习计划、实习指导书和实习教材中的相关内容，图书馆借阅的相关书籍及已经开设的理论课程中的相关理论知识。利用网络查找有关专题中的理论要点，还可通过关键词检索等方法利用中国期刊网上的学术文献资料等。

(2) 熟悉调查区域的背景资料，主要包括区位条件、地理环境、发展现状、历史沿革等诸多方面。主要通过网络搜寻、图书馆查找地方志等文献资料来达到目的。

专题方案拟定有较高的难度，必须有完善的调研方案方能保证实地调研阶段调查和收集到专题研究所需的各种资料和数据。

方案拟定的要点有：①充分熟悉本专题的相关基础理论知识，理论准备越扎实，方案拟定会越周全；②一定要由小组全体成员共同讨论形成专题调查方案，而不是由某一个人来完成任务；③方案尽量详细、周全，只有详细而又周全的方案才能保证调查顺利进行；④方案一定要充分吸取指导老师的修改意见，在征求意见当中不断完善；⑤争取在本阶段完成所有调查专题的方案拟定任务，减轻实地调研阶段的工作压力。

2.2 实地调研阶段的主要任务与要点

实地调研阶段是指停课进行外出考察实习的 2～3 周时间，该阶段学生全面停课全身心地进行实习。

本阶段的主要任务是现场调查和撰写专题小报告，时间安排如下。

(1) 头天晚上，指导老师验收各组专题调查方案，同意后方可在第二天执行。

(2) 当天上午，各组分头行动，到调查地点进行现场调查，完成调查方案中设定的所有调查任务。

(3) 当天下午，各组返回驻地汇总调查资料和数据，以小组为单位，各成员分工合作整理分析调查资料和数据，初步形成当天的专题报告。

(4) 当天晚上，各组向指导老师递交专题报告，同时，口头汇报当天的调查情况、发现的问题和建议甚至感想等，指导教师对各组的专题报告提出修改意见。

(5) 各小组一方面继续修改完善专题报告；另一方面继续完善第二天的专题调查方案，送指导老师验收。

实地调研阶段的要点与注意事项主要有：

(1) 所有调研工作均需在上午完成，否则将会影响后续工作的开展，从而影响整个实习进度。

(2) 灵活机动地执行实地调查方案。事先制定的调查方案往往不可能考虑周全，此时，需要果断地对调查方案进行微调。

(3) 实地调查的核心任务是收集专题报告所需的照片、视频、问卷调查和访谈资料、实地测量和踏勘数据等，因此，调查时一定要严格、科学地收集数据和资料，只有科学、可靠的数据资料才能保证专题报告的科学性。

(4) 专题报告是最为重要的实习成果，一定要认真完成，既要注意形式上的规范，更要注重内容上的深度。

(5) 口头汇报是学会表达自己意见、培养表达能力的绝好机会，一定不容错过。汇报前应该有充分的准备，最好列出汇报提纲，帮助理清思路，同时，汇报时注意言简意赅。

(6) 指导教师的意见不容忽视，一定要虚心接受。

2.3 实习总结阶段的主要任务与要点

实习总结阶段是指校外实地考察阶段结束后至实习汇报的 2～3 周时间。该阶段在校内完成，学生需照常上课，因此，本阶段的所有实习任务均需要利用课外时间完成。

本阶段的主要实习任务有：组织完成面向全系的大型实习汇报会，制作和修改实习汇报课件，设计制作汇报视频，设计制作实习展板，编辑制作实习材料汇编，撰写总结性实习报告等。

实习汇报会面向全系师生，标志着整个实习真正意义上的结束。汇报会通过优秀实习专题汇报(PPT 呈现)、视频展示、反映实习生活和心得体会的实习小品、实习展板和实习材料汇编集(纸质材料展示)等多种形式加以呈现，充分展现整个实习过程和实习成效。

前期初次汇报中得分高的专题报告入围最终的实习汇报会，代表整个年级进行优秀实习专题汇报。一般选择10个以内的专题报告，由专题完成小组中的一人负责陈述和讲解，时间严格控制在8～10分钟。为了达到最优效果，入选的优秀专题小组成员需进一步修改和精炼专题报告的内容，并制作汇报课件。在此过程中要虚心接受高年级学生和指导老师的指导性意见。

汇报视频一般以班为单位进行制作，各班成立视频设计与制作小组，抽调班上最精干的若干成员组成。视频制作切忌盲目动手，一定要事先经过多次讨论写出详细脚本文件，并经指导老师同意后方可动手制作。视频制作既要充分体现制作技术上的细致与精炼，更要注重素材组织的思路清晰和主题突出。

实习展板和实习材料汇编集一般以年级或班级为单位进行制作。抽调文字功底较好以及文字处理和图像处理软件水平较高的适量人员组成编辑小组。入选作品需精心挑选，并经后期修改提升。展板力求版面美观、大方，内容精炼，主题突出；实习材料汇编力求思路清晰，入选内容要求专业性强、水平高。

总结性实习报告一人一份，在实习汇报会之前完成。该报告不同于实习调研阶段的每日专题报告(时间相对仓促)，该报告是实习归来后对所有实习专题报告和实习材料的重新梳理和仔细思考后的产物，因此，要求对实习内容的总结要更专业、更综合、更有深度；另外，还要对整个实习过程的所感、所想、所思和所得给予适当阐述。

第二篇

实习内容篇

第3章 实习技能指导

3.1 专题方案拟定

为充分调动学生的积极性，采取专题式组织实习内容，分组组织实施。实地调查时，每组的调查地点、调查路线和调查内容各不相同，因此，每组的专题调研方案势必存在差异。即便是同样的调查内容，不同小组拟定的调研方案也会不尽相同。因此，实地调研前必须分组拟定专题调查方案，旨在让每个同学都能清楚地知道实地调查过程中需要干什么、怎么干以及组内成员间如何分工协作出色地完成实习任务。

专题调查方案的拟定最迟需在外出调研的前一天晚上定稿，因此，要趁早递交给指导老师进行批阅，留出方案修改完善的时间。

3.1.1 实习目的

(1) 了解什么是专题调查方案；

(2) 掌握专题调查方案的主要构成要素(内容)；

(3) 熟练掌握专题调查方案拟定的方法，能够根据某个专题任务制定具体详尽的调查方案。

3.1.2 实习重点

掌握专题调查方案的构成要素(内容)及拟定方法。

3.1.3 实习难点

熟练掌握专题调查方案的拟定程序和方法。

3.1.4 调查方案的内容

一个标准的专题调查方案一般包括调查目的、调查任务(内容)、调查地点(路线、区域范围)、调查方法、调查时间、人员分工、调查步骤及调查问卷(例如行人交通意识调查问卷等)、访问提纲和相关调查表格(例如车流量记录表格等)等附加内容。

3.1.5 调查方案编制方法

（1）调查目的。用简明扼要的几句话概述本次调查所要弄清楚的几个问题以及需要收集什么样的资料和数据等。

（2）调查任务。调查目的的具体化，是指为达到预期的调查目的，需完成哪些方面的具体调查工作，获取哪些资料和数据等。例如，假设某专题的调查目的之一是了解城市某区段的交通流量特征，则其调查任务至少可以分解为：上班高峰期该区段各种类型车辆的流量统计，下班高峰期该区段各种类型车辆的流量统计以及非高峰期该区段各种类型车辆的流量统计等内容。

（3）调查方法。针对上述调查任务，详细说明完成每项实习任务所采用的具体方法。

（4）人员分工。小组内成员各自负责什么工作的具体安排，需考虑周全，确保每个人都有事情可做，且任务相对均衡，一定要杜绝几个人包揽所有调查任务的错误做法。

（5）调查步骤。对实习专题调查的一个总体安排，最好以时间为主线将实习调查划分成几个步骤，交代每个步骤需要干什么、谁来干、怎么干等即可。

（6）指导与修改。专题调查方案完成后要尽快提交给指导老师，以便指导老师及时对方案的科学性和可行性进行考量和评估。一般来说，学生递交的方案或多或少会存在一些问题，因此，尽早提交方案能够给小组留出充裕的修改和完善时间，也有利于组员对方案的理解。指导老师会及时批阅学生提交的专题方案，并对方案的结构、内容、语言表述以及方案的科学性和可行性进行认真批阅，并及时反馈修改意见。根据指导老师提出的修改意见，各小组再次对各专题的实习方案进行修改和完善，直到全组学生满意为止。如有必要的话，可以将修改后的方案再次发给指导老师，接受第二次指导。调查方案的指导一般可以采取电子邮件的形式进行修改和反馈；当然，如条件允许，采取当面集中反馈修改意见的方式效果更佳。

（7）调查记录表和调查问卷等附属内容。它们是提高专题调查深度和质量的重要组成部分，不容忽视，需小组成员精心商议确定。专题方案定稿后，实习小组长应该召集全体组员开会，通报专题调查方案，让每个同学都充分明白调查方案的内容，特别要让各位同学明白自己在这个计划当中需要做什么以及应该怎么做，这样，才能保证实地调查的效果。

3.1.6 调查方案拟定的注意事项

制定一个完整、高效的调查方案，需注意以下几点。

（1）做足准备工作。外出调研之前必须对实习专题进行认真的前期准备工作，主要包括查阅相关文献、专业书籍、实习指导书以及上网查询调查区域的相关背景资料等。

（2）参考往届学生优秀作品。参考高年级学生完成的相关实习专题方案，认真分析这些方案的优缺点，在此基础上设计出更为完善可行的实习调查方案。

（3）全员参与。调查方案的制定需全体组员共同参与，集众人的智慧方可做好，绝不能由某个人或某几个人包揽整个方案的拟定工作。近年来的教学实践当中，出现过分工不合理的现象，有些小组把专题方案的拟定任务分给某个人或某几个人来完成，结果是可想而知的。因此，在整个实习过程中，分工合作非常重要，有些事情需要分头行动，有些事情则需要共同协作。这样，方能确保方案的质量，同时，也能让所有组员充分了解调查方案，从而确保实地调研的质量。

3.1.7 专题调查方案举例——长沙湘江风光带景观设计调查方案

□拟定人：喻媚、刘一睿、何丁霖、唐翔瑛子、曾玉莲、易康健、黄鹏、江丽珍、周紫辉、高作念

(批注：一般是小组的全体成员。)

□拟定时间：2012年12月5日

(批注：方案定稿的时间。)

□调查地点：湖南省长沙市芙蓉区湘江中路湘江风光带(湘江中路湘雅路口至南湖路口)

(批注：专题外业调查的具体地点，尽量写清楚。)

□指导老师：齐增湘，杨立国，蒋志凌

(批注：方案拟定的指导老师。)

1. 调查内容

(批注：专题调查的详细内容，尽量具体和周全。)

1) 人流量统计

(批注：最好记录测定人流量的准确时间。)

分时段统计进入景观带的人流量，共测定6次，每次5分钟。

2) 绿化面积调查

粗略估算湘江风光带调研地段的绿化总面积。

3) 道路

(批注：调查内容非常详细、具体。)

(1) 车道。道路方向的导向性、宽度、路面类型、道路两旁植被、路灯间距等。

(2) 步行道。步行道的连续性、方向性、安全性、宽度、材质和铺装等调查(其中，铺装可分为软质铺装和硬质铺装：软质铺装有草坪、地被、人造草坪等；硬质铺装有石材、砖、砾石、卵石、雨花石、水洗石、海峡石、混凝土、木材、塑木以及其他可回收材料。石材主要有花岗岩、大理岩、板材等。砖主要有真空砖、陶土砖、广场砖、人行道砖、植草砖、彩色弹性橡胶砖、仿石砖、青砖、青瓦等)。步行道两侧绿化种植是否形成绿荫带，是否串联莲花台、亭廊、水景、游乐场设施等。

4) 广场

(批注：可以考虑增加市民广场满意度调查。)

调查广场的类型(公共活动广场、集散广场、交通广场、纪念性广场、商业广场、休闲广场等)、数量、布局合理性、面积、便民设施(休息座椅、直饮水、庭荫树等供市民休息、活动、交往的设施)、灯光照度(是否干扰附近居民休息)、铺装(材料、形式和色彩)、广场入口(是否符合无障碍设计要求)、设计风格以及人流量等。

5）绿化植物

（批注：可考虑增加植物生存状态调查。）

（1）植物品种和数量调查。其中，常见绿化植物有黄杨、女贞、杨树、法国梧桐、香樟树、桂花树、铁树、结缕草、甘蓝、一串红等。

（2）植物配置调查。绿化植物的搭配是否充分发挥其多种功能和观赏特点，是否适应当地气候、土壤条件和植被分布特点，是否具有抗虫害能力和易于养护管理等；常绿和落叶、速生和慢生结合是否良好，是否构成多层次的复合生态结构，达到人工配置植物群落的自然和谐。

6）建筑小品

（批注：同小品类型和功能类型一样，布局类型、设计风格也应该在此做适当说明。）

建筑小品类型、数量、布局、设计风格、功能、与周围环境的关系、是否体现人文精神等调查。其中，建筑小品的主要类型有亭、雕塑、喷泉、台、楼、阁、榭、廊、桥、径、墙、花架、花坛、花境、假山、灯、凳、水体、驳岸、假山等；根据功能建筑小品可分为供休息的小品、装饰性小品、结合照明的小品、展示性小品、服务性小品等。

7）调查地段主要景观要素草图

草图的绘制包括道路、绿化带、标志物、广场等主要景观要素。湘江风光带景观要素调查统计表，见表3-1。

表3-1　湘江风光带景观要素调查统计表

调查对象 衡量指标	建筑小品	植物绿化	广　场	照　明	道路铺装
类型					
数量					
搭配效果					

2. 调查方法

（批注：调查方法可以更为详细一些，要让每个负责调查的同学知道具体该怎么做。）

（1）人流量调查采用现场人工统计方法。

（2）绿化面积采用现场目测估算方法。

（3）采用现场实地观察、拍照和测量等方法调查道路、广场、建筑小品和绿化植物等内容。

（4）采用手绘图法进行调查地段草图绘制。

3. 任务分配

（1）喻媚、刘一睿：绿化植物、绿化面积和人流量调查。

（2）何丁霖、唐翔瑛子：道路调查。

（3）曾玉莲、易康健：广场调查。

（4）黄鹏、江丽珍：建筑小品调查。

（5）周紫辉：调查地段草图绘制。

（批注：调查草图是不是每个同学都应该完成一些？）

(6) 高作念：照片和视频拍摄(记录小组调查过程的情景)。

4. 调查时间安排

(1) 早上7:00在宾馆门前集合，所有组员再次熟悉调查内容后，统一乘车前往湘江中路调查地段。

(2) 到达调查地段后各组分头行动。

(3) 各组成员于11:30在指定地点集合。

(4) 中午统一就餐后返回宾馆休息。

(5) 下午2:30集合汇总所有调查资料，讨论专题报告撰写事宜。

5. 调查成果

(批注：调查成果很具体，能够给调查者指明调查方向。)

(1) 人流量调查原始数据表格。

(2) 绿化面积估算数据。

(3) 手绘道路示意图及道路调查要素原始数据。

(4) 手绘广场分布示意图及广场调查要素原始数据。

(5) 绿化植物调查原始数据及相关照片。

(6) 手绘建筑小品分布示意图及建筑小品调查要素原始数据(包括相片)。

(7) 调查区段主要景观要素分布手绘图。

(8) 其他与调查内容相关的资料。

6. 注意事项

(1) 需要画图的组员请带铅笔和白纸，需要拍照的组员记得带相机或者像素较高的手机。

(2) 保持通信畅通，时刻注意安全。

(3) 负责摄影的成员，请保留好影像素材。

(4) 天气寒冷，注意保暖。

(5) 遇突发情况及时报告组长或老师。

3.1.8 练习

根据本节所述专题调查方案拟定方法，制定《××区域居民生活水平调查》实习专题的详细调查方案。

3.2 问卷设计与访谈提纲编写

3.2.1 实习目的

(1) 了解什么是访谈法和问卷调查法。

(2) 掌握问卷设计的原则和方法。

(3) 掌握访谈提纲编写方法。

3.2.2 实习重点

掌握问卷设计的原则与访谈提纲编写的方法。

3.2.3 实习难点

掌握问卷设计的原则与访谈提纲编写的方法。

3.2.4 理论准备

1. 访谈法

通过文献、统计资料、图形资料的搜集、实地踏勘等工作主要获取的是城市的客观状况，而对于城市相关工作人员的主观意识和愿望，无论是城市各级行政领导，还是城市居民阶层，则主要还是依靠各种形式的社会调查获取。其中，与被调查者的面对面访谈是最直接的形式。

1) 访谈的类型

访谈的形式和对象可以是针对特定人员的专门访问(如城市行政领导、城乡规划管理人员、长期从事城乡规划工作的技术人员等)，也可以是针对一定范围内人群的座谈会(如政府各行政职能部门的负责人、市民代表等)。访谈调查具有互动性强、可快速了解整体情况、相对省时省力等优点，但很难将通过访谈得到的结果直接作为市民意识和大众意愿的代表。因此，在访谈中一定要注意提取针对同一个问题的来自不同人群的观点和意见。

2) 访谈的程序

(1) 访谈准备。要选择适当的访谈方法，掌握与调查内容有关的知识。尽可能了解被访者的有关情况，并将调查主题事先通知调查对象。为了访谈的顺利进行，提高访谈调查的质量和效率，必须正确地选择访谈的时间、地点和场合。

(2) 现场访谈。访谈是人与人之间社会互动的一种表现形式，对于彼此陌生的人来讲，一开始的接触是相当困难的。在调查实践中，一般是请一位与调查对象熟悉的人带路或陪同。经由熟悉调查对象人的引见，可以明显增加被访者对访问者的信任感。访问员在进门后的第一个问题就是如何称呼的问题。一般说来，称呼恰当，就为接近被访者开了一个好头，称呼搞错了，就会闹笑话，甚至会引起对方的反感，影响访问的正常进行。访问员与被访者接触后，必须采取各种有效的方法与被访者接近，一般有以下几种方式：①正面接近。即开门见山，先作自我介绍直接说明调查的目的、意义和内容，请求被调查者的支持与合作。这种方式可以节省时间、提高效率。②求同接近。即寻找与被访者的共同点，激发被访者的热情与兴趣。③友好接近。即从关怀帮助被访者入手，以联络感情、建立信任。④自然接近。即在某种共同活动的过程中接近对方。⑤隐蔽接近。即以某种伪装的身份、伪装的目的接近对方，并在没有觉察的情况下调查了解情况。总之，在进入访谈现场的过程中，访问者无论采取何种方式接近被访问者，都应以朋友或同志的姿态与对方建立起融洽的关系，然后再进入正题。

3）访谈的技巧

谈话技巧是指调查员在进行访谈过程中为克服交谈障碍和获得真实资料所采取的一些方法。

(1) 提问技术。提问成功与否是访问能否顺利进行的一个关键。访谈过程中提出的问题可分为实质性问题和功能性问题两大类：实质性问题是指为了掌握访谈调查者所要了解的实际内容而提出的问题；功能性问题是指在访谈过程中为了达到消除拘束感，创造有利的访谈气氛，或从一个谈话内容转到另一个内容等的目的，所提出的能对被访问者起到某种作用的问题。

(2) 确定访谈对象类型。被调查者是野外研究中的关键人物，调查者和他建立友谊，他向调查者讲述或告知有关野外的事。谁是最好的被调查者？理想的被调查者有四个特征：①对这种文化完全熟悉，处于能提供有意义的事件的位置，能提供较好信息的被调查人。他在这种文化中生活，在这种环境中从事日常工作但不用去思考；那些与这种文化有若干年密切联系的人，而不是新手。②当今正处在野外的被调查人可以提供好的信息。曾对野外环境有过影响的前被调查人会提供有用的观点，但是他们离开直接参与的时间越长，越有可能重新指导他们的合作。③可以为调查者提供自由时间的被调查人是好的被调查者。访谈可能会占用时间，一些被调查人不能应付高密度的访谈。④不分析的被调查人会提供更好的信息。不分析的被调查人对环境很熟悉，使用本地的民间的理论或实际的普通说法。这和那些运用从媒体和教育中得到的分类法提前分析环境的会分析的被调查人不同。即使受过社会科学教育的被调查人也学着去用非分析的方式去回答，但是只有他们把教育抛在一边，运用被调查人的观点才行。

野外调查者可能访谈几种不同类型的被调查者。比较被调查者的类型，他们提供了有用的观点，包括新手和老资格的人，处于事件中心地位的人和处于活动边缘地位的人，刚刚改变了社会地位的人(例如，通过提升)和处于安定状态的人，受挫折、贫困的人和幸福、安全的人，处于负责地位的领导者和处于次要地位的随从。野外调查者在访谈一系列被调查者时，期望获得混合的信息。

2. 问卷调查法

问卷调查是要掌握一定范围内大众意识时最常见的调查形式。通过问卷调查的形式可以掌握被调查人群的意愿、观点、喜好等，因此被广泛运用于包括城乡规划在内的许多相关领域。

1）调查内容

与城乡规划有关的调查有环境认知调查(凯文林奇所创造的城市环境认知理论和相关调查方法)、环境行为调查(西方国家所普遍采用的环境行为调查方法，尤其是通过观察、记录调查对象行为规律的方法)等。问卷调查最大的优点在于能够较为全面、客观、准确地反映群体观点、意愿、意见等。但其也存在问卷发放、回收过程需要较多人力和资金投入等问题。

2）调查方式

问卷调查的具体形式可以是多种多样的，例如调查对象发放问卷，事后通过邮寄、定点投放、委托居民组织等形式回收；或者通过调查员实时询问、填写、回收(街头、办公室访问等)；甚至可以通过电话、电子邮件等形式进行调查。

3）调查类型

（1）全员调查。即某个范围内的全体人员，如旧城改造地区的全体居民。

（2）抽样调查。即部分人员，如城市总人口的1%。调查中通常更多地采用抽样调查。抽样调查能否准确反映该地区整体状况的关键之一在于样本的选取必须是随机的，还有就是样本的数量要达到一定的程度。设计抽样方案，应照顾以下三条原则：①精度要有保证；②要尽量节省调查经费；③调查的实施应该方便。从这三条原则看，分层抽样，特别是精细分层的方法，应特别引起抽样方案设计人员的关注。

4）问卷设计

（1）问卷的问题必须围绕假设进行设计。设计者对问卷的设计应当有一个总体框架，对每一个问题所起的作用应十分清楚，对理论假设需要哪些指标来测量，也应十分明确。

（2）问题应具体、明确，不能提抽象、笼统的问题。

（3）要避免提复合性问题。在一个问题中，不能同时提问两件或两件以上事情。

（4）问题必须适合被调查者的特点，尽量做到通俗易懂。要根据不同的对象，使用他们熟悉的大众化语言，不要使用被调查者陌生的概念。

（5）提问要避免带有倾向性和诱导性。所提的问题应持中立立场。

（6）不要直接提敏感性或威胁性的问题。

5）问题安排

在问卷设计中，如何安排好问题之间的相互次序，不仅会影响到问卷填答质量，还可能影响到问卷的回收率。问卷中各种问题的先后顺序，一般应按照如下原则安排。

（1）先较易回答的问题，后较难回答的问题；先事实方面的问题，后观念、态度方面的问题；先闭合式问题，后开放式问题。

（2）同类性质的问题应排列在一起，以利于被调查者的思考。

（3）可以互相检验的问题必须分隔开，不能连在一起，否则就起不到互相检验和互相印证的作用。

6）答案设计

（1）答案的设计应符合实际情况。

（2）答案的设计要具有穷尽性和互斥性。穷尽性，是指答案包括了所有可能的情况，不能有遗漏。互斥性是指答案相互之间不能相互重叠或相互包含。

（3）答案只能按一个标准分类。

（4）程度式答案应按一定顺序排列，前后需对称(如满意、一般、不满意)。

7）问卷回收

要提高问卷的回收率，必须做到：调查的组织工作要十分严密，调查人员都要有认真负责的精神；调查课题与被调查者的兴趣或利益密切相关，对调查者有吸引力；问卷不长，问题简单，填答容易；使用送发或个别访问的调查方式。

3.2.5 实习方法

并不是所有专题都需要使用访谈和问卷调查，也可在一个专题中仅使用访谈或问卷调查方法中的一种。是否使用访谈和问卷主要取决于调查内容中是否涉及对某个调查要素的主观认识方面的问题，如果有的话，则建议采用访谈或问卷调查或两者同时使用。

访谈和问卷调查在专题调查中使用颇多。为提高访谈和问卷调查的效果，外出调查前一定要设计好调查问卷或访谈提纲。

3.2.6 实习案例——衡阳城市意象调查问卷和访谈提纲解析

1. 衡阳城市意象调查问卷

您好！

我是衡阳师院资旅系城乡规划专业的学生，为了解人们对城市意象的感知问题而进行此次调研，希望借此能总结出大家对衡阳，对城市意象的实际感受。真心希望得到您的帮助和支持。衷心感谢您的支持！

（批注：问卷前面一般都需要一段卷首语，其内容包括：调查的目的、意义和主要内容，对被调查者的希望和要求，填写问卷的说明等；为能引起被调查者的重视和兴趣，争取他们的合作和支持，卷首语的语气要谦虚、诚恳、平易近人，文字要简明、通俗、有可读性。该卷首语中出现“城市意象”这一专业名词，明显不妥，没有几个被调查者能够明白它的含义。）

第1题：您的年龄是?

A. 18岁以下　B. 19～30岁　C. 30～45岁　D. 45岁以上

第2题：您来自?

A. 衡阳　B. 湖南其他地区　C. 省外

（批注：上面两个问题属于被调查者基本情况调查，一般还应该包括性别、职业等的调查。）

第3题：你认为哪个建筑物可以代表现在的衡阳市形象?

A. 大雁雕塑　B. 石鼓书院　C. 公铁大桥　D. 衡阳广电

E. 衡阳市政府　F. 东洲岛

（批注：答案选项似乎还可以更多，而且，最后应增加一个答案“其他”。这是问卷设计中最重要的一个原则：穷尽性原则。）

第4题：你认为衡阳市哪个区环境最好?

A. 雁峰区　B. 珠晖区　C. 石鼓区　D. 蒸湘区

第5题：你认为真正体现衡阳市本土风貌的区域是哪个?

A. 雁峰区　B. 珠晖区　C. 石鼓区　D. 蒸湘区

（批注：问题最好表述为“你认为最能体现衡阳市本土风貌的区域是哪个?”。问题设计的语言表述一定要字斟句酌。）

第6题：您觉得衡阳市道路的指引性强吗，能顺利地引导您参观衡阳吗?

A. 比较有序　　B. 还行　　C. 杂乱　　D. 非常混乱

（批注：问题表述不精炼，不能很好地传达调查者的意思，答案的设计在程度上把握不好，A和B是很难体现程度差异的。）

第7题：您认为衡阳市的边界在哪里？（多选）

A. 京广铁路　　B. 蒸水　　C. 一环东路　　D. 外环南路

E. 衡邵高速　　F. 湘江

（批注：起码应有一个答案选项为“不知道”或“其他”。）

第8题：你觉得衡阳城市的边界交接处理得好吗？（比如说河堤处理、公园与公路的交接处理、建筑与周边的交接处理等）

A. 合理，感觉舒服　　B. 一般，感觉普通

C. 很差，感觉不好　　D. 其他

第9题：请用一种色彩来形容衡阳市？

A. 奔放活力的红色　　B. 欢快灿烂的橙色

C. 明亮活泼的黄色　　D. 清爽生机的绿色

E. 安详理智的蓝色

第10题：你觉得什么最容易让人们记住衡阳市或者识别出衡阳市？

A. 建筑　　B. 植物　　C. 食物　　D. 公园

E. 历史文化元素　　F. 其他

第11题：衡阳市给予你的整体意象是什么？请从括弧中选择适宜的词语(如朝气、健康、整洁、舒适等)形容。

（批注：“意象”是不是可以改为“印象”？另外，总体来说，题量显得少了点，城市意象每个要素均需合理设置2～3个问题为好，而且一定要注意题目的编排要注意分类，同类型的题目放在一起。）

2. 衡阳城市意象访谈提纲

针对本专题的调查研究目的，有必要探究衡阳本土居民对衡阳城市意象的了解和认知程度，因此需要事先设计一份访谈提纲。

1）访谈目的

衡阳本土居民对衡阳城市意象的认识。

2）访谈对象

寻找衡阳市土生土长的城市居民3～5人，最好为老年人，有一定文化水平。

3）访谈类型

采用当面访谈形式

4）访谈问题预设

(1) 访谈对象的年龄、文化水平、居住地段、居住年限等常规问题。

(2) 访谈对象能说出多少衡阳的标志性古迹。

(3) 被调查者对衡阳总体印象如何。

3.2.7 练习

设计一份居民交通意识方面的调查问卷以及针对衡阳当前交通问题的访谈提纲。

3.3 实地调查

3.3.1 实习目的

（1）掌握实地调查的主要任务和内容。

（2）熟练掌握城市与区域认知实习实地调查的常用方法，能够依据专题调查方案完成实地调查任务。

3.3.2 实习重点

掌握实地调查的常用方法。

3.3.3 实习难点

如何依据专题调查方案和小组成员的实际情况完成实地调查任务。

3.3.4 实地调查的内容

实地调查是整个认知实习过程中最为关键的一环，在远离校园的城市街道、农村社区等地方完成，操作上具有一定的难度。但是，该环节的训练效果显著，对同学们的观察能力，动手能力，社交能力，分工协作能力，手工绘图能力，组织管理能力，问卷调查、现场踏勘、访谈、读图标图等实地调查能力都能进行全方位的锻炼，同时，也可以培养学生吃苦耐劳精神。而且该环节的执行直接影响后续各环节的效果，最终影响整个实习效果。

不同的专题实地调查内容千差万别，但是，总体来说其内容大体可以分为两大部分：一是调查专题所涵盖的各种要素；二是不同人群对调查要素的主观认识调查。例如，进行沿江风光带调查时，人流量、绿化面积、道路、广场以及建筑小品等的调查均属于该专题的要素调查；而对市民的访谈和问卷调查则属于对调查要素的主观认识调查。

3.3.5 实地调查的指导

为充分调动广大学生的积极性和主动性，尽可能地减少学生“打酱油”的现象，充分锻炼学生的思考、组织管理、协调、交流等方面的能力。对于调查区域位于市内的调查专题，指导老师不跟随学生一起调查，将主动权交给学生，由学生自己组织和管理整个调查过程。指导老师只是在实地调查期间到各组进行现场巡视，回答调研过程中遇到的一些突发问题；而对于路途较远的调查区域，指导老师将以一个旁观者和监督者的身份陪同大家一起调查。

3.3.6 实地调查的注意事项

为了把实地调研工作做好，获得准确、完整和可信的调查数据，让所有学生都能充分体验调研过程。同学们需要注意以下问题。

(1) 选好小组长。一定要选出一个组织管理能力强、富有责任心、乐于奉献、专业水平相对较高的同学担任实习小组长。

(2) 熟悉调查方案。外出调研之前一定要将调查计划(方案)设计周全，而且要让组内每个成员都理解这个计划(方案)，明白各自的调研任务和调研方法等。

(3) 学会随机应变。调研过程中一定要严格执行调研方案，但是，遇到方案中没有预料到的突发情况，需立即报告组长进行研究并及时调整，组内不能解决的问题应向指导教师报告，寻求老师的帮助和指导。

(4) 相互协作。组员之间一定要发扬互帮互助精神，相互配合、相互协作。同时，组员之间也应相互监督和提醒，从而调动每一个组员的积极性，从而确保调查任务的出色完成。

(5) 时刻注意安全。由于调研地点为城市街区和山野乡村等环境复杂场所，因此，一定要注意交通安全和人身财产安全问题。

3.3.7 实习方法

城市与区域认知实习的实地调查过程中需要使用诸多自然科学和社会科学研究中常用的一些研究方法。

1. 踏勘与观测

认知实习(调查)研究中，实地踏勘是一种重要的调查方法。通过直接进入现场的踏勘和观测，不仅可以获取有关现状情况，尤其能够获取物质空间方面的第一手资料，弥补文献、统计资料乃至各种图形资料的不足。另一方面，可以使规划人员在建立起有关城市感性认知的同时，发现其现状特点和其中所存在的问题。具体方法如下。

1) 实地踏勘

以全面了解掌握城市现状为目的对城乡规划范围内的全面踏勘。利用已获取的地图、影像资料等，对照实际状况，采用实地测量、拍摄照片、录像、在地形图上做标注等方法记录踏勘和观测的过程与结果。

2) 底图标注

以特定目的为主的观测记录。例如在现有图形资料不甚完整的情况下，对特定地区的土地利用，建筑物、城市设施现状等通过实地观测、访问的方法，进行记录，并事后整理成可以利用的基础资料。

3) 典型地区调查

通常为掌握整个城市的情况而采取的对城市中具有典型意义的局部地区所进行的调查工作。例如，对某一城市居住水平及环境状况的调查，类似于社会调查中的抽样调查。调查中一般利用地形图、相关设计图等，采用现场记录、拍照、访问等方法进行调查。

2. 速写、素描、草图法

野外速写、素描和草图法是记录城乡规划中空间氛围的重要手段(图 3.1～图 3.4)。在质感、明暗、线条、空间虚实等方面研究建筑造型的基本规律，表达城市各种客体对象的体积、质感、量感、空间氛围感以及某种程度的色感。通过草图法，可增进人们对空间事物工程性标准、结构的整体把握。

图 3.1　交通流量观察与统计

图 3.2　同学们正在现场踏勘

图 3.3　现场调查过程中的小组讨论

图 3.4　指导教师的巡视指导

3. 野外摄影和录像

现代社会照相和摄影器材已较为普及，因此，野外摄影和录像日益成为野外调查常用的数据获取方法。

拍照法常用于抓拍专题要素以用于专题报告撰写的素材。使用该方法时一定要注意，拍照时一定要突出主题，要想好该相片能说明什么问题。例如，市区交通专题调查时，抓拍行人乱穿马路的相片即可用来说明市民交通安全意识不高的问题；沿江风光带专题调查时抓拍的垃圾满地的相片即可说明其管理混乱和环境糟糕等问题。

录像(摄影)法也可适当使用，由于其记录的是动态影像，因此，一般适宜于调查记录那些活动的专题要素。例如，交通流量调查时即可拍摄人车混行的交通乱象，用以说明交通管理混乱等问题；城市意向调查时，可拍摄那些颇具地方文化特色的“活动”的非物质文化遗产。

4. 访谈法和问卷调查法

另外，实地调查过程也经常使用访谈和问卷调查等社会调查常用方法(详情请见3.3.4节)。

3.3.8 实地调查案例——长沙湘江风光带景观设计调查

依据前期拟定的实地调查方案，小组长在前一天晚上负责召集全组成员召开会议，商议议题主要有两个：一是宣布实地调查方案，最后一次征集方案的修改意见；二是明确小组成员的分工。具体操作步骤如下。

1. 集合出发

上午7点准时出发，所有成员要求6:50分抵达集合地点。人员到齐后，小组长宣布调查操作方案、分工情况以及相关注意事项。简短交代后即可乘车出发。

(批注：集合一定要严守时间、不能迟到，1人迟到将会影响整个小组的全盘行动；另外，出发时间要认真考虑，沿江风光带调查要早一点出发，因为市民休闲集中在早晨和晚上。)

2. 分头行动

到达目的地后即可依据调查方案中的分工进行实地调查。

(1) 喻媚、刘一睿负责绿化植物、绿化面积和人流量调查。先选点进行人流量调查(此时为市民休闲高峰期)，两人选择的调查地点不能靠得太近，要分别选择具有代表性的不同地点进行人流量统计；然后，进行绿化植物和绿化面积调查，建议两人合作共同完成这两项任务；由于人流量调查需要进行多次，因此，建议在该项任务完成的时间段里间歇性地进行人流量调查。

(批注：两人合作进行绿化植物和绿化面积调查可以相互配合，1人观察，1人记录，同时，也可以保证调查标准保持一致，使调查数据更具科学性和可比性。)

(2) 何丁霖、唐翔瑛子负责道路调查。道路调查内容较为复杂，可考虑两人分头行动，1人负责车道，1人负责人行道；每人按照方案中调查要素依次完成调查，例如，车行道方向的导向性、宽度、路面类型、道路两旁植被、路灯间距等要素，认真在调查笔记本上做好记录；根据实地考察情况，可以增加调查方案中没有考虑到的调查要素，以充实调查数据。

(批注：可从调查起点出发，同时观察调查任务中的几个要素，边走、边看、边记，直到终点。一遍过后，如果发现有些要素还不甚明朗，可走第二遍，以起到查漏补缺的作用；另外，每个要素要拍摄几张典型相片备用。)

(3) 曾玉莲、易康健负责广场调查。调查地段广场数量应该不多，因此，可以一个一个地进行相关要素的调查。最好两人同时行动，1人记录、1人观察。每到一个广场先从宏观上分析其布局的合理性，判断广场的类型，最好将广场的区位用简单的示意图标注出来。然后，逐步过渡到微观要素的调查，包括广场的面积、便民设施、灯光照度、铺装、广场入口、设计风格等，并进行认真记录。最后，对进入广场的人流量进行分时段统计，获得不同广场的人流量数据。

（批注：调查方案并未说明各调查任务的详细调查步骤，因此，同学们到达目的地之后一定不要盲目动手，应该根据实际情况商议具体行动方案，以提高调查效率和数据的科学性；拍摄微观调查要素典型相片。）

（4）黄鹏、江丽珍负责建筑小品调查。该项任务比较细碎繁杂，但是只能一个一个地进行拍照和编号调查。两人同时行动，1人负责拍照和观察，1人负责记录。最好设计一个表格记录各建筑小品的相关信息。

（5）周紫辉负责调查地段草图绘制。手工绘制道路、绿化带、标志物、广场等主要景观要素的草图。应该在全面考察整个调查区域之后再选择绘图对象，对象选择力求具有典型性。

（批注：很多调查专题都有绘制草图的任务，在不同的专题中应该安排不同的同学去完成该项任务，使大家的绘图能力都得到锻炼。）

（6）高作念负责照片和视频拍摄。负责拍摄主要调查要素的相片以及本组同学实地调查中的活动视频。

（批注：无论是照相还是录像，一定要注意突出主题。）

3. 核对调查方案的执行情况

各小组完成任务后向组长报告，由组长负责检查其调查成果是否符合调查方案的要求，是否有遗漏，如有遗漏，及时补充。

4. 返回

各小组成员均圆满完成调查任务后即可返回驻地，准备下一阶段的实习研讨和数据整理工作。

3.3.9 练习

以某个拟定的专题调查方案为例，对其实地调查环节进行细化，使其具有更强的指导意义。

3.4 实习研讨

3.4.1 实习目的

（1）养成小组成员一起讨论共同完成学习和工作任务的习惯。
（2）掌握城市与区域认知实习中实习研讨的主要内容。

3.4.2 实习重点

了解实习研讨的主要内容。

3.4.3 实习难点

养成共同讨论以解决某个问题的习惯。

3.4.4 理论准备——头脑风暴法

头脑风暴法是由美国人 A.F. 奥斯本于 1953 年正式发表的一种激发性思维方法，旨在克服群体成员屈于权威或大多数人意见的心理影响，从而保证群体决策的创造性，提高决策质量的一种改善群体决策的讨论方法。我们提倡在实习研讨中使用该方法，使大家各抒己见，共同解决实习中的遇到的问题。

1. 头脑风暴法的激发原理

第一，联想反应。集体讨论问题时，一个新观念(问题)的提出会引发他人的联想，从而产生一连串的新观念(问题)，为创造性地解决问题提供更多的可能性。

第二，热情感染。在不受任何限制的情况下，集体讨论问题能激发人的热情。人人自由发言、相互影响、相互感染，能形成热潮，突破固有观念的束缚，最大限度地发挥创造性思维能力。

第三，竞争意识。在有竞争意识情况下，人人争先恐后，竞相发言，不断地开动思维机器，力求有独到见解、新奇观念。

第四，个人欲望。在集体讨论解决问题过程中，个人的欲望自由，不受任何干扰和控制，这就能使每个人畅所欲言，提出大量的新观念。

2. 头脑风暴法的要求

1) 组织形式

参加人数一般为 5～10 人；讨论时间最好控制在 1h 左右；设主持人一名，主持人只主持会议，对设想不作评论。主持人要熟悉并掌握该技法的要点和操作要素，摸清主题现状和发展趋势；参与者要有一定的训练基础，懂得该会议提倡的原则和方法；设记录员 1～2 人，要求认真将与会者每一设想不论好坏都完整地记录下来。

2) 会议原则

为使与会者畅所欲言，互相启发和激励，达到较高效率，必须严格遵守下列原则。

(1) 禁止批评和评论，也不要自谦。

(2) 目标集中，追求设想数量，越多越好。

(3) 鼓励巧妙地利用和改善他人的设想。

(4) 与会人员一律平等，各种设想全部记录下来。

(5) 主张独立思考，不允许私下交谈，以免干扰别人思维。

(6) 提倡自由发言，畅所欲言，任意思考。

(7) 不强调个人的成绩，应以小组的整体利益为重，注意和理解别人的贡献。人人创造民主环境，不以多数人的意见阻碍个人新观点的产生，激发个人追求更多更好的主意。

3.4.5 实习内容

实地调查归来后的首要任务是实习研讨，为后续的调查数据整理与分析以及撰写专题报告做准备。

实习研讨的主要内容(议题)如下。

1. 专题实习报告的撰写提纲

实习研讨的主要内容，研讨的重点是经过实地调查可以归纳出哪些调查结论，特别是一些比较明显的结论。研讨成果是初步形成调查结论要点。

2. 调查资料和调查数据研讨

调查资料和调查数据是形成专题报告的基础，一个优秀的专题实习报告必须有丰富的资料和数据作为论据来说明问题。研讨的内容主要是就调查所得数据和资料(问卷、访谈笔记、相片、踏勘数据等)进行较为深入的讨论，从而进一步提炼调查结论。相比来说，通过该环节的研讨得到的调查结论应该更为专业和深入。

3. 数据整理及专题报告撰写分工

实习研讨的最终目的是形成专题调查报告，而要形成一个相对完整的专题报告必须分工合作。建议由一人主笔负责专题报告的整体设计和质量保障(包括报告的框架、报告的附属部分、报告排版和润色等)，其他成员分别就调查结论的表述、行文、数据整理、分析和制作相应图表(作为支撑调查结论的论据)进行分工，最后向主笔人提供报告素材。

3.4.6 实习案例——长沙湘江风光带景观设计调查专题实习研讨

上午完成实地调查任务，中午短暂休息，下午2:30到固定地点集合进行研讨。研讨会由小组长主持，宜开门见山地进行相关问题的研讨。

1. 专题实习报告提纲

就当天的专题报告提纲问题进行研讨，在此主要讨论的是“调查结果分析部分”。“实习目的”、“实习方法”、“实习区域概况”等部分也可简单进行讨论。通过对各小组上午调查资料和数据的分析以及同学们的现场感受，初步可以得出以下调查结果：“人行道设计合理、导向性好；休闲广场设施齐全、能满足市民休闲需求；绿化植物种类较多、搭配合理；景观小品丰富多样；景观整体设计具有区域特色等。”

2. 调查资料和调查数据

各调查小组向全组通报实地调查所收集的资料和数据，全体组员对此进行认真分析和讨论，充分挖掘调查资料和数据中隐藏的信息，从而可以更为深入地得到几点深层次的调查结论：“景观带有较好的亲水平台；景观小品的实用性和观赏性强；绿化植物以孤植乔木、丛植灌木为主，等等”。

3. 数据整理及专题报告撰写分工

调查结论要点归纳总结出来后，分工负责寻找支持各论点的论据，它们包括相片、手绘图、调查问卷整理出来的图和表等。

3.5 数据整理与分析

3.5.1 实习目的

（1）学会相片、访谈资料、视频等定性资料的分析方法。
（2）掌握简单地处理和分析问卷调查和实地踏勘等所获得的定量数据方法。

3.5.2 实习重点

处理和分析问卷调查和实地踏勘等所获得的定量数据方法。

3.5.3 实习难点

处理和分析问卷调查和实地踏勘等所获得的定量数据方法。

3.5.4 理论准备：调查数据的整理、分析和表达

调查数据是形成调查报告的重要支撑，因此，各类调查数据的整理、分析与表达就成为认知实习需要掌握的重要内容。对各种专题调查所获得的数据资料的整理与分析一般分成以下三个步骤。

1. 检查鉴别

首先，检查调查材料是否切合研究需要(能否作为专题报告的论据)，其次，需要鉴别材料的真实性和数据的准确性，保证材料的真实可靠，确实反映客观实际。

2. 分类分组

分类分组是调查数据统计整理的重要内容。所谓统计整理是指将数字资料进行科学的分类和汇总，使之成为系统化、条理化和标准化的、能反映总体特征的综合统计资料的工作过程。统计整理主要分为统计分组、数据分析和制作统计图表三个基本步骤。

社会调查报告材料分类的标准，依研究目的而言，可按材料性质分为记录资料(相片、视频等)、文献资料、问卷资料、统计调查资料等；也可根据研究目的按年龄、性别、职业等分类；还可分为背景材料、统计材料、典型(人或事例)材料等。

统计分组中需要考虑分组标志、组数、组距、组限、组中值的确定与计算等问题。分组标志就是分组的标准或依据。常用分组标志有质量标志、数量标志、空间标志和时间标志。质量标志就是按照事物的性质或类别进行分组(例如：男人和女人；汉族和少数民族；城市和农村等)；数量标志是指按照事物的发展规模、水平、速度、比例等数量特征进行分组，从而对具有不同数量特征的事物之间的关系进行研究。经过分组，能够突出组与

组之间的差异而抽象掉组内单位之间的差异，使数据变得条理化，便于进一步分析研究。

分组之后即可对数据资料的基本特征进行分析，大体可以分为两大类：集中趋势分析和离散趋势分析。集中趋势指总体中各单位的次数分布从两边向中间集中的趋势，用平均指标(指同质总体中各单位某一数量标志的一般水平，是对总体单位间数量差异的抽象化)来反映。平均指标的类型有算数平均数(调和平均数、几何平均数)、众数和中位数。算数平均数＝总体标志总量/总体单位总数；中位数是指将总体各单位标志值按大小顺序排列后，处于数列中间位置的标志值，中位数不受极端数值影响，在总体标志值差异很大时，具有较强的代表性。如果统计资料中含有异常的或极端数据，就有可能得到非典型的甚至可能产生误导的平均数，这时使用中位数来度量集中趋势比较合适；众数指总体中出现次数最多的变量值，它也不受极端数据的影响，用来说明总体中大多数单位达到的一般水平。离散(中)趋势指总体中各单位标志值背离分布中心的规模或程度，用标志变异指标(反映统计数据差异程度的综合指标)来反映，变异指标值越大，平均指标的代表性越小，反之，平均指标的代表性越大。测定标志变异度的绝对量指标有全距(数据系列中最大值与最小值之差，易受极端数值影响，不能全面反映所有标志值差异大小及分布状况)与标准差(各个数据与其算数平均数的离差平方的算数平均数的开平方根，不易受极端数值影响，能综合反映全部单位标志值的实际差异程度)，测定标志变异度的相对量指标有全距系数和标准差系数。

3. 制作图表、数表

汇总的数字资料，一般都要通过表格或图形的形式表现出来，这就是统计表和统计图的制作。

统计表是表述数字资料的主要形式，它具有系统、简明、完整、集中等特点，便于计算、查找和作对比研究。形式上，统计表一般由标题、标目(横标目、纵标目)、数字、表注等要素构成。内容上，统计表由主词和宾词组成，主词是统计表要说明的总体或总体各组、各单位的名称，放左边；宾词是统计表要说明的各种指标，放右边。

制作统计表时应该注意以下问题。

(1) 标题应该简明，以确切说明表的主要内容为原则。

(2) 横标目与纵标目的概念要明确，排列顺序要符合逻辑。一般是先局部后全体，如果局部项目较多，则应先列合计，后列局部，并给栏目编号，表明栏目之间的关系。

(3) 表的上下两端为粗线，左右两端一般应为开口式。纵标目之间画细线，横标目与数字之间一般不画线或画细线。

(4) 表中的数字要填写整齐，对准位数，上下行数字相同时不应用“同上”或别的符号表示，而应填写实际数字。

(5) 表注要简明。资料来源要说明作者、书刊名、页码、出版单位和时间等。数字行里不应混杂文字，凡需说明的问题，一律写入表注。

统计图是表现数字资料的一种重要形式，具有形象、生动、直观、概括、活泼、醒目等特点，可使读者一目了然，具有较强的吸引力与说服力。按照表现形式的不同，统计图可分为几何图、象形图、统计地图、复合图 4 种类型：几何图就是利用点、线、面来表示统计资料的图形，包括条形图、平面图或立体图、曲线图、雷达图等；象形图就是按照调查对象本身的实物形象来表示统计资料的图形，常用的有长度象形图和单位象形图等；统计地图就是以地图为底景，用点纹、线纹或象形图来表现统计资料在地域上分布状况的图形，常用的有点纹统计地图和象形统计地图等；复合图就是用两种或两种以上统计图复合而成的统计图。

绘制统计图应注意以下问题：

（1）要根据绘图目的和统计资料本身的特征选取合适的图形类型。

（2）图示的内容应简明、突出重点。

（3）图示的标题、数字和文字说明等应清晰，一目了然。

（4）图形设计要科学，数据计算要准确，图示表现要真实。

（5）绘制的统计图要美观、大方、生动、鲜明，具有较强的吸引力和说服力。

（6）大部分统计图的制作可以通过 Excel 软件或其他专业制图软件来完成。

3.5.5 实习内容

实地调查完成后，收集和汇总所有调查资料，根据调查研究的目的，对各种调查资料和数据进行整理和初步分析。在此基础上，对数字资料进行分组和分类，并计算平均数、方差、中位数等相关统计指标，从而帮助提炼调查结论。最后，依据提炼的调查结论，利用处理后的数据制作统计表和统计图，作为各调查观点的论据材料。

3.5.6 实习案例——城市商业步行街调查的数据整理与分析

1. 步行街空间结构的图形表达

2008 级城规班对衡阳中山南路步行街和长沙黄兴南路的空间结构进行了调查，对街面所有店铺进行了一一调查、拍照，数据整理阶段运用 CAD 等绘图软件设计制作了步行街平面景观序列图(图 3.5 和图 3.6)。

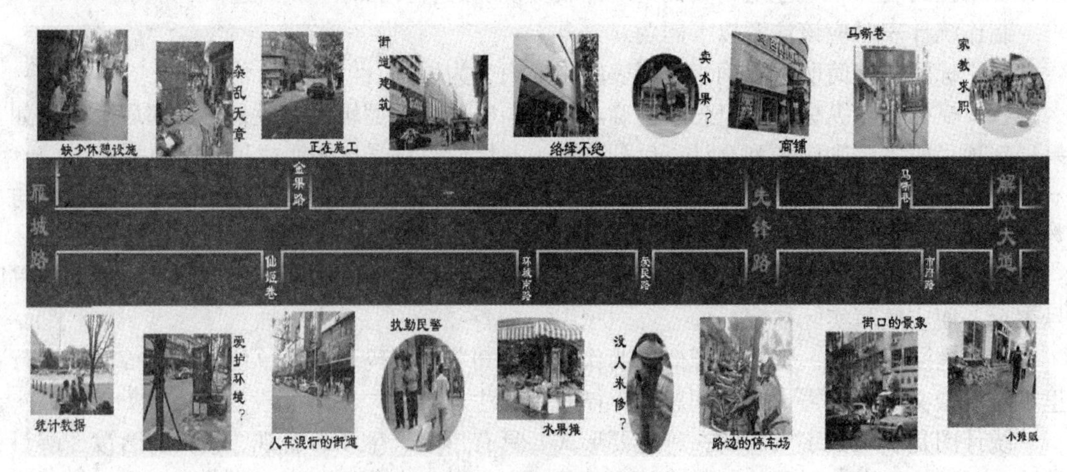

图 3.5　中山南路平面景观序列图

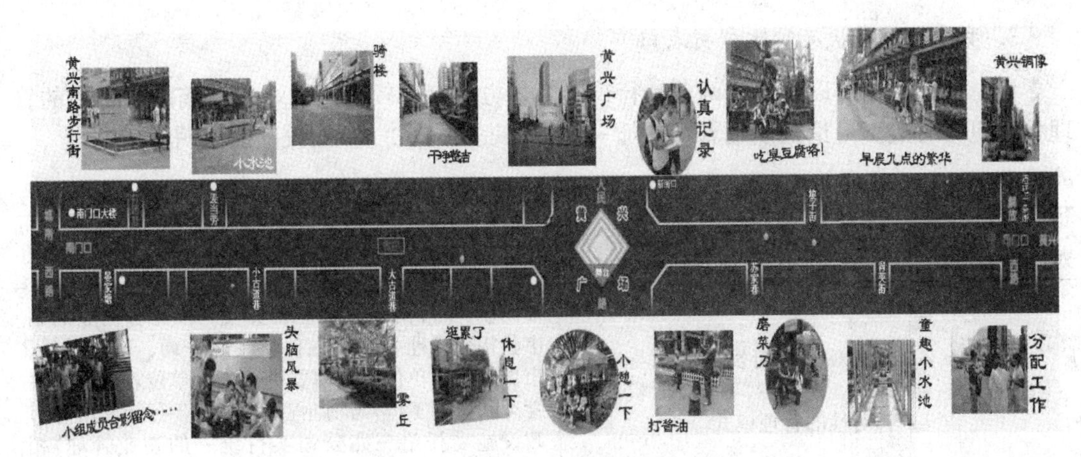

图 3.6　黄兴南路平面景观序列图

2. 步行街业态类型统计图

通过对实地各店铺业态的现场调查，对调查资料认真分析后可以得出“黄兴南路业态组合较中山南路业态组合状况好”的调查结论。为了很好地说明该观点，除文字论证说明以外，增加一个统计饼图(图 3.7)作为论据就显得比较合适。

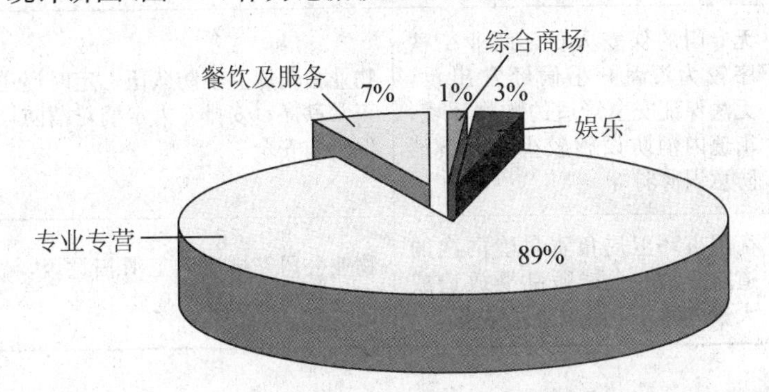

(a) 衡阳中山南路商业步行街业态组合图

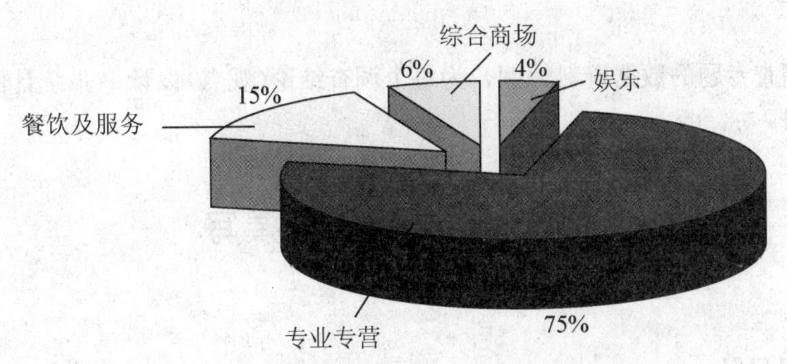

(b) 长沙黄兴南路商业步行街业态组合图

图 3.7　中山南路和黄兴南路商业街的业态组合对比图

3. 步行街管理状况对比分析表格

汇总调查数据可以发现，两条步行街的管理方面存在较大差异，长沙南路步行街的管理相对更为有效。为论证该观点，增加一个统计表格(表3-2)能较好地说明该问题。

表3-2　中山南路和黄兴南路管理情况对比表

对比要素＼地点	衡阳中山南路商业街	长沙黄兴南路商业街
管理模式	政府对商业街发展的引导有所欠缺，缺乏专门的管理机构和针对性的管理模式	抽调制(步行街设立管理委员会，由分管商业的副市长担任管理委员会主任，市商务局、市公安局、市城管局等单位为管理委员会成员单位，负责高层管理和协调工作)与物业管理制(将步行街的所有市政设施委托给三兆公司实行统一的物业管理)相结合
交通管理	中山南路全程为由北往南的机动车单行道，但是对摩的、电动车等非机动车缺乏管理，任由穿行，交通秩序杂乱，且车辆乱停放现象严重	黄兴南路商业街内禁止车辆通行，营造了良好的步行空间
安保工作	无专门的保安人员，商业街秩序较为混乱，小偷经常出没，无法保证安全舒适的购物环境；街道内消防设施较少，人员消防意识薄弱	物业公司成立安防队伍，定时巡逻，维护步行街的正常秩序；安排专人定期对消防设施进行保养，确保消防安全
保洁工作	衡阳市环卫局负责早晚两次的道路清洁，小摊贩乱摆放造成大量垃圾且道路卫生死角多	物业公司安排清洁工清扫垃圾，做到全天候保洁，商业街内禁止乱摆乱放

3.5.7 练习

以某个调查专题的数据资料为例，为每个调查结论(观点)设计一张统计图或者统计表作为论据材料。

3.6 专题报告撰写

3.6.1 实习目的

(1) 了解专题报告的组成要素和书写格式。
(2) 掌握专题报告撰写的方法和技巧。

3.6.2 实习重点

熟练掌握专题报告撰写的方法和步骤。

3.6.3 实习难点

熟练掌握专题报告撰写的方法和技巧。

3.6.4 理论准备：实习报告和专题实习报告

实习报告是指学生在实习期间或实习完成后撰写的对实习过程、实习经历和实习收获等进行描述的一种应用文本。叶圣陶先生说过："大学毕业生不一定要能写成小说、诗歌，但是一定要能写工作和生活中实用的文章，而且非写得既通顺又扎实不可。"实习报告是其中的典型代表，每个大学生都必须熟练掌握它的写作方法。撰写实习报告是实践教学的一个重要内容，具有培养大学生写作能力和常用处理软件应用能力等作用，同时，也是实习成绩考核的重要依据之一。实习报告是检验学生是否完成实习任务和完成质量好坏的一个重要手段。

实习报告一般分为两种：一种是总结性实习报告，是在实习结束后撰写的对实习地点、实习时间、实习内容、实习结果、实习心得体会和实习建议等进行总结性阐述的纸质报告。因此，总结性实习报告又可称之为综合性实习报告。另一种是纪实的实习报告，是指在实习期间完成的就某项实习专题的工作方法、实习流程、主要结论以及建议等进行专题汇报的小论文，纪实实习报告也可叫做实习专题报告。

实习专题报告是在实习进行期间对当天(或两三天)完成的某个实习专题进行小结的一种内容相对单一、字数相对较少、分析相对不深和制作相对不精致的一种小报告。一般要求每项专题考察完成后均需以小组为单位提交一份专题小报告。

一份完整的专题实习报告一般应该包括报告名称、报告完成人、实习时间、实习地点、指导老师和实习报告正文等主要构成要素。其中，实习报告正文一般应包含实习目的、实习方法、实习(调查)区域概况、调查结果分析、措施或建议等。

3.6.5 实习方法：实习专题报告编写方法

1. 报告名称

实习专题报告命名一般采用"区域(地点或地段)＋实习专题内容＋专题调查报告"的方式进行。

报告名称要求居中排版，可以用黑体或宋体加粗等方法突出显示，字号可以与正文一样，也可大一号。

例如：《长沙市城市意象专题调查报告》《衡阳市船山路晶珠广场路段城市交通流量专题调查报告》《衡阳市工联村新农村建设专题调查报告》等。

2. 报告辅助要素

报告名称后空一行标明报告完成人、实习时间、实习地点、指导老师等报告辅助要素。

□报告完成人。要求填写参与该实习专题的所有成员的姓名，一般是实习小组全部成员。

□实习时间。专题报告完成的年、月、日。

□实习地点。专题调查的具体实习地点。

□指导老师。要求填写所有参与实习指导的老师姓名。

以上各要素均可顶格书写，字体可与正文加以区分，字号可以小半号。

3. 报告正文

辅助要素之后空一行接报告正文。一份合格的专题实习报告正文一般应包括实习目的、实习方法、实习(调查)区域概况、专题问题简介、调查结果分析、措施或建议等。

□实习目的。简明扼要地阐述该项实习专题需要完成的任务、达到的目标，可以几句话笼统性描述表达也可分点阐述。

□实习方法。交代该项专题完成需要采用哪些方法和技术手段，每种方法具体用于干什么(获得什么资料或数据等)。

□实习(调查)区域概况。对实习区域的自然、经济和社会条件作简要陈述，与调查专题相关方面的内容适当详细一点。例如，做衡阳城市交通流量调查专题时：首先可以对衡阳市的自然、经济和社会发展等方面情况做简单介绍，然后，对衡阳市的交通情况进行相对详细一点的介绍。

□实习专题概述。该部分对实习专题的基本理论问题进行简要描述。例如，做长沙市城市意象专题调查时，该部分可以简单介绍城市意象的概念及城市意象构成要素等相关理论问题，但是，一定不能长篇大论，因为，上述各部分都不是本专题实习报告的重点。

□调查结果分析。该部分是实习专题报告的重点阐述内容，可以不惜笔墨地进行分析论述。该部分的写作需要注意以下问题：首先，表达方式要以论述为主，而不是说明和记叙；其次，要进行分点论述，每一小点构成一小标题，运用实地调查所得调查数据、现场照片、访谈内容、勘察数据等资料和数据作为论据来论证自己的论点(小标题)；再次，调查数据要经过适当处理和加工绘制成表格或图表嵌入到实习报告中作为实习报告的重要论据材料。一定要注意，现场相片也可以作为论据使用，但是，一份优秀的专题实习报告应该更加注重对调查资料和数据做二次加工，因此，自绘的经过精心处理的数据表格和数据图表更具说服力；最后，一定要注意小标题的语言表达。小标题最好采用观点式表述语，开门见山地摆出你的论点。因此，小标题的表述需要字斟句酌，反复推敲，直到满意为止。

□措施或建议。调查结果分析部分是对某个问题进行仔细分析，要么是找出存在的问题，要么是发现其存在的规律和表现出的特点。而措施或建议部分则是针对调查结果分析部分找出的问题、规律和特点，提出小组成员的解决对策或者是对找出的规律和特点的应用价值进行阐述。该部分最需注意的问题是措施和建议一定要有针对性，而不是将任何有关该调查专题的相关措施和建议都罗列出来。通俗地说，我们如果把专题调查报告的撰写过程比喻成医生看病的话，那么，调查结果分析部分可以认为是医生对病人症状进行的诊断，中医的“望、闻、问、切”、西医的各种医学仪器检查等就相当于专题调查所采用的研究方法，而“望、闻、问、切”得到的结果和各种医学检查报告单则相当于调查结果分析部分的论据。而措施和建议部分则相当于医生最后所开的处方。经过诊断之后，医生对病人的症状有了清楚的认识，知道病人得的什么病，这样他才能对症下药，开出有效的药方。

4. 实习专题报告范例

衡阳市中山南路步行街业态与客流量调查报告

□报告完成人：所有参与调查工作的人员

□实习时间：2010年7月20日

□实习地点：衡阳市中山南路

□指导老师：所有参与实习指导的老师姓名

（一）实习目的

通过本实习专题，需了解中山南路步行街的业态结构特征和存在的问题，熟练掌握城市业态调查的各种方法……

（二）实习方法

本专题主要采用实地调查、现场踏勘、问卷调查、拍照等方法。

（三）实习区域概况(300字左右)

先对衡阳市的自然、经济和社会发展情况特别是商业发展情况作简要概述，然后，简要介绍中山路步行街的区位、商业价值和地位等情况。

（四）城市商业步行街概述(200字左右)

简要介绍城市商业步行街的概念、分类和作用等，然后，介绍步行街业态的概念等。

（五）调查结果分析(重点阐述部分)

1. 结论一(最好是观点性语言)

论证部分：千万不要忘记使用根据调查资料和数据制成的自制表格和统计图表等论据。

2. 结论二(最好是观点性语言)

论证部分：千万不要忘记使用根据调查资料和数据制成的自制表格和统计图表等论据。

3. ……

（六）措施或建议

1. 针对性措施一

2. 针对性措施二

3. ……

3.6.6 实习过程

专题实习报告的撰写流程包括汇总调研资料和数据、调研数据的分析和处理、讨论专题报告的撰写、撰写专题报告、讨论和修改专题报告等。

1. 资料汇总

将各成员分工负责获得的调查资料和数据收集起来，统一由专人负责建档保存。资料分为两种，一种是调查相片、视频等数字格式资料；另一种是调查问卷、访谈笔记、建筑素描、现场临摹等纸质资料。

2. 资料入库

将数字化和能够数字化的资料输入电脑，形成专题调查数据库。需要注意的是，纸质材料尽量进行数字化处理和保存，例如，调研过程所绘的草图尽量用 CAD 软件进行重新绘制和编辑加工，以备撰写专题报告时用。

3. 讨论并形成提纲

召开小组讨论会，先各自简单汇报上午调研和获得的资料情况，然后重点讨论专题小报告的分工和撰写提纲，专题报告的撰写提纲务必集众人智慧共同完成。

4. 形成报告

为提高效率，需分工负责。建议由一人总负责，其他同学配合，分别进行数据处理、图表制作和观点凝练等工作。

5. 注意事项

首先，专题报告撰写可以参考历届学生的优秀作品，同时，需要在内容和形式上进行一定的创新，不能简单照搬。其次，专题报告撰写一定要善于利用调研资料和数据，对调研资料和数据进行充分挖掘，提炼出具有一定深度的观点，切忌停留在表面上的浅显分析。再次，调查报告的问题分析部分要追求深度，同时，力求表达形式多样化。特别注重运用调查资料和数据绘制相应图表以佐证专题报告的观点。调查所拍摄的相片也可作为论据使用，但是，利用调查数据自绘的图和表其论证效果更佳。最后，专题报告初稿完成后需经多人、多次修改后方能提交给指导教师批阅，绝不能匆匆了事。最好发给组内每个成员通读并提出修改意见，最后由报告执笔人综合各人的意见，进行修改和完善(图 3.8 和图 3.9)。

图 3.8　小组成员正在进行激烈讨论

图 3.9　数据处理和专题报告撰写

3.6.7 实习案例——长沙湘江风光带设计调查报告

□报告完成人：李谦、胡萍、高静、黄佳欣、罗娜、郑志芬、侯志辉、阳慧、贺喜楼、张羽(2011级城乡规划专业)

□实习时间：2012年12月3号

□调查地点：长沙湘江风光带(杜甫江阁、印章广场、唐风长廊)

□指导老师：杨立国、齐增湘、邹君、蒋志凌、廖诗家

1. 实习目的

通过本次实习专题，了解长沙市湘江风光带景观设计原则，整体设计方案及其设计实用性；掌握景观设计调查方法；培养理论运用于实际的能力。

2. 实习方法

本专题主要采用文献查阅、实地踏勘、拍照等方法进行资料和数据的采集。

(批注：应该还要用到访谈和问卷调查方法。)

3. 实习区域概况

湘江风光带南起规划中的长沙湘江黑石铺大桥，北至月亮岛北端，长约26km。湘江风光带建于1995年，主要以休闲长廊和雕塑为主景，配以形式各异的小广场、景观小品、灯光亮化等配套设施，组合种植了多种乔木和灌木，体现了江水两岸相互映衬的独特景色。湘江风光带全线充分体现了湖南的自然风光，其环境优美，是游人观光小憩的好去处，也是市民晨练晚游的佳境。长沙市湘江风光带，沿湘江而行，由北向南逶迤，最美的一段在橘子洲头公园隔河相望区域。岳麓为屏，橘洲卧波，湘江北上，垂柳依依，风筝悠悠，市民或健身或散坐于林间，信步而行，江风习习，可以在朱张渡口缅怀故人，也可以在杜甫江阁吟诗品茶，还可以融入市民的舞蹈队载歌载舞，这里是欣赏直爽长沙人生活的好地方。

(批注：研究区域介绍应该从大到小进行，最后要落实到具体调查地段。)

4. 城市滨水区概述

城市滨水区作为资源集中的地带和经济发展的重要空间，是城市中最具持久吸引力的区域，为保证滨水区资源的有效利用和滨水景观的合理开发，对滨水区景观模式多元性的研究是不可或缺的。滨水区在不同的城市、不同的地段其景观模式也有所不同，通过对不同景观模式的适宜性分析，提出因地制宜的景观开发策略，有利于营造和谐、生态、具有地域特征的城市滨水空间。

5. 调查结果分析

调查报告选取了3个地点(杜甫江阁、唐风长廊、印章广场)，分别从道路、广场、植物配置、建筑小品、水体、驳岸、假山等方面对湘江风光带进行调查研究。

1) 人行道干净舒适、铺装多样，具有明确的导向性

风光带道路都较为宽敞，绿化带与防护栏之间的道路宽3m，建筑小品之间的连贯道路宽2m，宽度较为适宜。铺装以广场砖为主，穿插鹅卵石、大理石、花岗岩及仿石砖

(图 3.10)，形成多样的道路铺装，整体色调为灰白色，美观大方。道路整体连贯性好，沿江方向，不仅具有明确的导向性，安全系数也高。路面色彩与绿化色彩和谐，具有韵律感，观赏性强。

(批注：难道就十全十美，没有任何瑕疵?)

图 3.10　地砖与鹅卵石搭配的道路

2）广场面积适中，设施齐全，能满足不同人群的休闲需求

风光带广场类型基本为公共活动广场，平均面积为 150m²，能很好地容纳流动人群以及满足市民的活动要求(图 3.11)。广场周边种植了适量庭荫树，也安置了休息座椅、运动器材、休息吧或休息亭(图 3.12)，为居民休息、活动和交往提供了舒适的空间。广场铺装以硬质材料为主，铺装材料多为花岗岩、大理岩，颜色以枣红、黑、灰白为主，设计风格简约大方，形式及色彩搭配具有图案感。广场出入口符合无障碍设计要求，满足了残疾人的休闲需求。

(批注：该部分的论证稍欠说服力，最好辅之以问卷或访谈数据加以说明。)

图 3.11　风光带广场

图 3.12　广场旁的休息亭

3）植物种类繁多、比例合理，但色彩配置比较单一

风光带植物种类繁多，乔木有樟树、枫树、梧桐、松树、桂花树、银杏等十多类；灌木有杜鹃、女贞、四季青等；花草有兰花、茶花、菊花等，种类也较多。由图 3.13 可知，乔木、灌木、草本及其他植物的搭配比例也较为合理，乔木为 38%，灌木占 43%，草本有 15%。可利用植物不同的形态特征，运用高低、姿态、叶形、叶色的对比手法表现出富

于变化和艺术性的植物景观(图 3.14)。在人行道两旁，注意了纵向的立体轮廓线和空间变换，做到了高低搭配，有起有伏，产生了节奏韵律，避免了布局呆板。但是风光带主要以樟树为主，常年绿色，色彩过于单一，难以给人视觉冲击。

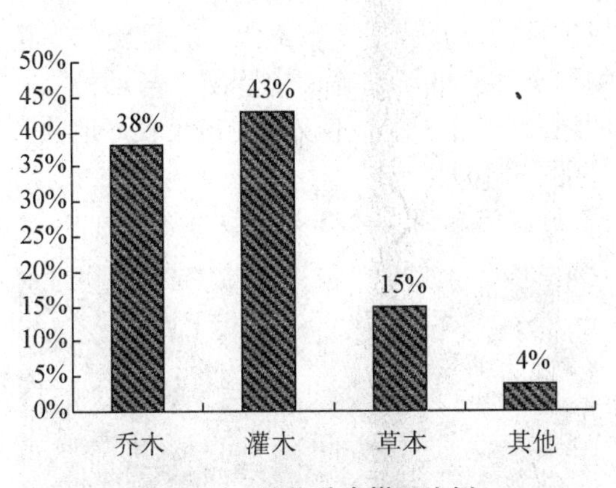

图 3.13 植物种类搭配比例

图 3.14 具有层次的植物搭配

4）以孤植乔木、丛植灌木为主，树种间距合理

湘江风光带采用姿态优美、色彩鲜明、体形略大的乔木作为孤植，并且与周围其他配置植物保持了合适的观赏距离；采用矮小美观的灌木为丛植，配置自然，符合艺术构图规律，既表现出植物的群体美，也能看出树种的个体美；杜甫江阁的乔木间距为 5m，印章广场的树间距为 9m，唐风长廊为 5m，不同类型地点的树间距不同，配合了该地点的功能，树间距合理。

5）景观小品种类丰富，实用性、观赏性强

整个湘江风光带景观小品种类丰富，建筑小品有亭台、楼阁、长廊等；生活设施小品有座椅、电话亭、垃圾桶等；道路设施小品有车站牌、道路指向标、景观灯等。表 3－3 为调查的三个地点的景观小品。

表 3－3 杜甫江阁、唐风长廊、印章广场的主要景观小品

类型 地点	建筑小品	生活设施小品	道路设施小品
杜甫江阁	亭台 2 个、楼阁 1 个、石碑 21 个、壁画 1个、雕刻 2 个、长廊 2个	座椅 81 个、电话亭 1 个、垃圾桶 45 个(间距 200m)、卫生间 1个、广播 5 个、报刊亭 2 个、饮水台 1 个	车站牌 2 个、防护栏、道路标志 8 个、路灯 21 个、景观灯 203 个、标志牌 4 个
唐风长廊	长廊 1 个、广场 1 个	座椅 35 个、垃圾桶 20 个、卫生间 1 个、广播 5 个	车站牌 2 个、防护栏、道路标志 5 个、路灯 15 个、标志牌 4 个
印章广场	石碑 4 个、雕塑 10 个、亭台 1 个	垃圾桶 2 个、座椅 6 个、广播 1 个	警示牌 1 个、路灯 6 个、防护栏

景观小品数量分布合理，在不同类型景点，景观小品类型的分布比例不同，充分考虑了景观小品的实用性。由表 3－3 可看出，由于杜甫江阁为长沙湘江风光带主要的观景区

及市民活动休闲区，所以杜甫江阁所布置的景观小品最齐全，最为丰富多样，满足了各种来此处休闲的市民的需求。而印章广场主要以开敞休闲空间为主，因此景观小品设置相对较少。

景观小品设计不仅美观，而且与湘江整体景观相融，甚至有画龙点睛之效。如座椅设计首先从人的生理和心理出发，避开人流，形成休息的半开放空间，给人一种稳定的平衡感。同时座椅形态各样，有简单的几何形、动物形态和树桩形态等，构造出人与动植物和谐相处的景象；观景亭台设置在沿江风景最好的地段(图 3.15)，不仅能使市民较好地欣赏湘江风光，同时它本身也成为沿江风光的一部分(图 3.16)。

(批注：实用性与观赏性是一种主观判断，最好有问卷调查数据支撑。)

图 3.15　观景楼阁

图 3.16　掩映在树影中的亭台

6) 有较好的亲水平台

在沿江风光带中设置了较多的亲水平台。在唐风长廊处设置较多水上平台、汀步和栈桥等(图 3.17)，满足了人们近距离观水的要求。同时在湘江沿岸水浅的地方设置了沙土驳岸，以便满足市民进一步的亲水嬉水需求。在岸边还设置了小体积的水池、假山和喷泉(图 3.18)，不仅满足了亲水要求，也营造了充满诗意的环境，只是在雨水少的季节，水池无水，影响观赏效果。亲水环境的设施设计也符合人与水体的尺度要求，同时配备较好的安全防护措施，保证市民的安全。

图 3.17　亲水栈桥

图 3.18　亲水石台

(批注：能够增加调查地段亲水平台的数据表格就最好了。)

7) 整体景观设计具有区域特色

风光带基本以乡土树为基调树种，不仅经济、成活率高，还充分显示了亚热带季风气候的特色；景观小品运用古朴美观的亭台、楼阁、石碑、壁画(图 3.19)，展现出湘江悠久的历史和浓厚的文化；建筑材质多以木材为主，体现江南的建筑特色(图 3.20)。

图 3.19 具有历史文化特色的雕塑

图 3.20 传统建筑

6. 建议

长沙湘江风光带美观便民，可是也存在一些问题，提出以下几点建议。

(1) 人行道旁的路灯有所损坏，影响美观，应及时换新。

(2) 饮水台数量过少，应合理设置。

(3) 应在路边设有该景点名称的路标，增强景观的可识别性。

(4) 人造水池应保持适量的水，以保证水池的观赏性。

(5) 增加公厕数量。可以以假山或其他小品的形式为外包装增设绿色公厕，这样既不影响美观，也为出行休闲的市民带来方便，建议每隔 200m 设置一个公厕。

3.6.8 练习

以本书第 7 章中的某个专题调查报告为例，说说其尚有哪些地方可以进行改进和优化，并提出具体的优化建议。

3.7 成果汇报与验收

3.7.1 实习目的

了解实习成果汇报与验收阶段的操作流程与注意事项。

3.7.2 实习重点

掌握成果汇报的方法。

3.7.3 实习难点

掌握成果汇报的方法。

3.7.4 实习内容

专题报告完成后即可提交给老师进行批阅，从而进入成果汇报与验收阶段。主要内容(任务)是由指导老师检查验收各组专题小报告，并对当天的专题实习进行考核评分。成果验收环节一般在晚上(或下午)进行，地点可以设在教研室、教室或外出实习租住的宾馆房间等。

3.7.5 实习步骤

成果验收阶段的操作步骤是，首先，由小组推荐 1～2 人(不同专题汇报人要进行轮换)简单汇报实地调查和分组讨论情况，以及实习感触和建议等；然后，由 1 人负责向指导老师汇报小组完成的专题报告，重点汇报调查结论分析部分；再次，指导老师对当天的专题报告进行现场点评，提出修改意见，并对当天的专题实习进行评分；最后，师生双方就当天的实习内容进行双向自由交流。整个环节完成后小组回到宿舍对专题报告进行再次修改，同时，分头进行第二天的专题调研计划的讨论和修改。该环节主要锻炼学生口头表达能力以及培养善于倾听和虚心接受他人意见和建议的优秀品质(图 3.21 和图 3.22)。

图 3.21　小组成员向老师汇报当天实习成果

图 3.22　指导老师对学生的专题报告进行指导

3.7.6 实习方法

该环节应注意以下问题：首先，汇报前先进行分工，确定口头汇报专题发言的人员名单以及汇报主题。人员分工要注意轮换原则，让每个同学都有机会得到锻炼；其次，虽然是口头汇报，汇报人也应该在汇报前做好充分准备，拟好口头汇报提纲，以免汇报时没有思路和重点，想到哪、说到哪；再次，口头汇报人一定要注意控制时间，专题发言人的汇报时间一般应控制在5～8min。因此，汇报时一定要注意突出重点；最后，汇报时一定要养成认真倾听和做笔记的习惯。认真倾听既包括听取老师的分析与点评，也包括认真听取其他同学的发言，只有学会了倾听，才会去认真思考。

3.8 总结性实习报告撰写

3.8.1 实习目的

(1) 了解什么是总结性实习报告以及总结性实习报告的构成要素。

(2) 掌握总结性实习报告撰写的方法和技巧。

3.8.2 实习重点

总结性实习报告的撰写方法。

3.8.3 实习难点

总结性实习报告和专题实习报告的区别。

3.8.4 理论准备：总结性实习报告及其与专题实习报告的区别

总结性实习报告是指实习结束后对整个实习过程中的收获、体会进行的一种内容相对全面、字数相对较多、分析相对深入和制作相对精致的一种综合性自我小结型报告。任何一个实习，不管是为期较短的见习还是为期较长的专业实习，一般都要求在实习完成后每人(或小组)完成一个总结性实习报告。

总结性实习报告与专题实习报告的区别有：首先，完成的时间不同，专题实习报告在专题调查后马上完成，而总结性实习报告则在野外调查完成后完成；其次，总结性实习报告要求在内容的深度上和表达形式上与专题实习报告相区别。因为，专题报告撰写的时间非常有限，对某个问题的分析和思考不可能太深入，对调查资料不可能进行充分的挖掘。而总结性实习报告的撰写拥有相对宽裕的时间(2～3周)，完全有条件对调查所得的数据资料进行充分挖掘，并进行仔细思考和广泛的组内讨论，从而使报告内容更为深入；同时，报告表达形式也可多样化，力求美观、精致，语言要求精炼等，最终形成一个深度相对较高的精致报告；再次，两者的内容也存在一定的差异，专题实习报告只针对当天调查的专题，而总结性实习报告则需要综合各专题内容。总结性实习报告的实习内容部分可以做如下处理：一是针对某个实习专题就多个实习区域的情况进行对比分析(例如，同样是城市意象调查，衡阳市和长沙市都做过该专题，那么在总结性实习报告中可以就长沙市和衡阳市的城市意象进行对比分析)；二是对此次实习的所有专题进行综合分析，以高度精练的语言概括每个实习专题所得出的主要考察结论，最好加入后期思考的东西；最后，总结性实习报告正文与专题实习报告有较大区别，一般应包含实习目的、实习过程与内容、实习总结以及实习体会和收获等。

总结性实习报告构成要素与专题实习报告差不多，一般包括报告名称、报告完成人、实习时间、实习地点、指导老师和实习报告正文等主要构成要素。

3.8.5 实习方法：总结性实习报告的撰写方法

1. 报告名称

报告名称：城市与区域认知实习总结实习报告。

实习报告的名称一般采取“内容＋文种”方法命名，要求内容清楚，简洁明快，让人一看就知道是什么内容。报告名称要求居中排版，可以用黑体或宋体加粗等方法突出表示，字号可以与正文一样。

2. 报告辅助要素

报告名称后空一行标明报告完成人、实习时间、实习地点、指导老师等报告辅助要素。

□报告完成人：本人姓名(或小组名称)。

□实习时间：实习起止时间。

□实习地点：外出实习的区域，不一定要求具体到每一个实习观测点。

□指导老师：所有参与实习指导的教师姓名。

以上各要素均可顶格书写，字体可与正文加以区分，字号可以小半号。

3. 报告正文

辅助要素之后空一行接报告正文。一份合格的总结性实习报告正文一般应包括实习目的、实习过程与内容、实习总结、实习体会、实习建议等。

□实习目的。简明扼要地阐述本次实习需要完成的任务、达到的目标，可以几句话笼统性描述表达，也可分点阐述；比专题实习报告的实习目的相对宏观一些，一般可以从知识、能力、情感和态度等方面进行表述。

□实习过程与内容。实习过程与实习内容主要采用说明和叙述文体描述整个实习过程和主要实习内容即可，文字不要太多，几百字即可。

□实习总结。对实习的整体性总结和概括。主要内容有实习结论(把每个实习专题的核心调查结论高度概括出来)和自我评价(对实习过程中的自我表现或小组表现进行客观评价)等。

□实习体会。本次实习的感想和体会，有什么经验值得发扬，有什么教训需要吸取，记忆最深刻的事情是什么以及通过本次实习领悟到了什么道理，得到了哪些收获(即通过本次实习学到了哪些东西)等。

□实习建议。通过本次实习，对本专业的专业知识、课程结构有什么建议和想法？对实习的组织、管理有何建议等。

4. 总结性实习报告范例

城市与区域认知实习总结报告

□报告完成人：完成人姓名

□实习时间：　年　月 日—　　年　月 日

□实习地点：长沙市、衡阳市

□指导老师：所有参与实习指导的老师姓名

(一) 实习目的

通过本次实习需要掌握……

(二) 实习过程与内容

本次实习分别在衡阳市和长沙市两个地方进行，衡阳市主要在××地点开展了××内容考察；长沙市主要在××地点开展了××内容考察。

(三) 实习总结(重点阐述部分)

1. 结论一

2. 结论二

3. ……

(四) 实习体会(重点阐述部分)

1. 体会(感想)一

2. 体会(感想)二

3. ……

(五) 实习建议

1. 建议一(最好是观点性语言)

2. 建议二

3. ……

3.8.6 总结性实习报告撰写实例——新农村发展模式的调查与思考

□报告完成人：刘奇、李可花、石文超、袁敏、邹璞玉、徐亮、杨婷、覃宇辉、朱政、杨晴青、赵羽(2009级城乡规划专业)

□实习时间：2011年7月8日至7月13日

□实习地点：工联村和光明村

□指导老师：杨立国、齐增湘、李伯华、邹君

(批注：同一专题、不同地域的调查结果做对比是总结性实习报告的一种写法之一。)

1. 实习目的

通过本次实习需要掌握问卷调查、踏勘、标图、拍照等调查方法，能够将书本中的理论知识通过实践得以熟练运用。需要对城市与区域有基本的认知，理解城乡规划的对象。学会调查报告的撰写，学会团队的协作，共同完成相关专题。

(批注：此处的实习目的是针对整个实习而言的，相对宏观，而专题报告中的实习目

的只针对某个专题而言，相对微观。）

2. 实习过程与内容

本次实习分别在衡阳市和长沙市两个地方进行，包括衡阳市解放路、工联村、中山路、衡阳火车站、外环西路、岳屏公园，长沙市火车站、五一广场、劳动广场、湘江风光带一路等调查地点。每个专题由负责人进行领导，其余组员配合，上午进行数据收集、访问、踏勘、拍照等现场调查，下午讨论形成专题报告，晚上老师进行指导。

（批注：交代了整个实习过程中的实习点，但没有陈述各实习点所进行的实习内容。）

3. 实习总结

本组将以新农村建设调查专题为例，对衡阳市的工联村和长沙市的光明村新农村发展调查进行对比分析。

（1）基本情况对比。

工联村坐落于湖南省衡阳市衡南县谭子山镇，临322国道，距衡阳市区25km，总面积4.57km²，有耕地面积1845亩，村地面积1155亩，有11个村民小组，361户，1558人。村党委下辖4个支部，有党员89人，党委成员5人。20世纪70年代末，该村人均年纯收入不到90元，村民吃粮靠返销，穷得只有“一把锄头一双肩，早看日头晚看天”。这些年来，工联村紧紧围绕建设“工农配套、文明富裕、山水秀丽、社会安康的新工联”这个目标，用党的先进性建设来带动新农村建设，取得了较好的成绩。如今，“千亩良田变银行，村民个个住楼房，民主议事新风尚，邻里和睦争模范，共同富裕奔小康”。该村先后荣获“全国文明村”、“全国先进基层党组织”等称号。

光明村地处长沙市望城县白箬铺镇，大河西先导区中部，即长沙市近郊，原本是一穷乡僻壤，经过近10年的快速发展，2009年被评为省级新农村示范村。

（批注：既然是对比就应该把两村的异同点交代清楚，建议在介绍了两村基本情况之后用简明扼要的语言陈述两村的相同点和不同点。）

（2）两村发展方向不同。

光明村发展以现代农村观光旅游为主，规模经济作物为辅的产业组织形式；工联村则以农业生产为基础发展农产品加工业，辅以农家旅游业的产业组织模式。

（批注：概括比较到位，用观点性的话语精炼地表达出了两村产业组织模式的区别。）

通过调查发现，光明村发展以现代农村观光旅游为主，规模经济作物为辅的产业组织形式。目前已建有农家乐23家，村内随处可见村民自建的小商店、房屋出租、小休闲处等招待设施，四大特色主题旅游区初见规模。另外，光明村成功引资1.1亿元，实现了葡萄、西瓜、花卉(图3.23)等经济作物的规模经营。但是，调查中我们发现，由于旅游业发展尚处于起步阶段，经济带动力不强，土地又大部分流转给了承包商，村民只保留少部分自留地，农民从旅游产业上获得的收入较少。村民人均年收入8000元左右，大部分为土地出让金。

工联村发展条件相对光明村要艰苦得多。20世纪80年代初，村领导带领村民种植烟叶，后来，村民又自发办起了运输公司，建立起了比较灵活的产业组织结构。目前的产业发展模式是以农业生产为基础，大力发展农产品加工业，辅之以农家旅游业。调查发现，工联村目前建有矿泉水厂(图3.24)、大米厂、莲子厂、榨油厂等小型村办企业。据村主任介绍，这些企业可以根据市场需要及时调整，如之前开办的挤奶厂因经济效益不好而关张改建为莲子厂等。这种“产供销一条龙，农工贸一体化”的模式不仅拓宽了农民的增收渠道，还解决了农村劳动力剩余的问题。

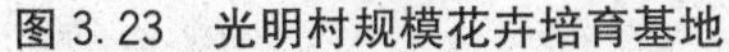
图 3.23　光明村规模花卉培育基地

图 3.24　工联村矿泉水厂

(3) 光明村基础设施“全”而“新”，工联村则以满足人们生产生活设施为主。

“全”而“新”是实习中我们对光明村基础设施的总体感觉。

“全”是指光明村完善的基础设施可与城市相媲美，道路(图 3.25)、电线、路灯、垃圾处理站、停车场、幼儿园、沼气池等应有尽有。统计如表 3－4 所示。

表 3－4　新建基础设施统计

基础设施	数　量	基础设施	数　量
新建户用沼气池	125 个	乡村垃圾回收站和乡村废水处理净化池	40 个
电话亭	5 个	新装太阳能热水器	52 台
医疗服务点	1 个	篮球场、网球场	1 个
停车场	6 处	邮政服务代办点	1 个

“新”是指融入“两型社会”理念而建的光明村，基础设施建设中特别注重节能和环保。据我们调查统计，近 120 户人家安装了沼气池和太阳能热水器；村里有污水处理站 18 处，垃圾实行分类回收处理；路灯使用太阳能供电(图 3.26)。加上幼儿园、小学、疗养院、医疗服务点等生活保障设施，这一系列健全的基础和公共服务设施为当地居民提供

图 3.25　光明村主干道

图 3.26　光明村太阳能路灯

了良好的生活环境。但访谈中我们发现，由于村民不再养殖，沼气池缺乏原料，大多闲置。学校、医院等费用比较贵，据调查幼儿园每月对一个小孩收取 130 元。

相比而言，工联村的基础设施则更让人觉得实在。水泥马路(图 3.27)、灌溉水渠、自来水塔(图 3.28)、养老院、幼儿园、医院等和村民生活息息相关的基础设施一应俱全。此外，当地医院、幼儿园等对村民都有一定优惠。但工联村思想比较落后，基础设施仅仅停留在满足基本需求的层次上，没有节能与低碳意识，生活垃圾处理不当。

图 3.27　工联村开裂的道路

图 3.28　工联村简易的水塔

(4) 两村房屋风格各具特色。

光明村房屋建筑风格统一，经过统一规划；而工联村居住分布散乱，未经统一规划。

新民居是新农村的标志性建筑符号，我们初进两村，第一印象便是当地的房屋现状，在实习过程中我们发现光明村与工联村在房屋建筑方面有很大的不同。

光明村的建筑风格主要是青瓦白墙、朱门木窗的湖湘风格(图 3.29)，有地方传统的文化感染力，形成一种独特的建筑景观，丰富了当地的旅游资源。在访谈中得知：光明村房屋改造有 4 万元左右补助，但是部分居民不愿意改造，一些村民表示自家先前已投入大量金钱用于房屋装修，而补贴的钱远远不足以改造房屋，还有些村民认为石灰墙面易脏且易脱落，不适宜农村的生产生活。

工联村的民居以红色革命风为主(图 3.30)。由于当地居民和领导热爱党、崇敬毛主席，因此红色成为当地建筑的主色调。白墙红门的民居、毛主席像、东方红广场、烽火台等，无不体现着当地村民的爱国情结。但是工联村房屋缺乏统一规划，房屋分布散乱，建筑样式不一，工厂等布局不合理。

因地制宜地建设各具地域风情的住宅是新农村建设中的重要部分，光明村与工联村的建筑各具特色，都充分体现了当地的精神风貌。

(5) 两村发展模式不同。

光明村的发展模式为“自上而下”，管理理念新；而工联村是“自下而上”的发展模式，管理理念相对传统。

在实习过程中我们了解到光明村是上级政府主导建设的，所以光明村的发展走的是“自上而下”的模式。因此，在管理方面具有较新的理念。光明村的管理体系健全，光明村建立了湖南省第一家土地流转专业合作社(图 3.31)。此外，光明村新农村建设服务公司、蔬菜协会、农家乐协会和村民联防队等组织也相继成立，管理体系逐步完善。但是由于许多机构是村民自主建立的，尚缺乏一定的法律规范。

图 3.29 光明村风格统一的农宅

图 3.30 工联村红色革命风房屋

与光明村相反，工联村是 20 世纪 80 年代初村党委书记周兴荣带领村民开荒山、拉板车，使农民群众走上了致富路。当谭运莲主任激情澎湃地向我们讲述工联村的“发家史”时(图 3.32)，不难深刻地体会到当地村民齐心协力、艰苦奋斗的精神。但是，工联村的管理体系不完善，法律意识没有渗透到每位村民的心中，易导致对领导个人的盲目崇拜。

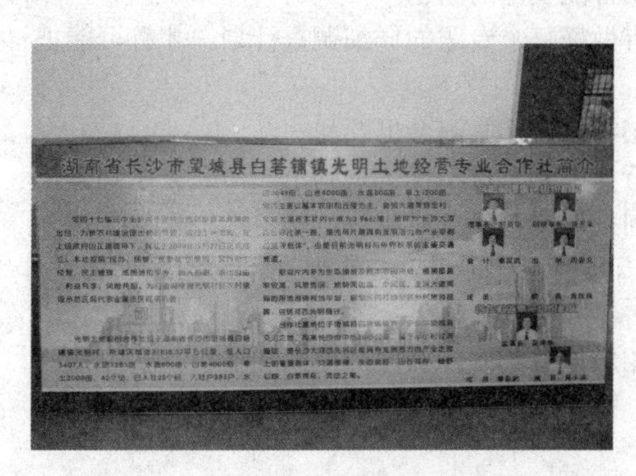

图 3.31 土地流转专业合作社简介板

图 3.32 谭主任讲述工联村的发展历程

实习归来，我们实习小组对城市近郊的光明村和远郊的工联村的发展模式做了多方面的比较，得出光明村发展模式为政府主导型，而工联村则为村民主导型，他们都走出了一条适合自己的发展道路，成为新农村建设的成功典范。这不禁让我们思考更为偏远的农村，那里交通闭塞，资金不足，技术水平相对落后。若要走上脱贫致富的道路，它们应充分利用当地资源，大力提高村民技术水平，努力打造本地特色产业，走“一村一品”的发展模式。

4. 实习体会

为期两周的城市与区域认知实习结束了，回想紧张而又有序的实习过程，感触颇多。

(1) 实习之前，我们并没有意识到本次实习需要大量的专业知识，由于专业知识的储备严重不足，导致实习过程遇到了不少困难。例如，最初在做实习计划的时候，不知道该如何下手。但是，通过向学长、学姐们请教，组员之间的相互讨论，我们慢慢进入了角色，解决了面临的困难。通过此次实习，大家的团队合作意识增强了；看到一个个专题调查报告的完成，成就感油然而生，因为，它们集结了我们组内每一个人的智慧和汗水。

(2) 本次实习忙碌而充实。实习前一切都是未知的，感觉实习很好玩，对实习充满了好奇。可实习时才知道，一切并不那么轻松，实习地点基本都是陌生的地方，面对的是陌生人，语言沟通上也存在一定的障碍等。这次实习也是一次高强度的训练。

(3) 在两个礼拜的实习中我认识到了理论与实际的差距。例如工联村的课题，需要我们每家每户地去走访调查，从而得到我们需要的数据，进而分析数据。团队合作非常重要，每个组员必须分工明确并且按时按质地完成任务。对于我这种在学习上拖拉的学生来说，这是一种煎熬，但事后却非常有成就感。

(4) 仔细认真是一种优秀品质。此次实习使我们领会了一个重要的道理，那就是必须认真面对任何任务。例如，在衡阳火车站的车流量调查过程中，一个小组负责记录10min内出租车的出站数量，另一组记录出租车进站数量，我们都站在同一个地方，但后来我们发现出租车的进口并不在一个地方，从而导致调查数据出现极大偏差。

(批注：每一点感触最好都用统一的方法进行语言组织，先摆出观点，再进行详细阐述。)

5. 实习建议

(1) 要有良好的分工，尽可能提前预料到可能发生的问题。

(2) 实习之前的计划应该尽量周全。只有做好每个专题的详细调查计划，才有可能把专题调查完成好。

(3) 实习之前应该多看一些专业方面的书籍，这样实习会更顺利一点。

(4) 实习中我们应该注意方法与自己的行为举止，这不仅关系到个人而且关系到学校的荣誉。各组之间应该更加团结与合作，共同把课题与任务完成好，这对于将来从事这个行业的同学非常有用。实习地点不应该局限于几个固定地点，而需要在不同的地点去做，这样我觉得才会更加有意义。

(5) 要达到什么样的效果和目的，就要相应地去获取什么样的信息和资料，实习前一定要做好充分准备。

3.8.7 练习

以本书第7章中的一个总结性实习报告为例，分析其优缺点，找出5条优点和缺点，并说明理由或提出具体的修改建议。

3.9 实习汇报

3.9.1 实习目的

(1) 了解实习汇报的意义和流程。

(2) 掌握口头汇报和PPT汇报的方法。

3.9.2 实习重点

掌握口头汇报和 PPT 汇报的方法。

3.9.3 实习难点

掌握口头汇报和 PPT 汇报的方法。

3.9.4 理论准备

实习汇报既是对实习效果的一次检阅，也是对实习成果的一次大展示，同时也是对实习学生的一次大宣传。

1. 实习汇报的作用

不进行实习汇报将大大削弱整个实践教学环节的作用。

1）给学生适当的压力

实习汇报环节的设置能够给学生带来一定的压力，促使其不断完善老师交付的各项任务，从而学到更多的东西。实践证明，实践教学如果没有一个最后的总结汇报阶段，其效果要大打折扣。

2）锻炼组织管理能力

实习汇报会是一项复杂的系统工程，涉及面极广。而这项复杂的工作基本上都由学生负责完成，老师只是在幕后进行适当的指导而已，这无疑给同学们提供了一个绝佳的表现舞台。特别对于那些组织管理能力较强的学生干部来说，机会更是绝无仅有。通过实习汇报会的设计、指挥、协调等工作，将对其组织管理能力有极大的锻炼和提高，对学生毕业后的就业和择业都有直接帮助。

3）提供全方位的锻炼机会

组织管理能力锻炼只是实习汇报会作用的冰山一角，针对的只是学生干部，其实，实习汇报会的举办将对广大学生进行全方位的锻炼。实习汇报会作为整个实习活动的最后一项大型活动，需要呈现的东西不少，有实习专题 PPT 汇报、实习视频播放、实习展板展览、实习材料汇编展览，甚至包括与实习内容相关的学生自编自导自演的小型文艺节目。从近年来的运作情况来看，一场实习汇报会基本上能够调动全体学生参与其中，有些同学参与的环节还不止一个，其锻炼效果显而易见。为了准备好一场高质量的实习汇报会，基本上全体同学都被调动起来，参与率极高，每个同学的自我价值都得到了体现，基本没有人会认为这个活动与我无关，从而置身其外，无所事事。

4）专业技能得到极大提高

实习汇报会以丰富多样的形式多角度展示学生的实习成果。为了提高实习汇报会的效果，各个环节都要追求质量，力求精益求精。同学们在修改专题报告、撰写综合性实习报告、设计制作实习展板、编写实习材料汇编等任务的过程中，其文字表达能力、论文写作能力、应用软件操作能力等诸多专业技能都会得到质的提升。更为重要的是，通过同学之间的通力合作去完成某项任务，能够使同学们真切地感受到团队合作的重要，养成倾听他人意见和与人合作共处的习惯，学会在团队中学习和工作，吸纳他人长处、发现自己的不足。

2. 实习汇报的阶段与形式

实习总结阶段进行两次实习汇报。首次汇报在野外考察返校后立即进行，该次汇报只面向所有指导老师和实习同学，汇报内容和汇报形式相对简单。只进行实习专题汇报，采用单一的PPT汇报方式。操作方法是，各实习小组从全部实习专题中选择一个做得最好的专题适当修改后制作成PPT进行汇报。汇报人可由小组成员中的任意一名同学担任，一般选择口头表达能力相对较好的同学来完成该任务。由于首次实习汇报质量高低既与本组同学的实习成绩挂钩，同时又关系到本组同学是否能够入围第二次实习汇报，因此，大家都很重视，都会铆足劲进行积极的准备。所有实习指导老师担任首次实习汇报的评委，对每组同学的汇报进行打分，最后根据一定的比例遴选优秀专题报告进入第二次实习汇报会。

第二次实习汇报会在首次实习汇报之后的2～3周后进行。第二次实习汇报会是一场综合性的实习汇报会，汇报内容和展示形式都更为复杂多样。首先，其汇报内容包括实习专题PPT汇报、实习视频展示汇报、实习展板展示以及穿插小型文艺节目。其中，实习专题报告为首次实习汇报入围的优秀实习专题，这些专题报告需要在此后的2～3周内进行继续修改和提高，要保证内容的深度、结论的正确性以及表达形式的多样化。可以将其他小组同类专题的调查成果吸纳进来，从而做成更为完美的专题报告，也可以经过后期处理，做成区域对比性质的具有一定综合性特点的实习专题报告。其次，第二次实习报告会将面向全系甚至全校学生，特别要求本专业低年级的学生一定要参加。届时将邀请系领导、相关专业教研室主任甚至全系教师观摩。

3. 实习汇报会的组织

第二次大型实习汇报会自始至终由学生干部负责策划、组织和执行，指导教师只负责对策划方案进行大方向把关以及专题报告PPT、实习展板内容、实习材料汇编等内容的质量把关和验收。我们的做法是选拔得力干将担任实习汇报总负责人，继而组建实习汇报组织机构，下设实习专题报告、实习展板、实习材料(成果)汇编等分支负责人，分别负责完成各自的任务。

3.9.5 实习内容

实习汇报分两次进行。野外专题考察完成返校后2～3天内进行第一次实习汇报，汇报以实习小组为单位进行竞赛，每组选择一个最好的专题报告进行PPT汇报。所有指导老师担任评委，选拔一定比例的专题报告参加第二轮汇报。

第二次实习汇报在首次汇报后的2～3周后进行，给大家比较充裕的时间进行汇报内容的准备。第二次汇报是一个综合性的汇报，除实习专题的PPT汇报之外，还有实习视频播放、实习展板展览、实习材料(成果)汇编展示以及与实习主题相关的小型文艺节目和实习颁奖等环节。第二次实习汇报完成意味着城市与区域认知实习的真正结束。

3.9.6 实习汇报案例

附2009级资源环境与城乡规划管理专业第二次实习汇报会节目单(图3.33和图3.34)，供大家参考。

(批注：上述节目单均由学生自行设计制作；汇报形式多样，有PPT汇报，视频汇报，还有同学们自编自演的小节目，难能可贵的是很多节目都与实习主题挂钩，很有创

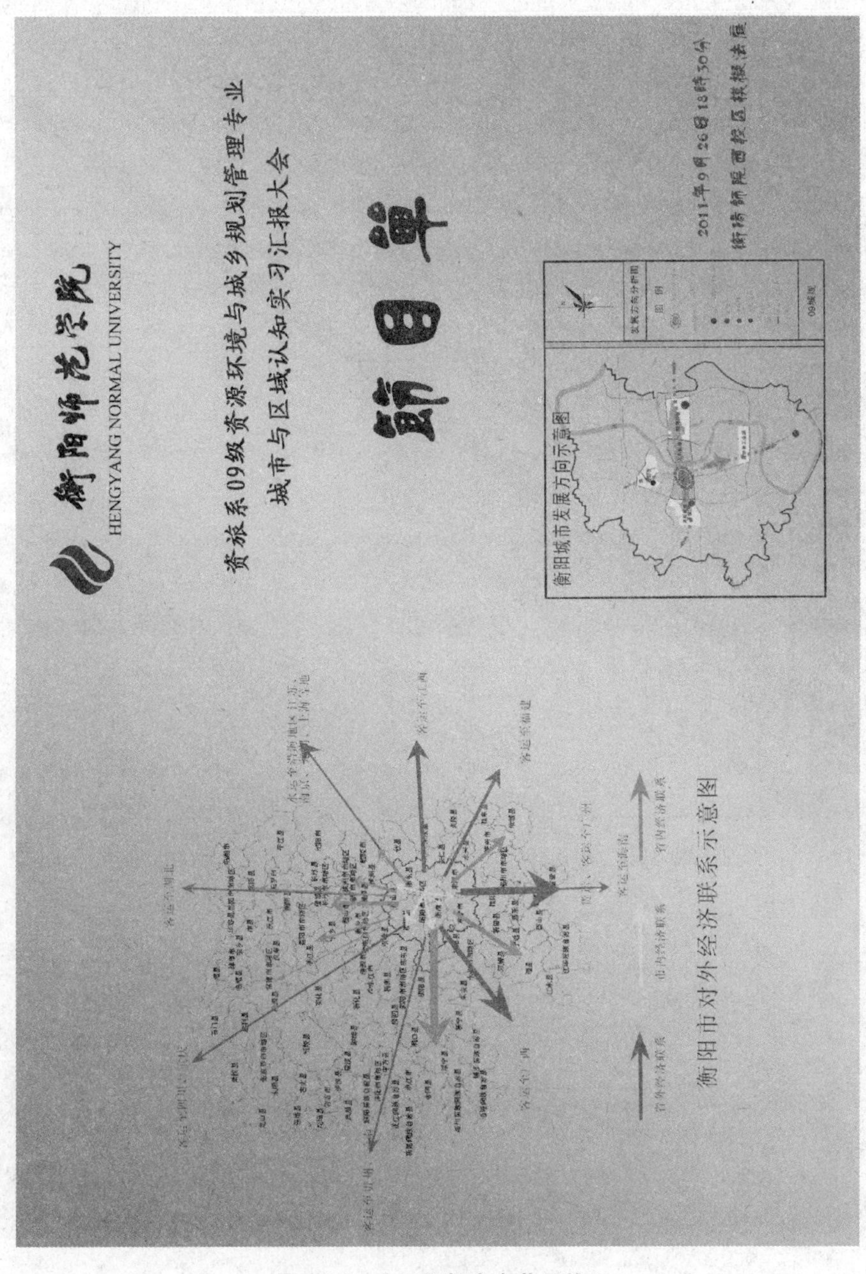

图3.33 实习汇报大会节目单1

节目单

1 视频：成长的夏天 南岳1班
2 长沙市城市意象分析报告 主讲人：曹 宇 南岳1班
3 舞蹈：歌舞串烧 南岳2班
4 衡阳市城市交通调查报告 主讲人：韦 巍 南岳2班
5 视频：城规实习记 本院城规
6 城市意象研究报告 主讲人：王 钊 本院城规
7 歌曲：江南 南岳1班
8 新农村建设调查报告 主讲人：伍 瑶 本院城规
9 情景剧：实习之酸甜苦辣 本院城规
10城市发展方向分析报告 主讲人：肖雁君 本院城规
11专业学习及实习经验交流

活动工作人员
活动总指挥：陈 佳
活动副指挥：朱 敏、荣 芳
汇报活动组织负责：全体班委
视频音效组：朱 政、张涛、阳冰如、黄政珉
主持人：俞佳颖、贺紫薇
礼仪组：胡 蜜、何 婧、胡凯玲、李可花
道具组：刘奇、陈家亮
签到组：袁敏、罗文丽、周伟
财务管理：袁 敏、周 芊、廖艳辉
摄影组：覃 祥、胡长军
节目协调组：杨 森、许康豪、黄福卫

09城规恭祝大家有個美好的今天

图3.34 实习汇报大会节目单2

意；PPT、视频、文艺小节目穿插进行，安排合理；采用专题调查图作为节目单背景，颇具专业特色，也体现设计者的设计思路。）

3.9.7 练习

以某个专题报告内容为蓝本制作汇报课件，并进行现场演练，争取在规定的时间内完成汇报。

3.10 实习展板

实习考察归来后的实习总结阶段，实习队需在老师的指导下设计完成一幅反映实习过程和实习成效的实习展板。

3.10.1 实习目的

(1) 了解实习展板及制作实习展板的作用。
(2) 掌握实习展板设计制作的主要原则与方法。

3.10.2 实习重点

掌握实习展板设计制作的方法。

3.10.3 实习难点

掌握实习展板设计制作的方法。

3.10.4 理论准备：实习展板的作用

设计制作实习展板是城市与区域认知实习总结提升阶段的重要内容之一。在学生的专业技能提升、学习气氛营造等方面均具有重要作用。

1. 有利于锻炼学生的专业技能

实习展板是介绍实习过程和实习成效的一种展示媒介，通过精心设计和内容编排以达到用最少的版面传递最多信息的目的。因此，展板的设计制作非常具有挑战性，锻炼效果极佳。简单地说，实习展板的设计与制作至少需要以下几方面的能力：首先，需具备较好的文字概括能力；展板版面有限，需传递的信息多，因此，必须对文字进行高度精炼。另外，图片的选择也极为讲究，以突出展板的主题和实现展板的美观；其次，展板的编排和整体风格设计等均是一门很大的学问；最后，展板制作需要熟练掌握 Photoshop、CAD 等应用软件。由此可见，一块小小的实习展板不但可以锻炼学生的文字概括能力，还可以培养学生的设计、编排、计算机软件应用等诸多方面的技能。

2. 有利于营造良好的学习氛围

实习展板将对营造实习报告会的氛围具有重要的作用。更为重要的是，实习汇报结束后，实习展板的使命并未终结，它将被悬挂到展览室、学术长廊或学生的专业教室中长期进行悬挂展示，从而充分发挥其营造浓厚学术氛围的作用。同时，对其他专业的学生来说，实习展板还具有宣传城乡规划专业，推销城乡规划专业学生之功效。而对于低年级的学生来说，则具有一种重要的示范和教育作用，促进他们更加努力地学习。

3.10.5 展板内容

实习展板需要用精炼的文字和精选的图片反映出整个实习的过程与成效。要将实习队的精神风貌、扎实学风和累累硕果用最少的版面呈现出来。实习展板的内容可以大体分为两大块：一是表达实习过程方面的内容，以时间为线索简单介绍整个实习的过程、内容和实习区域等；二是表达实习成效方面的内容，可以高度精练地介绍实习专业成果，可以选择性地介绍某些专题成果，也可对比分析不同区域同类型专题研究的区域差异，还可将实习心得体会进行展现。总之，需要将实习过程中取得的专业成果、技能成果及其他非专业方面的成果尽量地展现出来。

3.10.6 实习方法：实习展板的制作要求

作为一种宣传媒介，实习展板的设计与制作需要遵循一些基本规律和要求。第一，实习展板在形式上要求版面设计美观大方，能够在外观上吸引注意力，只有这样，才能达到应有的宣传效果，才能吸引他人去认真观看和仔细阅读展板内容；第二，展板的内容组织力求精益求精，注意语言表达的规范通畅、思路清晰、层次分明、主题突出；第三，要尽量体现调查分析结论，杜绝理论性内容的陈述和太过浅显的分析；第四，在内容组织方面一定要讲求图文并茂，切忌以整版的文字形式加以呈现。图片的选择一定要精挑细选，要具有针对性，能够恰到好处地说明问题。最后，注意体现专业性，鼓励以调查数据为基础，用数据图表对调查结论进行表达。

3.10.7 实习案例

实习展板一般以实习队(或班级)为单位进行，每届学生至少设计制作一系列的城市与区域认知实习展板。野外专题考察返校后即要布置任务，通过老师指派和学生推荐相结合的方式确定实习展板的负责人，由负责人招募实习展板设计制作团队，一般 5～6 人即可。实习展板制作团队成员主要由展板文字部分(要求具有较强的文字归纳、表达、概括能力)和版面设计制作(要求具有较强的排版、编辑、制图能力)两部分人员组成。

衡阳师范学院资源环境与城乡规划管理专业自 2008 年招生以来，目前已进行城市与区域认知实习 5 次，每届学生均制作了至少一块实习展板。它们在内容组织和表达形式上各有特色，在此选择 2008 级学生制作的一块展板(图 3.35)供大家参考。

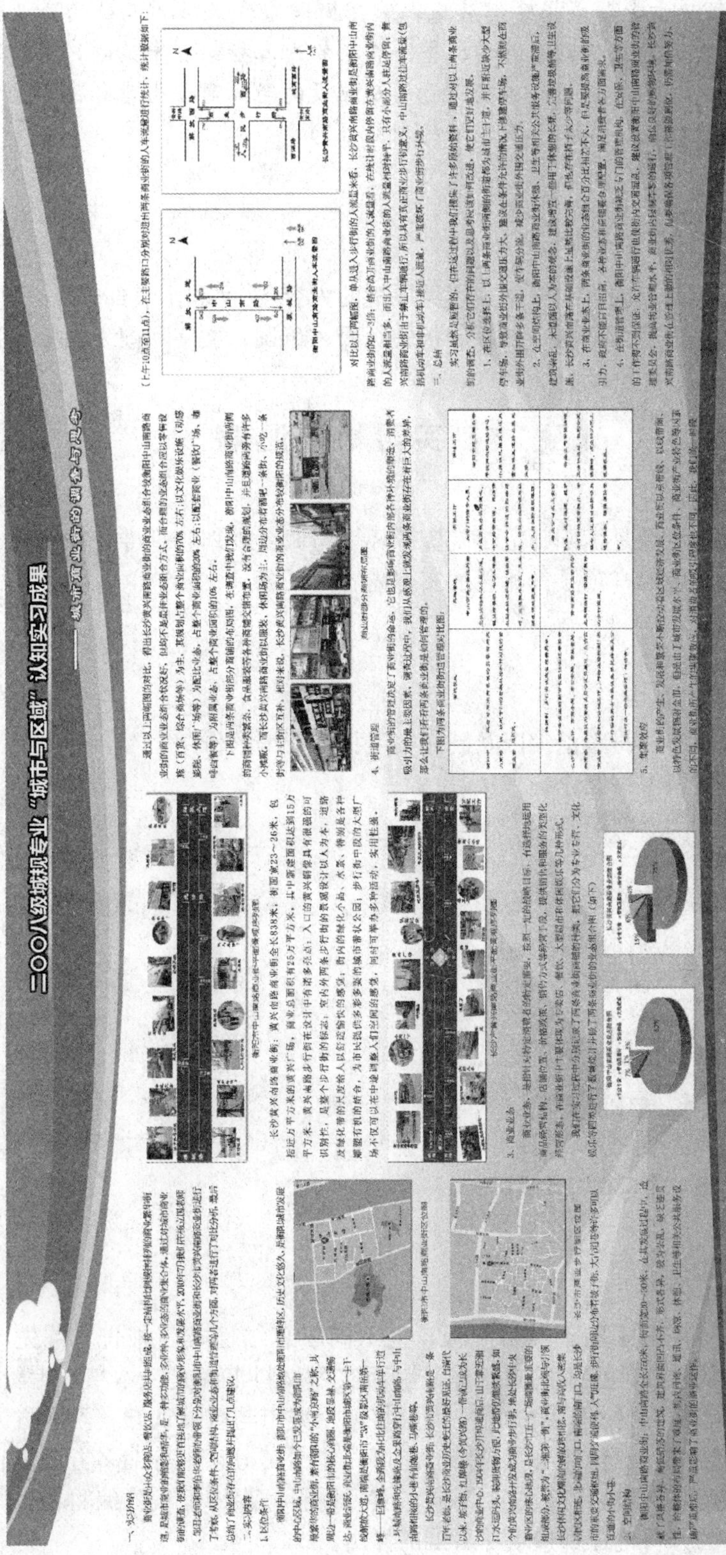

二〇〇八级城规专业"城市与区域"认知实习成果

——城市商业街的调查与思考

一、实习介绍

商业街是由众多商店、餐饮店、服务店共同组成，按一定结构比例规律排列的商业繁华街道，是城市商业的缩影和精华，是一种多功能、多业种、多业态的商业集合体。通过对城市商业街的调查，使我们能够更直接地了解城市的商业形象和发展水平。2010年7月我们在杨立国老师、邹君老师和李伯华老师的带领下分别对衡阳市中山南路商业街和长沙市黄兴南路商业街进行了考察，从区位条件、空间结构、商业业态和街道管理等几个方面，对两者进行了对比分析，最后总结了商业街存在的问题并提出了几点建议。

二、实习内容

1.区位条件

衡阳中山南路商业街：衡阳市中山南路地处衡阳市雁峰区，历史文化悠久，是衡阳城市发展的中心区域。中山南路如今已发展成为衡阳市最繁华的商业街，素有衡阳的"小南京路"之称，从周边一带是衡阳市的核心商圈，地段显赫，交通畅达，商业活跃。商业街北端是衡阳市城区第一主干线解放大道，南端是衡阳市"3A"级景区南岳第一峰——回雁峰。全路段为由北往南的机动车单行道，环城南路和先锋路及金果路穿行中山南路，与中山南路相接的小巷有仙姬巷、马嘶巷等。

衡阳市中山南路商业街区位图

长沙黄兴南路商业街：长沙市黄兴南路是一条百年老街，是长沙商业历史变迁的最好见证，自清代以来，坡子街、八角亭（今黄兴路）一带就已成为长沙的商业中心。1904年长沙开埠通商后，由于靠近湘江水运码头，装卸货物方便，此地带仍继续繁盛。如今的黄兴南路开发成为商业步行街，地处长沙中央商业区的核心地段，是长沙市五一广场商圈最重要的组成部分，被誉为"三湘第一街"。商业街北端与引领长沙休闲文化潮流的解放路相接，南与高收入密集居民区相连。北端的司门口，南端的南门口，均是长沙市的重要交通枢纽，四周交通便利，人气旺盛。步行街周边分布着坡子街、太平街等许多可以直通的小街小巷。

长沙市商业步行街区位图

2.空间结构

衡阳中山南路商业街：中山南路全长750米，街面宽20～30米，在其发展过程中，造就了风格各异、参差错落的建筑，建筑界面凹凸不齐，形式各异，较为杂乱，缺乏连贯性，给整体的布局带来了难度。街内问询、通讯、购票、休憩、卫生等相关公共服务设施严重滞后，严重影响了商业街的商业运作。

衡阳市中山南路商业街平面景观序列图

长沙黄兴南路商业街：黄兴南路商业街全长838米，街面宽23～26米，包括近万平方米的黄兴广场，商业总面积有25万平方米，其中新建面积达到15万平方米。黄兴南路步行街在设计中有诸多亮点：入口的黄兴铜像具有很强的可识别性，是整个步行街的标志；室内外两条步行街的景观设计以人为本，道路及绿化带的尺度给人以舒适愉快的感觉；街内的绿化小品、水景、特别是各种雕塑有机的结合，为市民提供多彩多姿的城市带状公园；步行街中段的大型广场不仅可以在中途调整人们空间的感觉，同时可举办多种活动，实用性强。

长沙市黄兴南路商业街平面景观序列图

3.商业业态

商业业态，是指针对特定消费者的特定需要，按照一定的战略目标，有选择地运用商品经营结构、店铺位置、价格政策、销售方式等经营手段，提供销售和服务的类型化经营形态。在商业街中主要体现为专卖店、餐饮、大型超市和休闲娱乐等几种形式。

我们在实习过程中分别记录了两条商业街商铺的种类，把它们分为专业专营、文化娱乐等四类进行了数据统计并做了两条商业街的业态组合图（如下）

衡阳中山南路商业业态组合图

7% 1% 2% 87%

长沙黄兴南路商业业态组合图

15% 6% 4% 75%

通过以上两幅图的对比，得出长沙黄兴南路商业街的商业业态组合较衡阳中山南路商业街的商业业态组合状况好，但均不是最佳业态组合方式。而合理的业态组合应以零售设施（百货、综合商场等）为主，其规划占整个商业面积的70%左右；以文化娱乐设施（动感影院、休闲广场等）为配比业态，占整个商业面积的20%左右；以配套商业（餐饮广场、咖啡西餐等）为附属业态，占整个商业面积的10%左右。

下图是两条商业街部分商铺的布局图，在调查中我们发现，衡阳中山南路商业街两侧的商铺种类繁杂，食品服装等各种商铺交错布置，没有合理的规划，并且道路两旁有许多小摊贩。而长沙黄兴南路商业街以服装、休闲场为主，周边分布着酒吧一条街、小吃一条街等与主街区互补。相对来说，长沙黄兴南路商业街的商业业态分布较衡阳的规范。

商业街部分商铺布局图

4.街道管理

商业街的管理决定了商业街的命运，它也是影响商业街内部各种环境的塑造、消费者吸引力的最主要因素，调查过程中，我们从感观上就发现两条商业街存在着巨大的差异，那么让我们看看两条商业街是如何管理的。

下图为两条商业街街道管理对比图：

	[illegible]	[illegible]	[illegible]	[illegible]
衡阳中山南路商业街	[illegible]	[illegible]	[illegible]	[illegible]
长沙黄兴南路商业街	[illegible]	[illegible]	[illegible]	[illegible]

5.集聚效应

商业街的产生、发展和繁荣不断拉动着区域经济发展，商业街以点带线、以线带面、以特色发展辐射全市，但是由于城市发展水平、商业街区位条件、商业街产业特色等因素的不同，商业街所产生的集聚效应，对消费者的吸引程度也不同。因此，我们第一时段（上午10点至11点），在主要路口分别对进出两条商业街的人车流量进行统计，统计数据如下：

衡阳中山南路商业街人车流量图

长沙黄兴南路商业街人流量图

对比以上两幅图，单从进入步行街的人流量来看，长沙黄兴南路商业街是衡阳中山南路商业街的2～3倍；结合离开商业街的人流量看，在统计时段内停留在黄兴南路商业街内的人流量相当多，而出入中山南路商业街的人流量相对持平，只有小部分人驻足停留；黄兴南路商业街由于禁止车辆通行，所以具有真正商业步行街意义，中山南路过往车流量（包括机动车和非机动车）接近人流量，严重破坏了商业街步行环境。

三、总结

实习虽然是短暂的，但在这过程中我们搜集了许多原始资料，通过对以上两条商业街的调查，分析它们存在的问题以及思考应该如何改进，使它们更好地发展。

1、在区位选择上，以上两条商业街两侧的街道都为城市主干道，并且附近缺少大型停车场，导致商业街外围交通压力大。建议在条件允许的情况下修建停车场，不然则在商业街外围开辟多条干道，使车辆分流，减少商业街外围交通压力。

2、在空间结构上，衡阳中山南路商业街休憩、卫生等相关公共服务设施严重滞后，建筑杂乱，未遵循以人为本的观念，建议增置一些用于休憩的长凳，完善垃圾桶等卫生设施。长沙黄兴南路在基础设施上虽然比较完善，但也存在椅子太少等问题。

3、在商业业态上，两条商业街的业态组合百分比相差不大，但是要提高商业街的吸引力，政府不能盲目招商，各种业态和商铺要合理配置，满足消费者各方面需求。

4、在街道管理上，衡阳中山南路商业街缺乏专门的管理机构，在安保、卫生等方面的工作得不到保证，允许车辆通行也使街内交通混乱，建议设置衡阳中山南路商业街的管理委员会，提高物业管理水平，商业街内限制车辆的通行，确保良好的购物环境。长沙黄兴南路商业街在管理上做的相对优秀，但要确保各项管理工作落实到位，仍需加倍努力。

图3.35 认知实习成果展板

（批注：该展板属于专题成果介绍展板，选择衡阳市和长沙市两地的商业街调查内容进行区域对比，内容深度上得到了升华；整个展板的内容框架非常清晰，语言表述较为精炼；表达方式上做到了图文并茂，难能可贵的是配设的两幅商业街步行街平面景观序列图不但具有很好的地理特色，而且具有较好的创新性。）

3.10.8 练习

（1）以某个专题调查内容为素材，设计展板的内容(文字和图表部分)。
（2）以上述展板内容为素材，设计展板的版面、色调、文字和图表编排等展板框架。

3.11 实习材料汇编

实习材料(成果)汇编是衡阳师范学院资源环境与城乡规划管理专业在城市与区域认知实习总结阶段学生完成的一项颇具特色的实习内容和任务。

3.11.1 实习目的

（1）了解什么是实习材料汇编以及制作实习材料汇编的作用。
（2）掌握实习材料汇编制作的方法。

3.11.2 实习重点

掌握实习材料汇编制作的方法。

3.11.3 实习难点

掌握实习材料汇编制作的方法。

3.11.4 理论准备：概述与作用

1. 实习材料汇编概述

实习材料(成果)汇编区别于实习展板，也不同于总结性实习报告。首先，形式上不同。实习展板是一块挂在墙壁上的宣传作品，而实习材料汇编是一本精心编辑的小册子。其次，内容上不同。实习材料汇编的出发点是将整个城市与区域认知实习的方方面面概括进去，既包括实习过程，也包括实习成果，还可以包括实习感想等诸多方面，它是对整个实习的全程记录和反映。最后，写法上不同。实习材料(成果)汇编的编写相对详细，对过程的记录和对成果的分析论证都追求尽可能的详尽。

2. 实习材料汇编的作用

实习材料汇编涵盖的内容极为丰富，对学生的锻炼效果也是显而易见的。通过汇编材料的提纲设计，可以锻炼同学们的宏观思维和设计能力；通过汇编材料内容的编辑，可以锻炼同学们的文字排版和编辑能力；通过汇编材料的深度处理，可以促进同学们对各个专题的深入认识和理解。除此之外，实习材料汇编还可作为一项重要的实践教学材料保存到系部资料室，供往后的学生随时查阅。同时，对于同学们来说，它还具有一定的保存和收藏价值。

3.11.5 实习材料汇编的内容

实习材料汇编一般包括以下内容：一是实习的主要过程与环节，例如，实习动员大会、实习通讯报道、实习专题会议以及实习汇报等；二是实习专题成果，遴选每班的优秀实习专题报告进入实习材料汇编(经过重新修改和提高)；三是实习生活掠影，记录整个实习过程的酸甜苦辣；四是实习感触和实习体会等。

3.11.6 实习方法：实习材料汇编的制作

实习材料汇编的工作量比较大，因此，需成立材料汇编小组来完成该项工作。操作办法是，第一次汇报完成后，组织召开学生干部会议，中心议题是布置实习总结阶段的各项任务并提出各项任务的具体要求。成立实习材料(成果)汇编编写小组，组长1人，全盘负责汇编材料编写的总协调；组员若干，一般原则是每实习小组抽调1～3人组成。组内分工由组长开会商量确定，负责材料汇编指导的老师召开专题会议进行指导。此后的指导主要由规划工作室成员对口指导，指导教师只负责把握大方向和最后的验收，目的是充分发挥学生的主观能动性。

3.11.7 实习案例

此处将2008级资源环境与城乡规划管理专业的实习材料汇编目录(包括前言和后记)列出，供大家参考。

目　录

前　言

随着城市化进程的进一步加快，城乡二元结构矛盾的日益尖锐，人们越来越关注城乡领域的各种社会经济问题，资源环境与城乡规划管理专业在此背景下蓬勃发展起来。作为该专业的学生应努力培养发现、分析、解决城乡问题等诸多能力，注重理论与实践的结合，平衡理论课程与实践课程的学习，在丰富专业知识，培养专业思维能力的同时，尽可能多地近距离接触城乡，观察城乡构成要素，认真分析城乡现实问题。

为了帮助学生获得全面发展，自2008年开设资源环境与城乡规划专业以来，专业教研室精心设计了教学计划。2010年7月份，08级学生开始了第一次专业实习——城市与区域认知实习。本次实习内容主要包括观察、分析城市与区域构成的一般物质要素；了解城乡一体化发展及新农村建设的基本情况；认知衡阳城市主要功能区发展现状及存在问题；认识长沙历史文化街区的空间结构、建筑风格及重要历史文化景观特征等。整个实习过程采用分组分专题实地考察的形式，同学们通过自身走进城乡各种小空间环境中认识专业现象及问题，并将同一性质的现象进行更深层次的对比，总结分析这类专题的特征和规律，以更好地掌握其本质内涵。老师和同学都以最大的热情、最专业的态度投入到其中，同学们通过这次实习得到了很大的提高，对资源环境与城乡规划管理专业也有了更深的认识，少了一份迷茫，多了一份坚定。

实习结束后，衡阳师范学院资源环境与旅游管理系城乡规划教研室的老师们带领本专业学生共同编制城市与区域认知实习汇报专辑。本专辑主要包括五个部分：第一部分为实习会议纪要，内容包括从实习准备到实习结束整个过程中的六次主要会议，每一次会议都带给我们新的收获，或总结经验，或分析教训，或提出设想；第二部分为实习计划，明确了实习目的与要求，合理选择了实习内容与地点，安排了实习进度和路线；第三部分为实习指导，从衡阳和长沙两个地点对不同实习专题做了详细的解释说明，如具体考察内容、考察要求等；第四部分为实习过程，以照片集锦的形式记录了整个实习过程中老师和学生的点点滴滴，老师们的悉心指导，同学们的勤奋努力等；第五部分为实习成果，我们选择了四个专题进行深入分析与总结，包括商业街的调查与思考、历史文化街区的调查与思考、新农村发展模式的调查与思考、沿江风光带的调查与思考。

本实习汇报专辑凝聚了老师和同学们的心血，意在为广大城乡规划学生实习提供参考借鉴，更为重要的是通过总结与思考进一步提升学生对城乡规划的认识。由于诸多原因，本专辑避免不了存在一定的问题和不足，恳请读者批评指正。

第一篇　实习会议纪要

一、城市与区域认知实习准备会议

二、城市与区域认知实习计划研讨会议

三、城市与区域认知实习具体实施方案讨论

四、城市与区域认知实习全体师生动员大会

五、城市与区域认知实习总结研讨会

六、城市与区域认知实习汇报暨专业交流会

第二篇　实习计划

一、实习地点

二、实习内容

三、实习时间及进度安排

四、考察路线

第三篇　实习指导

一、工联村实习指导

二、谭子山镇实习指导

三、白沙洲工业园实习指导

四、中山南路商业步行街实习指导

五、华新开发区实习指导

六、湘江风光带实习指导

七、对外交通设施实习指导

八、金洲大道实习指导

九、光明村实习指导

十、威尼斯城实习指导

十一、星沙国家经开区实习指导

十二、市府板块实习指导

十三、长沙历史文化街区实习指导

第四篇 实习过程

一、衡阳城市认知实习过程

二、长沙城市认知实习过程

第五篇 实习成果

一、城市商业街的调查与思考

二、历史文化街区的调查与思考

三、新农村发展模式的调查与思考

四、沿江风光带调查与思考

后 记

读万卷书，不如行万里路。

怀揣着对专业知识的渴求，我们以满腔的热情投入到城市与区域认知实习中。至此，为期两周的专业实习已经结束，回顾那一段历程，其中的酸甜苦辣依然是那么刻骨铭心。它留给我们的实在太多太多，艰辛、汗水、疲倦、欢笑、知识、情谊……这又岂是几个词能简单概括？属于我们的这段共同经历注定是一段难忘的回忆，老师们的一丝不苟和循循善诱，同学之间的相互鼓励和团结协作，这一切成为我们与城乡元素之间的交响，而这交响里的音符，是我们汗水渗入脚下大地滋润知识幼苗蓬勃发展的点点滴滴。抵抗着酷暑，我们走过大街小巷，记录着城乡领域的不同现象与问题；忍受着疲倦，我们激烈地讨论着，探讨发现的每一个小细节；拒绝教条，我们以我们自己的方式去解读城乡，享受着每一次发现、每一次思考带来的喜悦。

两周的实习，我们明显感觉到自己的进步，巩固了专业知识，开拓了思维方式，领悟了科学方法，学会了怎么样去观察、分析城市与区域主要构成要素及其相互关系，对实际中的案例城市与区域特征有一个科学的认知，为更深层次的专业学习奠定了良好的基础。同时对资源环境与城乡规划管理专业也有了更深的认识，少了一份迷茫，多了一份坚定。当然，事无十分美。整个实习过程期间，我们由于经验不足、技术有限等原因遭受了许多不必要的挫折。作为前车之鉴，我们当总结教训、发现规律，为后届城规专业学生总结方法、积累经验。

我们道声：路漫漫其修远兮，吾将上下而求索。我们定当以最大的决心去战胜一切困难，朝着远方前进。

最后，感谢敬爱的老师们在我们迷茫的时候点亮远方的灯塔，在我们放纵的时候敲醒一记警钟，在我们沮丧的时候……感谢系部及领导为我们创造了良好的学习环境，感谢衡阳师范学院为我们梦想起航提供了广阔的舞台。

3.11.8 练习

以本次实习为例，请设计你们班的实习材料汇编目录，要求细化至二级目录。

第4章 实习专题实践

4.1 城市意象专题考察

第二次世界大战以后，城市人口急剧增加，城市所占的空间迅速扩大，城市问题日趋严竣，吸引了许多科学家密切关注。环境心理学、行为地理学、社会生态学、建筑心理学、城市人类学、城市规划、建筑设计等对认知空间的研究都起到了相当重要的作用。因此，认知空间的概念是对城市发展进行多学科研究的一个切入点。改革开放以来，我国城市建设有了长足发展，城市的空间结构和社会结构也发生了巨大的变化。但由于传统的结构一功能主义的影响，城市规划和建设明显地对人的地位和作用重视不够。本专题试图通过居民感知环境调查，揭示了居民的意象空间，为城市设计打下基础。

4.1.1 实习目的

本专题实习目的主要有三个。

(1) 了解什么是城市意象。

(2) 掌握城市意象的主要构成要素(内容)。

(3) 熟练掌握城市意象的调查方法，能够根据调查结果分析城市居民的城市意象特点。

4.1.2 实习内容

(1) 对居民发放问卷调查城市意象要素(节点、标志、道路、边界、区域)特征。

(2) 对居民提供照片辨认城市意象要素(节点、标志、道路、边界、区域)。

(3) 指导居民画出城市意象要素(节点、标志、道路、边界、区域)空间分布草图。

(4) 统计居民的城市意象要素(节点、标志、道路、边界、区域)调查结果，分析居民城市意象要素及空间特点。

(5) 针对居民城市意象要素及空间特点，分析其存在的问题并提出改善对策。

4.1.3 实习重点

本专题的重点是掌握城市意象的调查方法，能够根据调查结果分析城市居民的城市意象特点。

4.1.4 理论与方法

1. 城市意象

城市意象是指市民个人所接受的稳定的城市结构，它是通过市民的感受，由物质空间产生的主观心理环境。在这个环境中，市民处理由感应所获得的信息，做出决定并形成在物质空间中的行为。最早是由凯文·林奇在其名著《城市意象》中提出来的。他认为城市意象之所以产生是由于城市构成具有被识别的特征——可识别性。可识别性使得城市空间中的具形物体对于特定的观察者有产生高频率的心理形象的可能性。城市意象具有三个含义：识别、结构、意义，只有它们同时出现才能完成意象构成。

2. 城市意象空间

城市意象空间是指由于周围环境对居民的影响而使居民产生的对周围环境的直接或间接的经验认识空间，是居民头脑中的“主观环境”空间。

3. 认知地图方法

认知地图方法在现实的城市意象研究中，要求受访者勾勒出各自城市的略图，这些受访者所勾勒的简图省略了许多重要细节，并将复杂的几何形状简略为更容易理解的直线或直角。在理论界，对空间认识研究的地理学家和心理学家多普遍接受这样的假定：人对外界环境的认识，主要是其与外界环境相互作用的结果。对于客观环境的复合认知，则是建立在时间基础之上的。尽管人们对于场所及其重要性的认识是从与场所的不断交互作用中获得的，同时该过程受场所的社会、历史、经济、种族、美学及其他方面因素的影响较大，但个人对任何一个城市的认知表述都是由点、线和面组成的。这些点、线、面的关联程度由于人们在环境中的不同经历而有所不同，从而组成人们的“认知地图”。将各个城市居民的认知地图(居民构想图、心理地图)进行综合，并用不同的醒目程度来表示出影响居民城市意象的各个要素。

4. 照片辨认法

照片辨认法是在调查工作的准备阶段，从城市地图上采用网格法选取了20～50个点，然后对这些点进行实地考察，在这些点附近拍摄了40～120张具有该城市特点的风景及建筑物照片。然后从这40～120张照片中选出20～50张，进行小样本调查。小样本的数目为10人，都是在该城市居住超过10年以上的市民。然后从20～50张照片中选取了6人以上能够认出的10～30张照片，作为调查中使用的照片，并一一编号。然后将照片拿给受访者，要求受访者说出照片中景物的名称或景物大体处于城市的什么方位，只要答对一个即为回答正确，然后将认出的照片放在一边，没有认出的照片放在一边。最后将受访者认出的照片的编号在问卷上做出标识。

5. 社会调查方法

除认知地图的方法外，城市意象空间研究常常还借用社会学研究的问卷调查方法和访谈调查方法。就公众对城市的意象进行调查、访谈，并将其结果进行综合，为城市规划服务，被看作是公众参与城市规划的有效手段。

4.1.5 实习步骤

(1) 弄清城市意象概念及要素。认真阅读凯文·林奇的《城市意象》一书和顾超林发表在《地理学报》、李郇发表在《人文地理》的重要期刊文献，弄清楚什么是城市意象和城市意象空间以及城市意象的要素。

(2) 确定城市意象要素照片。从网上下载或者自己拍摄调查城市的意象要素照片，进行小样本调查，确定城市意象要素调查使用的照片。

(3) 城市意象要素照片辨认。对城区进行分区，将小组分成对应小队，利用确定使用的城市意象要素照片，让城市各区居民进行辨认。

(4) 指导居民画出城市意象草图(认知地图)。居民根据自己生活经历中对城市环境的感知，利用调查者提供的笔将头脑中的意象要素(节点、标志、道路、边界、区域)通过点、线、面的形式画在白纸上。

(5) 设计调查问卷。问卷应包括居民属性和城市意象要素两个部分，居民属性应包括年龄、性别、职业、受教育程度、居住时间，城市意象要素应该包括节点、标志、道路、边界、区域五个方面，要将这些内容细化为具体问题，问卷的反面应该留出供居民描画城市意象草图(认知地图)。

(6) 访谈式问卷调查。由于调查问卷的语言往往非常书面化以及问题的数量很多，被调查者要花很长的时间才能填完问卷，而调查时居民往往都很忙而草草应付，为了提高调查质量，建议使用访谈式问卷调查方法，该方法是访谈法和问卷调查的结合，需要调查者将调查的内容熟记于心，将要调查的信息通过与居民聊天获得，然后自己迅速填写问卷。

(7) 统计调查数据。将调查问卷、居民意向草图、照片辨认结果等结合进行统计，制作居民城市意象要素表格及图表。

(8) 撰写居民城市意象调查报告。利用调查数据及分析图表，归纳居民城市意象要素及空间特点，分析其存在的问题并提出改善对策。

4.1.6 练习

根据本节所述专题调查实践指导，完成××社区居民城市意象调查。

4.2 古镇历史文化景观专题考察

在我国城镇的快速发展进程中，往往以城市历史人文景观的丧失为代价。近年来，人们在经济上获得成功的同时，正日益意识到一个缺少文化底蕴的城镇就如没有灵魂与精神的生命体一样，是不健全的。因而，城镇历史文化遗产的保护已成为许多城镇的共识。城镇历史文化景观有哪些值得保护、怎么保护都是值得探索的问题。本专题试图通过古镇历史文化景观调查，揭示古镇的景观基因以及居民的感知和认同度，为城镇历史文化遗产保护与规划设计打下基础。

4.2.1 实习目的

本专题实习目的主要有三个。

(1) 了解什么是历史文化景观。

(2) 掌握景观识别方法(原则)。

(3) 熟练掌握“元—胞—链—形”的图示表达法和感知与认同调查方法。

4.2.2 实习内容

(1) 查阅地方志、地方文化的相关文献、古镇网，识别景观基因(元—胞—链—形)特征。

(2) 对居民进行访谈式问卷调查，调查其对景观基因的感知(位置、体积、颜色、造型)和认同(功能、情感、意义)。

(3) 汇总画出景观基因(胞—链—形)的空间分布图。

(4) 统计居民的景观基因的感知(位置、体积、颜色、造型)和认同(功能、情感、意义)结果。

(5) 总结居民的景观基因感知度和认同度的特征，并分析影响居民景观基因感知与认同的因素，提出古镇景观基因的保护对策。

4.2.3 实习重点

本专题的重点是掌握识别景观基因的方法、“元—胞—链—形”的图示表达法和感知与认同的调查方法。

4.2.4 理论与方法

1. 历史文化景观

历史文化景观是指那些现存于古镇之中，具有丰富的历史与文化内涵的古镇景观，他们往往见证了古镇的历史变迁，承载着古镇的文化精神，并对古镇的过去或现在的发展起到重要或特殊作用。对于古镇而言，除了那些列入世界文化遗产的“精品”以外，古镇中的一处人文风景区、一座古典园林、一段城墙遗址、一片历史街区等这些当地人们所熟知的、饱蘸了古镇独特的历史文化内容、“有故事的”的景观都是古镇有价值的宝贵资产。

2. 景观基因

“基因”的概念来自生物学，是指生物体遗传的基本单位，存在于细胞的染色体上，作直线排列。文化景观基因是指文化“遗传”的基本单位，即某种代代传承的区别于其他文化景观的文化因子，它对某种文化景观的形成具有决定性的作用；反过来，它也是识别这种文化景观的决定因子。

3. 景观基因识别

既要依据其外部表现，还要了解其历史、自然、文化、宗教等内在成因。遵循原则：①外在景观上为其他聚落所没有(即外在唯一性原则)；②内在成因上为其他聚落所没有(即内在唯一性原则)；③某种局部的但是关键的要素为其他聚落所没有(即局部唯一性原则)；④虽然其他聚落有类似景观要素，但本聚落的该景观要素尤显突出(即总体优势性原则)。聚落景观基因往往又分为主体基因、附着基因、混合基因以及变异基因等。比如江南水乡聚落景观最具识别性的主体基因是石拱桥，而不是通常所说的“小桥、流水、人家”，因为水乡必然有水巷，水巷两岸的交通连接必然是石拱桥(便于水上行船)而非平直的石板桥，这一点符合总体优势性原则。又如皖南古村落景观的主体基因是石牌坊，而不是通常看到的马头墙(为附着基因)，因为皖南的石牌坊群从内在成因上讲是中原礼制文化的反映，在外观上讲这里比其他任何地方都典型，符合上述总体优势性原则。再如广东开平等地侨乡村落景观，其基因是各种西式碉楼，因为从19世纪中叶开始，这里不少人远涉重洋到东南亚及欧美等地谋生，由于受西式文化的影响，赚钱后回乡修建了不少防止匪盗抢劫的碉楼，楼顶或是意大利穹窿顶式，或是伊斯兰清真寺式，或是哥特式等等，成为一种独特的聚落景观样式，其主体景观基因“西式碉楼”的确定，符合外在唯一性原则。

4. “元—胞—链—形”的图示表达法

借鉴城市形态学方法和地图学中的图示表达方法，可将古镇景观基因结构表达为“元—胞—链—形”四个层面，以便为文化景观研究、城市地理研究、城市规划研究、地理信息图谱研究以及历史文化村镇保护，提供理论与实践的范式。景观基因元，是文化遗产的基本单元，是文化遗产中不可再分的最小结构，即“景观基因”，可以是单件的文物，也可以是建筑的独特装饰等；景观基因胞，即景观基本单元，主要可分为宗教类(寺庙、祠堂)、教育类(书院、学馆)、纪念类(牌坊、钟鼓楼)、政治类(衙门、府堂)、居住类(民居、官府)、其他类(镇河、城隍庙、魁星楼)等类型；景观基因链，即景观连接通道，主要包括道路和河流；景观基因形，即景观整体形态，主要有正方形、长方形、拟方形、椭圆形、圆形及不规则形等基本形态。

5. 感知与认同调查法

除“元—胞—链—形”的图示表达法外，古镇历史文化景观研究常常还借用社会学研究的问卷调查方法和访谈调查方法。就居民对古镇景观基因的感知(位置、体积、颜色、造型)和认同(功能、情感、意义)进行调查、访谈，并将其结果进行综合，比较居民对古镇景观基因的感知度差异与认同度的差异，并分析居民属性如何影响古镇景观基因的感知与认同，为寻找古镇景观的保护途径和制订保护规划服务。

4.2.5 实习步骤

(1) 弄清历史文化景观、景观基因的概念。认真阅读刘沛林发表在《地理学报》、周尚意发表在《人文地理》的重要期刊文献，弄清楚什么是历史文化景观和景观基因概念。

(2) 古镇景观基因识别。通过查阅地方志、地方文化文献和古镇网相关资料，利用外在唯一性原则、内在唯一性原则、局部唯一性原则和总体优势性原则对古镇景观基因进行识别。

(3) 识别古镇景观基因的“元—胞—链—形”。对古镇的文物、建筑等进行识别，确定景观基因胞，找出古镇的主要道路、街道和河流，确定景观基因链，查阅古镇历史文献和图片，分析古镇景观整体形状，确定古镇景观形态。

(4) 确定古镇景观基因“胞—链—形”空间分布图。根据前述的景观基因识别结果，结合古镇景观空间结构“元—胞—链—形”表达方式，画出古镇景观基因“元—胞—链—形”空间分布图。

(5) 设计调查问卷。问卷应包括居民属性、古镇景观基因感知和古镇景观基因认同三个部分，居民属性应包括年龄、性别、职业、受教育程度、居住时间，景观基因感知包括位置、颜色、体积、造型，景观基因认同包括功能、情感、意义。并且感知和认同要进行程度划分，最好设计成表格形式，问卷的反面应该留出空白供居民画景观基因感知图。

(6) 访谈式问卷调查。由于调查问卷的语言往往非常书面化以及问题的数量很多，被调查者要花很长的时间才能填完问卷，而调查时居民往往都很忙而草草应付，为了提高调查质量，建议使用访谈式问卷调查方法，该方法是访谈法和问卷调查的结合，需要调查者将调查的内容熟记于心，将要调查的信息通过与居民聊天获得，然后自己迅速填写问卷。

(7) 统计调查数据。对景观基因感知与认同调查问卷进行综合统计，结合“元—胞—链—形”图，归纳古镇居民的景观基因感知度和认同度的特点，分析影响居民感知和认同的影响因素。

(8) 撰写古镇历史文化景观调查报告。利用调查数据、“元—胞—链—形”图，总结古镇居民的感知和认同特点，探索其影响机制，并提出保护途径与规划措施。

4.2.6 练习

根据本节所述专题调查实践指导，完成××古镇景观基因识别与居民小样本感知与认同调查。

4.3 城市社区形态与结构专题考察

中国城市在20世纪八九十年代快速城市化过程中，同样面临着20世纪中叶美国城市迅速蔓延中曾出现的一系列问题，例如土地粗放利用、城市无序发展、大面积用地功能单一、配套设施缺乏等。虽然与郊区独立住宅占主导的欧美城市相比，中国城市通常被认为是相对紧凑的，然而快速城市化过程中出现的城市蔓延，也为21世纪中国城市的可持续发展提出了新的挑战。城市形态包括景观生态、城市经济、城市交通、城市社区与城市设计5个维度。本专题选取城市社区维度展开实践，试图通过社区土地利用形态与建筑形态、社区外部公共设施布局、社区居民上班出行调查，归纳不同社区居民上班出行特点，分析影响社区居民出行的形态因素，为城市社区形态可持续发展与低碳城市规划设计打下基础。

4.3.1 实习目的

本专题实习目的主要有3个。

(1) 了解什么是城市社区形态与结构。

(2) 掌握城市社区形态与结果的测度方法。

(3) 熟练掌握城市社区形态与结构的调查方法。

4.3.2 实习内容

(1) 查阅Google地图、小区规划图、城市社区相关文献，提取社区土地利用现状图。

(2) 在城区交通旅游地图的基础上，结合实地踏勘标出小区周边各类公共服务设施位置及空间排列。

(3) 实地踏勘小区内部，结合小区土地利用现状图，绘制建筑类型、高度及其空间分布图。

(4) 统计调查小区居民的类型(居住时间、是否原居地、收入情况、职业、受教育程度等)。

(5) 比较不同类型社区形态与外部结构特征，分析居民的杂居及过滤情况，提出城市社区发展对策。

4.3.3 实习重点

本专题的重点是掌握测度城市社区形态与结构的指标、实地踏勘标图法。

4.3.4 理论与方法

1. 城市社区形态

城市社区形态是指一个城市社区的全面实体组成，或实体环境以及各类活动的空间结构和形成。广义可分为有形形态和无形形态两部分。前者主要包括城市社区内布点形式，城市社区用地的外部几何形态，城市内各种功能地域分异格局，以及城市建筑空间组织和面貌等。后者指城市社区的社会、文化等各种无形要素的空间分布形式，狭义一般指城市社区物质环境构成的有形形态，事实上它们也是城市社区无形形态的表象形式。

2. 城市社区外部结构

城市在发展过程中，并不光是建筑物的增加，以及居民的聚集，而是城市内部产生各具功能的区域，如商业区、住宅区、工业区，同时各个功能区之间存在着有机性的联系，构成城市的整体。这种城市内部各种区域性的形成以及它的分布与配置情形称为“空间结构”或“内部结构”，简称“结构”。城市社区外部结构是指为城市社区服务的各功能要素相互关系、相互作用的形式和方式，主要指为社区居民服务的各公共服务设施的空间排列和布置。

3. 社区类型

目前，我国新构建的社区分为四种类型：①单位型社区——人群主体由本单位职工及家属构成，有独立管辖界限，封闭式管理；②小区型社区——成建制开发的封闭式小区，功能设施配套齐全，有独立物业管理；③板块型社区——主要是以三级以上马路砍块划定的社区，多在老城区，是目前城市社区的主要类型；④功能型社区——除地域管辖因素外，具有特色功能的社区，如商贸、文化、公众等比较集中的区域，但一般没有常住居民。

4. 城市社区形态测度指标

借鉴城市形态学方法和城市规划学的相关研究成果，可将城市社区形态的指标分为土地利用形态和建筑形态两个方面。

(1) 建筑形态，包括建筑的类型(建筑层数分类或者建筑风格分类)、建筑密度(指一定范围内建筑物基底面积总和与占用地面积比例)和建筑高度(建筑物室外地面到其檐口或屋面面层的高度)三个指标。

(2) 土地利用形态，包括土地利用类型布局(土地利用结构相联系的各类用地的空间分布)、地块形状(各地块的外轮廓线呈现的几何图形)和土地利用混合度[不同性质的土地混合利用的情况，可用信息论中熵值来表示，其公式为

$$S = -\sum_{i=1}^{n} P_i \lg P_i \left(\sum_{i=1}^{n} P_i = 1 \right)$$

式中，S 为土地利用混合程度的熵值；n 为土地利用类型的划分数目；P_i 为第 i 类土地面积所占比例三个指标。

5. 城市社区外部结构指标

借鉴城市功能结构的相关概念和方法，可将城市社区外部结构指标分为就业可达性指标和设施可达性指标：就业可达性指标，包括居民居住地至工作地的线路距离或者交通时耗；设施可达性指标，包括居民居住地至公交站点的距离或者时耗、居民至最近医院的距离或者时耗、居民至最近中小学的距离或者时耗、居民至最近银行的距离或者时耗、居民至最近购物中心的距离或者时耗、居民至最近邮局的距离或者时耗。

6. 实地踏勘与标图法

使用社区土地利用现状图，实地查看并校核土地利用现状情况，并对社区周边的公交站点、医院、中小学、银行、邮局等公共服务设施进行查勘，并在地图上标出这些设施的具体位置，并记录从社区至这些公共服务设施的时耗。

7. 居民上班出行调查

城市社区形态与结构研究常常还借用社会学研究的问卷调查方法和访谈调查方法。就居民上班出行的交通方式(步行、自行车、电动车、摩托车、私家车、公家车、公共汽车、出租车)、出行线路和出行时间进行调查、访谈，并将其结果进行综合，比较不同社区的居民出行方式与出行时间的差异，并分析社区形态是如何影响居民出行的，寻找社区形态对居民出行的影响机制。

4.3.5 实习步骤

(1) 弄清城市社区形态、城市社区外部结构的概念。认真阅读秦波发表在《城市规划》、柴彦威发表在《地理学报》的重要期刊文献，弄清楚城市社区类型。

(2) 社区土地利用形态与建筑形态调查。通过实地踏勘，对社区土地利用现状进行判定与核查，对建筑类型、建筑密度和建筑高度进行标定。

(3) 社区外部设施布局结构调查。调查社区居民居住地至工作地的线路距离或者交通时耗、居民居住地至公交站点的距离或者时耗、居民至最近医院的距离或者时耗、居民至最近中小学的距离或者时耗、居民至最近银行的距离或者时耗、居民至最近购物中心的距离或者时耗、居民至最近邮局的距离或者时耗等一系列指标。

(4) 画出社区周边公共设施空间分布图。在前述的社区外部设施调查的基础上，将社区周边的这些公共设施标在社区周边的地图上。

(5) 设计调查问卷。问卷应包括居民属性、居民上班出行两个部分，居民属性应包括年龄、性别、职业、受教育程度、居住时间，居民上班出行包括出行方式(步行、自行车、电动车、摩托车、私家车、公家车、公共汽车、出租车)、出行线路和出行时间。最好设计成表格形式，问卷的反面应该留出空白供居民画出行线路图。

(6) 访谈式问卷调查。由于调查问卷的语言往往很书面化以及问题的数量很多，被调查者要花很长的时间才能填完问卷，而调查时居民往往都很忙而草草应付，为了提高调查质量，建议使用访谈式问卷调查方法，该方法是访谈法和问卷调查的结合，需要调查者将调查的内容熟记于心，将要调查的信息通过与居民聊天获得，然后自己迅速填写问卷。

(7) 统计调查数据。对居民上班出行调查问卷进行综合统计，结合社区周边设施分布图和出行线路图，归纳不同社区居民上班出行特点，分析影响社区居民出行的形态因素。

(8) 撰写城市社区形态与结构调查报告。利用社区土地利用形态实地踏勘指标、社区周边公用设施分布图、社区居民上班出行调查数据，不同社区居民上班出行特点，分析影响社区居民出行的形态因素，并提出社区形态可持续发展的措施。

4.3.6 练习

根据本节所述专题调查实践指导，完成××社区形态与结构小样本调查。

4.4 新农村发展专题考察

新农村建设是在我国总体上进入以工促农、以城带乡的发展新阶段后面临的崭新课题，是时代发展和构建和谐社会的必然要求。当前我国全面建设小康社会的重点和难点在农村，而根据国际经验，我国现在已经跨入工业反哺农业的阶段。因此，我国新农村建设重大战略性举措的实施正当其时。尽管改革开放以来，我国农业和农村发展取得了一定的成就，但是，农村经济社会发展滞后的局面尚未发生根本性改变。本专题试图通过新农村发展的调查，研究新农村建设发展现状，为统筹城乡发展，构建和谐社会做出努力。

4.4.1 实习目的

本专题实习目的主要有三个。

(1) 了解什么是新农村建设。

(2) 掌握研究新农村建设发展现状的具体内容。

(3) 熟练掌握研究新农村建设发展的调查方法，能够根据调查结果对新农村建设发展做出总结报告。

4.4.2 实习内容

(1) 调查新农村的产业发展状况，包括总产值、三次产业比例、特色产业等内容。

(2) 调查新农村的基础设施建设状况，包括道路、供水、电力、通信、广播等内容。

(3) 调查新农村的公共服务设施建设现状，包括学校、卫生所、敬老院、邮电所等内容。

(4) 调查新农村的村民住房情况，包括结构类型、人口及劳动力情况等内容。

(5) 研究新农村的发展特色，包括区位分析、发展特点、演变历程、发展建议等内容。

4.4.3 实习重点

本专题的重点是掌握新农村建设发展的调查方法，能够根据调查结果对新农村建设发展做出总结报告。

4.4.4 理论与方法

1. 社会主义新农村的内涵

社会主义新农村是指在社会主义条件下或社会主义制度下，反映一定时期农村社会以经济发展为基础，以社会全面进步为标志的社会状态。社会主义新农村是一个包括社会、政治、经济、文化、人民生活、村庄治理和社会保障等多个方面的有机统一体，全面综合反映社会文明进步的程度。十六届五中全会通过的《中共中央关于制定国民经济和社会发展第十一个五年规划的建议》提出按照“生产发展，生活宽裕，乡风文明，村容整洁，管理民主”的要求建设社会主义新农村，赋予“社会主义新农村”以崭新的内涵。其中，生产发展是新农村的物质基础，也是建设新农村的首要任务；生活宽裕是新农村建设的核心目标，也是建设新农村的根本要求；乡风文明是提高农民整体素质，也是建设新农村的精神支柱与和谐动力；村容整洁是要建设生态文明，改善农民生存状态，也是建设新农村的重要条件，是展现农村人与环境和谐发展的窗口；管理民主是健全村民自治制度，也是建设新农村的政治保证。

2. 文献查阅法

文献查阅法是指通过查阅和收集国内外有关新农村建设的相关文献与专著，为调查报告寻求理论支撑。并通过网络资源研究新农村建设发展需要调查的五个主题的具体涵盖内容，研究需要调查的新农村各个方面的基本情况。

3. 标图法

标图法是指在调查过程中采用城市规划的绘图、速写等方法，方便、直观地记载村庄发展现状，如配合村庄地形图或采用绘图方法记录村庄五个主题涉及的现状情况；采用手工绘图方法记录调查场地的建筑、基础/公共设施布置情况、空间环境关系和人群活动状况等(图 4.1)。

图 4.1　手工绘图法

4. 社会调查法

社会调查法是指在对新农村建设发展的现状调研中，通过社会学研究的访谈调查方法，了解村里的产业发展状况、生活生产设施发展现状及本村自身的发展特色。另外就村民对新农村建设发展的意见进行调查、访谈，并将其结果进行综合放入新农村建设发展研究中，可作为公众参与新农村建设的重要途径。

5. 实地踏勘法

实地踏勘法是指通过对新农村建设区域现状调研，采取实地测量、拍照、手绘图等方法获得大量的第一手材料，为后期的新农村现状发展研究提供重要数据。

4.4.5　实习步骤

(1) 弄清概念及我国新农村建设发展现状。通过文献查阅法弄清楚新农村发展建设的具体概念及我国新农村建设发展现状，并通过对国内外一些新农村建设的实例研究，总结其方法和特色，提炼其成功经验。

(2) 研究新农村建设发展涉及的五个主题的具体内容，确定每个主题的具体调查方法。通过访谈调查法和文献查阅法研究该村庄发展特色(包括区位分析、发展特点、演变历程、发展建议等内容)。通过访谈调查法、实地踏勘法、标图法弄清楚该村庄产业发展现状(总产值、三次产业比例、特色产业等内容)；基础设施(包括道路、供水、电力、通信、广播等内容)及公共服务设施(包括学校、卫生所、敬老院、邮电所等内容)的布局和现状建设情况及该村村民的基本住房情况(包括结构类型、人口及劳动力情况等内容)。

(3) 访谈式问卷调查。由于调查问卷的语言往往很书面化以及问题的数量很多，被调查者要花很长的时间才能填完问卷，而调查时居民往往都很忙而草草应付，为了提高调查质量，建议使用访谈式问卷调查方法，该方法是访谈调查法和问卷调查的结合，需要调查者将调查的内容(包括产业状况、基础设施、公共服务设施、住房情况、村庄发展特色五个方面)细化为具体问题，并熟记于心，将要调查的信息通过与居民聊天获得，然后自己迅速填写问卷。

(4) 统计调查数据。将访谈问卷、手工绘图、现场拍照等结合进行统计，将新农村发展建设五个相关主题涉及的数据制作成表格及图表形式。

(5) 绘制村庄发展现状图。对新农村发展建设现状调查按五个主题划分，将小组分成对应小队，利用村庄地形图记录村庄五个主题涉及的现状布局情况；结合手工绘图方法记录调查场地的建筑、基础/公共设施布置情况、空间环境关系和人群活动状况等；综合两个途径最终绘制出村庄发展的现状图。

(6) 构想村庄发展综合规划图。根据对村庄五个主题的现状调查情况研究，结合政府部门及上位规划和相关规划对该村的定位，并通过采访村民的意见，从城乡规划专业角度构建村庄发展综合规划图。

(7) 撰写村庄发展总结报告。利用调查数据及分析图表，归纳调查的村庄现状发展情况，分析其现状存在的问题并提出优化意见。

4.4.6 练习

根据本节所述专题调查实践指导，完成××村专题考察调查报告。

4.5 城市出行与道路专题考察

在当前我国城市和城市交通快速发展的形势下，通过以城市居民为调查对象，对居民的出行起讫点分布、出行目的、出行时间、出行距离、出行强度、出行方式及停车等情况进行相关数据的获取、整理和分析的研究工作，是城市交通发展战略规划、综合交通规划和其他交通专项规划和研究工作的重要基础。因此，居民出行调查是客观掌握一个城市交通需求特征和规律的重要手段，从而对城市道路布局规划的研究提供基础数据。本专题试图通过居民交通出行调查，通过数据的统计和分析，研究居民出行流量与道路空间的相关性分析，为城市道路交通设计打下基础。

4.5.1 实习目的

本专题实习目的主要有三个。

(1) 了解什么是城市居民出行调查。

(2) 掌握城市居民出行调查的方法和内容。

（3）熟练掌握城市居民出行调查方法，能够根据居民出行流量分析研究城市道路的相关性分析并提出改善对策。

4.5.2 实习内容

（1）分组对居民出行目的进行调查（上班、上学、购物、文化娱乐、社交或探亲访友、回家和其他）。

（2）通过具体的研究内容（居民出行方式结构、出行距离、出行时间）来调查城市居民出行流量特点。

（3）通过设计问卷调查按不同的调查时间段（周末、上班、一天中不同时段等）对不同属性（年龄、学历、职业、性别等）的居民进行调查。

（4）统计居民出行流量的调查数据，分析城市居民出行流量分布特征。

（5）对城市道路的现状进行相关性分析（道路性质、道路等级、断面形式、建设情况等）。

（6）得出居民出行流量分布特点与现状道路相关性分析结论，分析现状道路存在的问题并提出改善对策。

4.5.3 实习重点

本专题的重点是掌握城市居民出行调查的方法，能够根据调查数据分析得出与道路布局的相关性结论。

4.5.4 理论与方法

1. 城市居民出行

城市居民出行是指居民为完成某一目的，使用某一种交通方式，耗用一定的时间从出发地点经某一路径到达目的地的位移过程。

2. 城市居民出行调查

城市居民出行调查是指对居民一天内出行的详细情况（目的、时间、距离、路线、交通方式、起讫点等）进行调查，通过分析和寻找相关的变化规律，从而掌握城市出行交通总量、主要发生交通吸引源、时空分布、交通使用方式等资料，为城市交通规划、建设提供依据。

3. OD 调查

OD 调查即交通起止点调查，又称 OD 交通量调查（OD 交通量就是指起止点间的交通出行量）。“O”来源于英文 ORIGIN，指出行的出发地点，“D”来源于英文 DESTINATION，指出行的目的地。

4. 出行耗时

出行耗时是指居民从起点到终点的一次出行行程所花费的时间，是反映居民在交通出行中所花费的时间和成本的重要指标，主要受到出行距离与居民所选择出行的交通方式的制约。

5. 出行方式

出行方式是指出行者完成一次出行所使用的交通工具或手段。常见的出行方式主要有步行、自行车、电动车、摩托车、私家车、公家车、公共汽车、出租车等。

6. 道路断面形式

完整的道路是由机动车道(快车道)、非机动车道(慢车道)、分隔带(分车带)、人行道及街旁绿地这几部分组成。目前我国道路的横断面形式常见的有以下几种：一板二带式(一块板)、二板三带式(两块板)、三板四带式(三块板)、四板五带式(四块板)及其他形式。

7. 实地踏勘与标图法

实地踏勘与标图法是指利用城市道路布局现状图，选择不同地点进行居民交通出行调查，并在地图上标出相应道路的道路等级、道路断面等相关信息。

8. 社会调查法

城市出行与交通调查常常还借用社会学研究的问卷调查法和访谈调查法。就居民出行的目的、时间、距离、路线、交通方式、起讫点等具体内容进行调查、访谈，并将其结果进行综合，分析城市居民出行的流量分布特征。

9. 数据统计分析法

数据统计分析法是指通过对居民出行的目的、时间、距离、路线、交通方式、起讫点等调查内容进行数量关系的分析研究，发现居民出行涉及各个方面的相互关系、居民出行流量的变化规律，借以达到对城市交通量分布特点进行客观性分析的一种研究方法。

4.5.5 实习步骤

1) 掌握概念

通过文献查阅法弄清居民出行调查的概念、出行调查中涉及要素的具体含义，以及城市道路布局相关知识。

2) 定数据调查点，设计调查问卷

问卷应包括居民属性和居民出行调查两个部分：居民属性应包括年龄、性别、职业、学历、居住时间；居民出行调查应该包括出行目的、出行方式、出行距离、出行路线、出行时间五个方面，要将这些内容细化为具体问题。

3) 数据调查

(1) 分组在不同调查点按不同的调查时间段(周末、上班、一天中不同时段等)，对居民出行(出行目的、居民出行方式结构、出行距离、出行时间)进行调查。

(2) 通过 OD 交通量调查研究道路机动车通行流量。

4) 绘制道路图

通过实地踏勘法和标图法对城市道路的现状进行相关性分析(道路性质、道路等级、断面形式、建设情况等)。

5）数据统计分析法

将调查问卷法、访谈调查法、OD交通量调查等收集的数据，统计居民出行流量的调查数据、道路机动车通行流量，分析城市居民出行流量及道路车流量分布特征。

6）撰写城市出行与道路调查报告

利用调查数据及分析图表，归纳居民出行流量分布特点与现状道路相关性分析的结论，分析现状道路存在的问题并提出改善对策。

4.5.6 练习

根据本节所述专题调查实践指导，完成××城市出行与道路专题调查报告。

4.6 城市工业布局专题考察

进入21世纪，世界经济越来越表现出全球化趋势。我国确立了工业化与信息化相互促进的新型工业化发展道路，工业化同时又是城市化的重要助推器。随着我国城市化的加速发展，计划经济体制下形成的工业布局已经不能满足城市发展的需要。因此，调整城市工业布局，优化土地利用结构，可以有效地促进社会经济的可持续发展。本专题试图通过对城市工业布局的调查，揭示城市工业布局的空间分布特征，为城市总体规划布局打下基础。

4.6.1 实习目的

本专题实习目的主要有三个。

（1）了解工业区位理论。

（2）掌握调查工业布局的方法。

（3）熟练城市工业布局的调查方法，能够根据调查结果分析城市工业布局的分布特点。

4.6.2 实习内容

（1）绘制城市宏观尺度的工业布局图(室内作业)。

（2）调查每个工业区的具体内容，包括工业区区位、工业分布类型、每个工厂的具体情况。

（3）绘制出每个工业区的结构布局图。

（4）将各个工业区横向对比研究城市微观尺度的工业布局特征。

（5）针对得出的工业布局特点，分析其存在的问题并提出优化对策。

4.6.3 实习重点

本专题的重点是掌握城市工业布局的调查方法，能够根据调查结果分析工业布局特点并画出工业布局图。

4.6.4 理论与方法

1. 工业布局

工业布局即指工业的地域结构和地域分布状态，它包括集中于地区的、多部门的、不同类型企业的布局，个别工业部门的布局两个层次。它是工业生产在地域上表现的形式，是工业生产的空间配置与组合。工业布局是工业化进程中的一个重要方面，工业的发展对空间区位具有选择性，不同的工业行业对空间区位的适应性有一定的差异。在某一区位范围内，当工业各行业对空间区位的特殊要求与特定空间所提供的综合环境相适应时，这一区域内的工业布局就达到了合理状态，工业化进程将进一步加快。

2. 工业区位论

工业区位论是研究工业布局和厂址位置的理论，可分为宏观经济和微观经济两方面内容。前者指一个地区或国家的工业布局；后者指厂址的选择理论。该理论有一个创立、发展和完善的过程。关于工业企业布局的理论研究最著名的学者是德国经济学家韦伯，韦伯理论的中心思想，就是区位因子(运费、劳动费、集聚和分散)决定生产场所，将企业吸引到生产费用最小、节约费用最大的地点。有关产业宏观布局和微观布局原则请参考区域经济学教材和期刊网有关文献。

3. 工业布局因子

工业布局因子是指影响工业的布局的各种因素。不同类型的工业，其布局遵循的原则有差异，因此，城市规划过程中应充分考虑工业布局因子。城市规划中常见工业的布局原则，见表4-1。

表4-1 城市规划中常见工业的布局原则

工业部门	生产特点与制约因素	布局主导因素
制糖、炼铁	耗原料多，制成品质量大大减轻	交通方便，接近原料地
钢铁、有色冶金、化工	消耗能源多	接近水电站等能源地
织布、石油化工	运输产品比运输原料成本高	接近消费市场
自来水厂	优质水源	河流上游方向，水源清洁
汽水、家具、印刷、啤酒	运输不方便	接近消费市场
普通服装、纺织、电子装配	劳动力成本比重大，消耗劳动量多	接近劳动力丰富、工资水平不高的地区
化工、电子、飞机、仪表	科技含量大，技术水平要求高	接近科技发达人才集中的地区
电子、感光器材	特别要求环境洁净	选择环境洁净之地

4. 文献查阅法

文献查阅法是指通过查阅和收集国内外有关城市工业布局的相关文献与专著，详细了解工业区位的相关理论。

5. 绘图法

绘图法是指通过网络资源下载城市分布图，利用专业绘图软件将城市宏观尺度的工业布局分布图绘制出来。

6. 实地踏勘与标图法

实地踏勘与标图法是指利用每个工业集中的布局现状图，调查该区域内各类型工业的具体布置，并在图上标示出位置、规模、类型等。

7. 社会调查法

社会调查法是指通过社会学研究的问卷调查法和访谈调查法对工业区内每个工厂的具体内容(类型、规模、产值、对外运输方式、运费、劳动费等)进行调查、访谈，并将其结果进行综合，分析工业区的分布特点。

4.6.5 实习步骤

(1) 室内作业。通过文献查阅法阅读工业布局的相关文献，了解工业区位理论和城市工业布局的宏观和微观原则；通过网络资源下载城市总体分布图，用CAD绘制整个城市的宏观尺度的工业布局图。

(2) 设计调查问卷。问卷应包括居民属性和工业区调查两个部分：居民属性应包括年龄、性别、职业、学历、居住时间；工业区调查应该包括工业区区位、工业区工业分布类型、工业区每个工厂的情况(类型、规模、产值、对外运输方式、运费、劳动费等)，将这些内容细化为具体问题。

(3) 访谈式问卷调查。由于调查问卷的语言往往很书面化以及问题的数量很多，被调查者要花很长的时间才能填完问卷，而调查时居民往往都很忙而草草应付，为了提高调查质量，建议使用访谈式问卷调查法，该方法是访谈调查法和问卷调查的结合，需要调查者熟记调查内容，通过与居民聊天获得将要调查的信息，同时迅速填写问卷。

(4) 现场踏勘调查。分组对每个工业区(或典型工业区)进行调查，通过问卷调查法和访谈法相结合调查工业区的区位、工业区工业分布类型、工业区每个工厂的情况(类型、规模、产值、对外运输方式、运费、劳动费等)内容，获取相应资料和数据，并通过标图法记录工业区各类型工业的布置。

(5) 结果汇总。将调查问卷、访谈问题、位置标图等结合进行统计，分析工业区的布局特点并绘制工业区的布局图。

(6) 工业区横向对比分析。将城市的各个工业区放在一起横向比较，分析城市微观尺度的工业布局特征。

(7) 撰写工业布局调查报告。利用工业区横向对比得出的工业布局特点，分析其存在的问题并提出改善对策。

4.6.6 练习

根据本节所述专题调查实践指导，完成××城市工业布局专题调查。

4.7 城市绿地景观专题考察

城市绿地是指用以栽植树木花草和布置配套设施，基本上由绿色植物所覆盖，并赋以一定的功能与用途的场地。城市绿地是城市的绿色基础和城市重要的生命保障系统，通常具有生态和社会经济功能：具体来说，城市绿地能够提高城市自然生态质量，有利于环境保护，提高城市生活质量，调适环境心理；增加城市的美学效果；提高城市经济效益；有利于城市防灾；净化空气污染等。城市绿地已成为评价城市生态可持续与人们生活质量的重要标准。本专题试图通过城市绿地调查，揭示城市绿地类型与空间布局特征，为城市绿地系统规划打下基础。

4.7.1 实习目的

本专题实习目的主要有三个。

(1) 了解什么是城市绿地。

(2) 掌握城市绿地的分类体系。

(3) 熟练掌握城市绿地的调查方法，能够根据调查结果分析城市绿地的特点和问题。

4.7.2 实习内容

(1) 查阅相关法规和文献资料，了解城市绿地概念和分类系统。

(2) 通过遥感影像对城市绿地进行判别分类。

(3) 实地调查，对城市绿地类型进行判别分类，并绘制城市绿地现状分布图；调查城市居民对城市用地现状的满意程度及城市用地现状存在的问题。

(4) 统计城市绿地调查结果，分析城市绿地类型及空间特点。

(5) 针对城市绿地类型及空间特点，分析其存在的问题并提出改善对策。

4.7.3 实习重点

本专题的重点是掌握城市绿地的调查方法，能够根据调查结果分析城市绿地的景观特点。

4.7.4 理论与方法

1. 城市绿地分类系统

2002年，国家建设部颁布了《城市绿地分类标准》(CJJ/T 85—2002)，该分类标准将城市绿地划分为五大类，即公园绿地G1、生产绿地G2、防护绿地G3、附属绿地G4、其他绿地G5(表4-2)。

表 4-2　城市绿地分类

类别代码			类别名称	内容与范围	备　　注
大类	中类	小类			
G1			公园绿地	向公众开放，以游憩为主要功能，兼具生态、美学、防灾等作用的绿地	
	G11		综合公园	内容丰富，有相应措施，适合于公众开展各类户外活动的规模较大的绿地	
		G111	全市性公园	为全市市民服务，活动内容丰富、设施完善的绿地	
		G112	区域性公园	为市区内一定区域的居民服务，具有较丰富的活动内容和设施完善的绿地	
	G12		社区公园	为一定居住用地范围内的居民服务，具有一定活动内容和设施的集中绿地	不包括居住组团绿地
		G121	居住区公园	服务于一个居住区的居民，具有一定的活动内容和设施，为居住区配套建设的集中绿地	服务半径：0.5～1.0km
		G122	小区游园	为一个居住小区的居民服务，配套建设的集中绿地	服务半径：0.3～0.5km
	G13		专类公园	具有特定内容或形式，有一定游憩设施的绿地	
		G131	儿童公园	单独设置，为少年儿童提供游戏及开展科普、文体活动，有安全、完善设施的绿地	
		G132	动物园	在人工饲养条件下，移地保护野生动物，供观赏、普及科学知识，进行科学研究和动物繁育，并具有良好设施的绿地	
		G133	植物园	进行植物科学研究和引种驯化，并供观赏、游憩及开展科普活动的绿地	
		G134	历史名园	历史悠久，知名度高，体现传统造园艺术并被审定为文物保护单位的园林	
		G135	风景名胜公园	位于城市建设用地范围内，以文物古迹、风景名胜点(区)为主形成的具有城市公园功能的绿地	
		G136	游乐公园	具有大型游乐设施，单独设置，生态环境较好的绿地	
		G137	其他专类公园	除以上各种专类公园外具有特定主题内容的绿地，包括雕塑园、盆景园、体育公园、纪念性公园等	绿地占地比例应大于等于60%
	G14		带状公园	沿城市道路、城墙、水滨等，有一定游憩设施的狭长形绿地	
	G15		街旁绿地	位于城市道路用地之外，相对独立成片的绿地，包括街道广场绿地、小型沿街绿化用地等	绿化占地比例应大于等于65%

续表

类别代码			类别名称	内容与范围	备注
大类	中类	小类			
G2			生产绿地	为城市绿化提供苗木、花草、种子的苗圃、花圃、草圃等圃地	
G3			防护绿地	城市中具有卫生、隔离和安全防护功能的绿地，包括卫生隔离带、道路防护绿地、城市高压走廊绿带、防风林、城市组团隔离带等	
G4			附属绿地	城市建设用地中绿地之外各类用地中的附属绿化用地，包括居住用地、公共设施用地、工业用地、仓储用地、对外交通用地、道路广场用地、市政设施用地和特殊用地中的绿地	
	G41		居住绿地	城市居住用地内社区公园以外的绿地，包括组团绿地、宅旁绿地、配套公建绿地、小区道路绿地等	
	G42		公共设施绿地	公共设施用地内的绿地	
	G43		工业绿地	工业用地内的绿地	
	G44		仓储绿地	仓储用地内的绿地	
	G45		对外交通绿地	对外交通用地内的绿地	
	G46		道路绿地	道路广场用地内的绿地，包括行道树绿带、分车绿带、交通岛绿地、交通广场和停车场绿地等	
	G47		市政设施绿地	市政公用设施内的绿地	
	G48		特殊绿地	特殊用地内的绿地	
G5			其他绿地	对城市生态环境质量、居民休闲生活、城市景观和生物多样性保护有直接影响的绿地，包括风景名胜区、水源保护区、郊野公园、森林公园、自然保护区、风景林地、城市绿化隔离带、野生动植物园、湿地、垃圾清理场恢复绿地等	

2. 遥感解译法

在城市绿地调查中，首先可通过遥感影像采用目视解译法对城市绿地按照《城市绿地分类标准》(CJJ/T 85—2002)中的城市绿地分类体系将其进行初步分类判定，对研究区城市绿地类型和空间分布建立初步认识。

3. 实地调查法

除遥感解译法外，城市绿地研究还需采用实地调查法：首先，对遥感解译得到的城市绿地类型图进行验证，并对遥感解译中难以判定的绿地类型通过实地调查进行确定；其次，在调查过程中对城市居民进行问卷调查或访谈，调查城市居民对城市绿地现状的满意度及城市绿地现状存在的主要问题，并将其结果进行综合，为城市规划服务。

4.7.5 实习步骤

(1) 弄清城市绿地的概念及分类。认真阅读《城市绿地分类标准》(CJJ/T 85—2002)，并查阅相关文献资料，弄清楚什么是城市绿地和城市绿地的分类。

(2) 通过遥感影像对城市绿地进行初步判定。对城市进行分区，各小组分别负责一个分区，通过遥感影像和相关网络资料(谷歌地球等)对城市绿地进行初步判定，得到城市绿地类型图。

(3) 实地调查，确定城市绿地类型。各小组通过实地调查，对初步判定得到的城市绿地类型图进行修正，最终确定城市绿地类型，得到城市绿地类型图。对城市居民进行问卷调查或访谈，调查城市居民对城市绿地现状的满意程度和城市绿地现状存在的问题。

(4) 统计调查数据。将遥感影像和实地调查的城市绿地判别分类结果进行统计汇总，制作城市绿地类型表格及图表。

(5) 撰写城市绿地调查报告。利用调查数据及分析图表，归纳城市绿地类型及空间分布特点，分析其存在的问题并提出改善对策。

4.7.6 练习

根据本节所述专题调查实践指导，完成××城市中心城区绿地专题调查。

4.8 城市用地类型判别专题考察

人地关系地域系统是地理学的研究核心。作为人地关系最直接的反映，土地利用变化成为人地关系研究的核心领域。变化最快、环境影响最强烈的城镇用地，其空间扩张日益成为现在乃至将来一定时间内土地利用变化的最主要特征和该领域所关注的焦点。城市用地扩张直观地体现了城镇化和城市发展的空间过程与特征，对城市用地扩张问题的研究可以加深对城镇化本质的理解，进而可为城市可持续发展提供有效的决策依据。本专题试图通过城市用地类型的判别，揭示城市用地空间布局，为城市设计打下基础。

4.8.1 实习目的

本专题实习目的主要有三个。

(1) 了解什么是城市用地。

（2）掌握城市用地的分类体系。

（3）熟练掌握城市用地的判别方法，能够根据调查结果分析城市用地的特点。

4.8.2　实习内容

（1）查阅相关法规和文献资料，了解城市用地概念和分类系统。

（2）通过遥感影像对城市用地进行判别分类。

（3）实地调查，对城市用地类型进行判别分类，并绘制城市用地类型图；对城市居民进行问卷调查或访谈，调查城市居民对城市用地现状的满意度及城市用地现状存在的主要问题。

（4）统计城市用地调查结果，分析城市用地类型及空间特点。

（5）针对城市用地类型及空间特点，分析其存在的问题并提出改善对策。

4.8.3　实习重点

本专题的重点是掌握城市用地类型判别的方法，能够根据调查结果分析城市用地的特点。

4.8.4　理论与方法

1. 城市用地

城市用地是城市规划区范围内赋予一定用途与功能的土地的统称，是用于城市建设和满足城市机能运转所需要的空间。通常所说的城市用地，既是指已经建设利用的土地，也包括已列入城市规划区域范围内尚待开发建设的土地。城市用地，包括按照城乡规划法所确定的城市规划区内的非建设用地，如农田、林地、山地和水面等。

2. 城市用地分类

《城市用地分类与规划建设用地标准》（GB 50137—2011），经住房和城乡建设部以公告第880号批准、发布，自2012年1月1日起实施。该标准将城市用地分为大类、中类和小类三级，计有8大类、35中类和43小类(表4-3)。

表4-3　城市建设用地分类和代码

类别代码			类别名称	内容
大类	中类	小类		
R			居住用地	住宅和相应服务设施的用地
	R1		一类居住用地	设施齐全、环境良好，以低层住宅为主的用地
		R11	住宅用地	住宅建筑用地及其附属道路、停车场、小游园等用地
		R12	服务设施用地	居住小区及小区级以下的幼托、文化、体育、商业、卫生服务、养老助残设施等用地，不包括中小学用地

续表

类别代码			类别名称	内容
大类	中类	小类		
R	R2		二类居住用地	设施较齐全、环境良好，以多、中、高层住宅为主的用地
		R21	住宅用地	住宅建筑用地(含保障性住宅用地)及其附属道路、停车场、小游园等用地
		R22	服务设施用地	居住小区及小区级以下的幼托、文化、体育、商业、卫生服务、养老助残设施等用地，不包括中小学用地
	R3		三类居住用地	设施较欠缺、环境较差，以需要加以改造的简陋住宅为主的用地，包括危房、棚户区、临时住宅等用地
		R31	住宅用地	住宅建筑用地及其附属道路、停车场、小游园等用地
		R32	服务设施用地	居住小区及小区级以下的幼托、文化、体育、商业、卫生服务、养老助残设施等用地，不包括中小学用地
A			公共管理与公共服务用地	行政、文化、教育、体育、卫生等机构和设施的用地，不包括居住用地中的服务设施用地
	A1		行政办公用地	党政机关、社会团体、事业单位等办公机构及其相关设施用地
	A2		文化设施用地	图书、展览等公共文化活动设施用地
		A21	图书展览设施用地	公共图书馆、博物馆、档案馆、科技馆、纪念馆、美术馆和展览馆、会展中心等设施用地
		A22	文化活动设施用地	综合文化活动中心、文化馆、青少年宫、儿童活动中心、老年活动中心等设施用地
	A3		教育科研用地	高等院校、中等专业学校、中学、小学、科研事业单位及其附属设施用地，包括为学校配建的独立地段的学生生活用地
		A31	高等院校用地	大学、学院、专科学校、研究生院、电视大学、党校、干部学校及其附属设施用地，包括军事院校用地
		A32	中等专业学校用地	中等专业学校、技工学校、职业学校等用地，不包括附属于普通中心内的职业高中用地
		A33	中小学用地	中学、小学用地
		A34	特殊教育用地	聋、哑、盲人学校及工读学校等用地
		A35	科研用地	科研事业单位用地
	A4		体育用地	体育场馆和体育训练基地等用地，不包括学校等机构专用的体育设施用地
		A41	体育场馆用地	室内外体育运动用地，包括体育场馆、游泳场馆、各类球的体育设施用地
		A42	体育训练用地	为体育运动专设的训练基地用地

续表

类别代码			类别名称	内　　容
大类	中类	小类		
	A5		医疗卫生用地	医疗、保健、卫生、防疫、康复和急救设施等用地
		A51	医院用地	综合医院、专科医院、社区卫生服务中心等用地
		A52	卫生防疫用地	卫生防疫站、专科防疫站、体检中心和动物检疫站等用地
		A53	特殊医疗用地	对环境有特殊要求的传染病、精神病等专科医院用地
		A59	其他医疗卫生用地	急救中心、血库等用地
	A6		社会福利设施用地	为社会提供福利和慈善服务的设施及其附属设施用地，包括福利院、养老院、孤儿院等用地
	A7		文物古迹用地	具有保护价值的古遗址、古墓葬、古建筑、石窟寺、近代代表性建筑、革命纪念建筑等用地，不包括已作其他用途的文物古迹用地
	A8		外事用地	外国驻华使馆、领事馆、国际机构及其生活设施用地
	A9		宗教设施用地	宗教活动场所用地
B			商业服务业设施用地	商业、商务、娱乐康体等设施用地，不包括居住用地中的服务设施用地
	B1		商业设施用地	商业及餐饮、旅馆等服务业用地
		B11	零售商业用地	以零售功能为主的商铺、商场、超市、市场等用地
		B12	批发市场用地	以批发功能为主的市场用地
		B13	餐饮用地	饭店、餐厅、酒吧等用地
		B14	旅馆用地	宾馆、旅馆、招待所、服务性公寓、度假村等用地
	B2		商务设施用地	金融保险、艺术传媒、技术服务等综合性办公用地
		B21	金融保险用地	银行、证券期货交易所、保险公司等用地
		B22	艺术传媒用地	文艺团体、影视制作、广告传媒等用地
		B29	其他商务设施用地	贸易、设计、咨询等技术服务办公用地
	B3		娱乐康体设施用地	娱乐、康体等设施用地
		B31	娱乐用地	剧院、音乐厅、电影院、歌舞厅、网吧以及绿地率小于65%的大型游乐等设施用地
		B32	康体用地	赛马场、高尔夫、溜冰场、跳伞场、摩托车场、射击场，以及通用航空、水上运动的陆域部分等用地

续表

类别代码			类别名称	内容
大类	中类	小类		
	B4		公用设施营业网点用地	零售加油、加气、电信、邮政等公用设施营业网点用地
		B41	加油加气站用地	零售加油、加气以及液化石油气换瓶站用地
		B49	其他公用设施营业网点用地	独立地段的电信、邮政、供水、燃气、供电、供热等其他公用设施营业网点用地
	B9		其他服务设施用地	业余学校、民营培训机构、私人诊所、殡葬、宠物医院、汽车维修站等其他服务设施用地
M			工业用地	工矿企业的生产车间、库房及其附属设施用地，包括专用铁路、码头和附属道路、停车场等用地，不包括露天矿用地
	M1		一类工业用地	对居住和公共环境基本无干扰、污染和安全隐患的工业用地
	M2		二类工业用地	对居住和公共环境有一定干扰、污染和安全隐患的工业用地
	M3		三类工业用地	对居住和公共环境有严重干扰、污染和安全隐患的工业用地
W			物流仓储用地	物资储备、中转、配送等用地，包括附属道路、停车场以及货运公司车队的站场等用地
	W1		一类物流仓储用地	对居住和公共环境基本无干扰、污染和安全隐患的物流仓储用地
	W2		二类物流仓储用地	对居住和公共环境有一定干扰、污染和安全隐患的物流仓储用地
	W3		三类物流仓储用地	存放易燃、易爆和剧毒等危险品的专用仓库用地
S			道路与交通设施用地	城市道路、交通设施等用地，不包括居住用地、工业用地等内部的道路、停车场等用地
	S1		城市道路用地	快速路、主干路、次干路和支路等用地，包括其交叉口用地
	S2		城市轨道交通用地	独立地段的城市轨道交通地面以上部分的线路、站点用地
	S3		交通枢纽用地	铁路客货运站、公路长途客货运站、港口客运码头、公交枢纽及其附属设施用地
	S4		交通场站用地	交通服务设施用地，不包括交通指挥中心、交通队用地
		S41	公共交通场站用地	城市轨道交通车辆基地及附属设施，公共汽(电)车首末站、停车场(库)、保养场，出租汽车场站设施等用地，以及轮渡、缆车、索道等的地面部分机器附属设施用地
		S42	社会停车场用地	独立地段的公共停车场和停车库用地，不包括其他各类用地配建的停车场和停车库用地
		S9	其他交通设施用地	除以上之外的交通设施用地，包括教练场等用地

续表

类别代码			类别名称	内容
大类	中类	小类		
U			公用设施用地	供应、环境、安全等设施用地
	U1		供应设施用地	供水、供电、供燃气和供热等设施用地
		U11	供水用地	城市取水设施、自来水厂、再生水厂、加压泵站、高位水池等设施用地
		U12	供电用地	变电站、开闭所、变配电所等设施用地，不包括电厂用地。高压走廊下规定的控制范围内的用地应按其地面实际用途归类
		U13	供燃气用地	分输站、门站、储气站、加气母站、液化石油气储配站、灌瓶站和地面输气管廊等设施用地，不包括制气厂用地
		U14	供热用地	集中供热锅炉房、热力站、换热站和地面输热管廊等设施用地
		U15	通信设施用地	邮政中心局、邮政支局、邮件处理中心、电信局、移动基站、微波站等设施用地
		U16	广播电视设施用地	广播电视的发射、传输和监测设施用地，包括无线电收信区、发信区以及广播电视发射台、转播台、差转台、监测站等设施用地
U	U2		环境设施用地	雨水、污水、固体废物处理和环境保护等的公用设施及其附属设施用地
		U21	排水设施用地	雨水泵站、污水泵站、污水处理、污泥处理厂等设施及其附属的构筑物用地，不包括排水河渠用地
		U22	环卫设施用地	垃圾转运站、公厕、车辆清洗站、环卫车辆停放修理厂等设施用地
		U23	环保设施用地	垃圾处理、危险品处理、医疗垃圾处理等设施用地
	U3		安全设施用地	消防、防洪等保卫城市安全的公用设施及其附属设施用地
		U31	消防设施用地	消防站、消防通信及指挥训练中心等设施用地
		U32	防洪设施用地	防洪堤、防洪枢纽、排洪沟渠等设施用地
	U9		其他公用设施用地	除以上之外的公用设施用地，包括施工、养护、维修等设施用地
G			绿地与广场用地	公园绿地、防护绿地、广场等公共开放空间用地
	G1		公园绿地	向公众开放，以游憩为主要功能，兼具生态、美化、防灾等作用的绿地
	G2		防护绿地	具有卫生、隔离和安全防护功能的绿地
	G3		广场用地	以游憩、纪念、集会和避险等功能为主的城市公共活动场地

3. 遥感解译法

在城市用地调查中，首先可通过遥感影像采用目视解译法对城市用地按照《城市用地分类与规划建设用地标准》(GB 50137—2011)中的城市用地分类体系将其进行初步分类判定，对研究区域城市用地类型和空间分布建立初步认识。

4. 实地调查法

除遥感解译法外，城市用地研究还需要采用实地调查法。首先，对遥感解译得到的城市用地类型图进行验证，并对遥感解译中难以判定的用地类型通过实地调查进行确定。其次，在调查过程中对城市居民进行问卷调查或访谈，调查城市居民对城市用地现状的满意度及城市用地现状存在的主要问题，并将其结果进行综合，为城市规划服务。

4.8.5 实习步骤

(1) 弄清城市用地概念及分类。认真阅读《城市用地分类与规划建设用地标准》(GB 50137—2011)，并查阅相关法规和文献资料，弄清楚城市用地概念及分类。

(2) 通过遥感卫星影像对城市用地进行初步判别。通过遥感影像及各类网络资源(谷歌地图等)对研究区的城市用地进行初步判别，得到初步的研究区城市用地分类图。

(3) 实地调查，确定城市用地类型。通过实地调查，对初步判定的城市用地分类图进行修正，最终确定城市用地类型，得到城市用地分类图。对城市居民进行问卷调查或访谈，调查城市居民对城市用地现状的满意程度及城市用地现状存在的问题，并将其结果进行综合，为城市规划服务。

(4) 统计调查数据。将遥感卫星影像和实地调查的城市用地判别结果等结合进行统计，制作城市用地表格及图表。

(5) 撰写城市用地调查报告。利用调查数据及分析图表，归纳城市用地类型及空间分布特点，分析其存在问题并提出改善对策。

4.8.6 练习

根据本节所述专题调查实践指导，完成××社区城市用地类型专题调查。

4.9 城市环境专题考察

地球上有超过一半的人居住在城市中。楼房林立、马路纵横的城市面貌被不少人看作是“现代化生活”的标志。城市形成、发展和布局一方面得益于城市环境条件，另一方面也受所在地域环境的制约。城市的不合理发展和过度膨胀会导致地域环境和城市内部环境的恶化。城市环境质量的好坏直接影响城市居民的生产和生活活动。城市环境也是城市地理和城市规划学研究的主要内容之一。本专题试图通过城市废弃物和噪声环境调查，揭示城市环境的现状特点，为城市设计打下基础。

4.9.1 实习目的

本专题实习目的主要有三个。

(1) 了解什么是城市环境。

(2) 掌握城市环境的主要组成要素(内容)。

(3) 熟练掌握城市环境的调查方法，能够根据调查结果分析城市环境的特点。

4.9.2 实习内容

(1) 收集城市环境的资料，对该城市环境有初步了解。

(2) 实地调查城市环境、城市噪声及城市废弃物。

(3) 对居民发放问卷调查城市环境存在的问题及城市环境特征。

(4) 针对城市环境现状和空间分布特点，分析其存在问题并提出改善对策。

4.9.3 实习重点

本专题的重点是掌握城市环境的调查方法，能够根据调查结果分析城市环境特点。

4.9.4 理论与方法

1. 城市环境

城市环境是人类利用和改造而创造出来的高度人工化的生存环境。城市环境是与城市整体互相关联的人文条件和自然条件的总和，包括社会环境和自然环境。社会环境由经济、政治、文化、历史、人口、民族、行为等基本要素构成；自然环境包括地质、地貌、水文、气候、动植物、土壤等诸要素。

2. 城市噪声

城市噪声主要有交通噪声、工业噪声、建筑施工噪声、社会生活噪声。城市噪声干扰居民的工作、学习、休息和睡眠，严重的还会危害人体的健康，引起噪声性耳聋(见噪声的生理效应、噪声对听力的影响)等各种疾病。对长期噪声暴露的听力保护要求8h等效连续声级为70～90dB，对于吵闹干扰的容许值要求日间等效声级为40～60dB，夜间为30～50dB。城市噪声调查按照《声环境质量标准》(GB 3096—2008)和《社会生活环境噪声排放标准(GB 22337—2008)》进行调查。

3. 城市废弃物

城市废弃物包括生活污水、生活废物和工业污水、工业废物两大类。城市废弃物主要包括工业固体废物、废水和垃圾，其中工业固体废物中的有机固体废物是一大生物质资源，包括食品加工、酿造、纺织等行业的废渣，可生化性强。据有关城市调查资料显示，城市工业有机固体废物占整个工业固体废物的11%。废水包括生活污水和工业废水两部分，对工业有机废水这一重要生物质资源的开发可获得能源和环保双重效益。垃圾是城市中数量大且严重污染环境的生物资源，由于具有成套的收集、转运和贮存系统，是一种便于集中利用的生物资源，用垃圾进行发酵生产酒精和高压液化生产汽油已获得成功。城市废弃物可按照中华人民共和国环境保护部 2006 年第 11 号公告《固体废物鉴别导则(试行)》的标准进行鉴别。

4. 社会调查法

社会调查方法包括问卷调查法和访谈调查法，是指就公众对城市环境专题进行调查、访谈，调查公众对城市环境的满意度及城市环境存在的主要问题，并将其结果进行综合，为城市规划服务，被看作是公众参与城市规划的有效手段。

4.9.5 实习步骤

(1) 弄清城市环境概念及要素。认真查阅相关法规和文献资料，弄清楚什么是城市环境、城市环境的组成要素和城市环境的监测方法。

(2) 城市环境资料收集。收集所研究城市的城市环境方面的各种资料，对该地区城市环境有初步了解。

(3) 设计调查问卷。问卷应包括居民属性和城市环境两个部分：居民属性应包括年龄、性别、职业、受教育程度、居住时间；城市环境应该包括居民对城市环境的满意度及城市环境存在的主要问题，要将这些内容细化为具体问题。

(4) 城市环境调查。分区对研究区内主要用地类型内和主要交通路口的城市噪声情况进行实地调查；对城市废弃物进行调查，调查内容包括废弃物种类和数量等。

(5) 访谈式问卷调查。由于调查问卷的语言往往比较书面化以及问题的数量很多，被调查者要花很长的时间才能填完问卷，而调查时居民往往都很忙而草草应付，为了提高调查质量，建议使用访谈式问卷调查方法，该方法是访谈调查法和问卷调查的结合，需要调查者将调查的内容熟记于心，将要调查的信息通过与居民聊天获得，然后自己迅速填写问卷。

(6) 统计调查数据。将实地调查结果和调查问卷结果等结合进行统计，制作城市环境要素表格及图表。

(7) 撰写城市环境调查报告：利用调查数据及分析图表，归纳城市环境要素及空间特点，分析其存在的问题并提出改善对策。

4.9.6 练习

根据本节所述专题调查实践指导，完成××城市环境调查。

4.10 城市对外联系专题考察

国际上普遍认为经济联系是普遍存在和客观的。随着社会经济的发展和市场化、全球化的推进，城市在区域发展中的地位和作用日益加强，区域内部和区域之间的社会经济联系更加密切与复杂。区域个性和差异的分析、区域间相互作用的研究一直是经济地理学和区域研究的经典内容，是区域经济学、城市地理学、区域地理学等学科研究的重要内容。分析城市对外联系，有利于对城市和区域经济加以合理的组织，为城市实体空间的发展方向和开发区选址提供依据，有利于交通运输的组织和交通规划的编制。本专题试图通过调查对象城市与其他城市之间的各种经济、社会等方面的联系，为城市对外联系方向、城市发展定位、产业选择、城市发展战略路径提供更可靠的决策依据。

4.10.1 实习目的

本专题的实习目的主要有三个。

(1) 了解区域经济联系方面的相关理论。

(2) 基本掌握城市(区域)经济联系调查研究方法。

(3) 能够运用区域经济联系理论，结合调查资料和数据分析城市对外联系问题。

4.10.2 实习内容

(1) 认真阅读相关基础理论，结合调查城市特点，制订城市对外联系调查方案。

(2) 城市对外联系设施点(火车站、汽车站、码头等)调查，并绘制城市对外设施点布局图。

(3) 城市对外联系方向和联系强度调查。

(4) 调查城市与外部城市社会经济联系图表及数据分析，归纳总结调查城市与外部社会经济联系的特点，提出针对性的政策建议。

4.10.3 实习重点

本专题的实习重点是掌握区域社会经济联系研究方法以及调查方法。

4.10.4 理论与方法

1. 空间相互作用

空间相互作用是指区域之间所发生的商品、人口与劳动力、资金、技术、信息等的相互传输过程。它对区域经济关系的建立和变化有很大的影响：一方面，空间相互作用能够使相关区域加强联系，互通有无，拓展发展空间，获得更多的发展机会；另一方面，空间相互作用也会引起区域之间对资源、要素、发展机会等的竞争，有可能对某些区域造成损害。区域之间的相互作用一般需要具备以下条件：首先，区域之间应该具有互补性，两地之间对某种商品、技术、资金、信息或劳动力等方面具有供求关系，则他们之间有可能产生相互作用；其次，区域之间应该具有空间上的可达性，否则，即便具有互补性也不一定能够产生相互作用。

2. 区域经济联系

区域(城市)经济联系是一个综合概念，可以细分为人员的来往、货物的交换、资金的移动、信息的交流等。区域经济联系强度的大小，即相互作用的强弱，可以直观地用人员、货物、资金、信息等联系数量的大小来表征。一般可以用商贸、旅游、购物出行表征城市之间的经济联系，以文娱体育、探亲访友出行表征城市之间的社会联系。

3. 区域经济联系的研究方法

区域(城市)间经济联系的研究受到了物理学中万有引力的启示。经济引力论认为区域经济联系存在着类似万有引力的规律。著名地理学家塔费认为，经济联系强度同它们的人口成正比，同它们之间距离的平方成反比。国内外的专家学者还先后提出了基本引力模式、综合规模、扩散潜能等理论和方法，从不同角度研究了区域之间的相互作用。

4. 文献研究法

通过查阅《城市地理学》、《区域经济学》等相关教材中有关空间相互作用和区域(城市)经济联系方面的基本理论以及中国期刊网有关城市对外经济联系方面的学术文章，为本专题的调查研究打好基础。

5. 网络搜集数据资料

公路客运车次数据、航空每周班次资料等数据资料往往可以通过相关政府或企业网站进行收集。

6. 部门走访

向汽车站、火车站、码头、快递公司、邮局等部门现场走访，获取城市对外人流、物流、信息流等数据资料。

7. 现场勘测

到车站、码头等城市对外联系场所实测人流量、车流量，获取专题调查研究的第一手资料。

4.10.5 实习步骤

(1) 通过文献查阅法，了解区域(城市)对外联系的相关理论。

(2) 查阅调查城市相关网站和交通地图，掌握调查城市的主要对外联系设施及其位置分布，利用CAD等制图软件绘制调查设施空间分布地图。

(3) 小组成员共同讨论形成实地调查计划，将调查内容、调查地点、调查方法等问题细化，并进行任务分工。

(4) 设施点客货流量和流向调查。小组成员根据任务要求分成几个小分队分别到汽车站、火车站、码头、快递公司等对外联系设施点进行实地调查。具体来说，需要完成以下任务：首先，通过相关网站尽可能多地获取城市对外联系方面的数据，比如，公路客运车次数据、航空班次资料等数据；其次，到各自负责的调查点进行实地调查和走访，先尽量通过走访部门负责人或工作人员，获取有关资料；最后，当上述两种方法都不奏效时，或者通过上述方法获取资料不全(一般很难获取完整的资料)时，需采取现场计时观测等“笨”办法对车流量、人流量等进行实地观测。

(5) 对外交通设施点规划布局现状调查。主要内容有与市区的距离、与城市交通干道系统的联系(周围有哪些交通干道、对外交通的主要途经道路)、周边情况(城市功能分区、主要企事业单位等)。

(6) 小组成员汇总所有调查资料和数据，各调查小分队向大家汇报调查基本情况。根据所获取的资料和数据，全体成员讨论形成当日专题报告的初步提纲。提纲的重点是调查结论分析部分，要求根据调查资料和数据，分析提炼出调查城市对外联系的主要特点或存在的问题。

(7) 分工撰写专题报告。根据集体讨论形成的专题报告提纲，分工撰写专题报告。其中，调查结论的分析部分需要安排较多的人来完成。该部分的撰写一定要注意加强对调查数据的分析，通过数据资料的处理分析形成数据图表作为论据，同时，要注意报告的图文并茂。报告最后一部分为对策或建议部分，就上述特点和问题分析提出有针对性的建议或意见。

(8) 汇总专题报告文本，由专人负责通读和润色报告，并对报告进行排版和美化，尽可能将一份内容和形式均接近“完美”的实习专题报告呈现给老师。

(9) 小组所有成员对专题报告均满意之后即可向指导老师汇报，虚心听取老师们的修改建议，并做好记录。

(10) 根据指导老师提出的修改意见，进一步修改和完善专题报告。

4.10.6 练习

根据本节所述专题调查实践指导，完成××城市对外社会联系调查方案的制订。

第三篇

附　　录

第5章 实习成绩考核

5.1 实践教学考核现状与问题

一般来说，成绩考核具有检查学生学习效果、发现教学问题以及调动学生学习积极性等多种作用。目前，教学活动的考核尚无章可循，实践教学因教学内容、教学场地、教学方式等与课堂理论教学的巨大差异而增加了考核难度。关于实践教学质量的测评方法尚无明确、统一的认识和较为科学的评价体系，大多以学生的出勤率及最终的一些图件与实习报告作为考核依据。这种考核方式会导致一系列问题：实习报告千篇一律、抄袭严重、全部合格，从而助长了学生的惰性，打击了优秀学生的积极性，难以对整个实习过程进行有效的监控；评分标准不够全面，人为主观因素干扰大，未能真正客观地反映学生的实习状况。为此，建立一套完整、科学同时又能为大多数教师与学生所接受的实习考核办法很有必要。

5.2 城市与区域认知实习的考核原则

5.2.1 过程考核原则

所谓过程考核就是把考核从单一时间、单一地点转变为整个学习过程的考核。这样便可把整体考核细化成每个学习项目的考核，不但便于学生及时发现每项专题学习的效果，还可增强学生的成就感，激发学习兴趣。过程考核能够全面考核学生的知识、能力和综合素质，增强学生学习的自觉性和主动性，有利于学生对所学知识的理解、掌握和应用，把课堂上学到的基本知识和技能综合起来，用于解决实际问题。

贯彻过程考核原则，首先要让学生明白整个实习过程都处在考核中，每项考核都关系到最终的成绩；其次，每次考核后都要及时地通报考评结果，使学生明白哪些地方尚有问题、需要如何改进，这样才能达到考核的目的。

5.2.2 全面考核原则

传统的实践教学评价只关注学生的学习结果，主要通过实习报告和实习考勤来决定实习的最终成绩。这是非常不科学的，大多数学生不能通过评价获得进一步发展的动力，影响了学生素质的全面发展。因此，实践教学的评价需要遵循全面评价原则。既要对学生知识、技能和方法掌握情况进行评价，也要对学生的态度、情感及价值观进行评价；既要对学生的实习过程进行评价，也要对学生的实习结果进行评价；既要对学生的个人能力进行评价，也要对学生的沟通交流等小组协作能力进行评价。只有这样才能从不同侧面对学生进行评价，从而得出综合、全面、公正的评价结果，真正发挥实习评价的各项功能，促进学生全面、健康发展。

5.2.3 教师评价与学生评价相结合原则

传统的教学评价侧重于教师对学生的单一评价，忽视学生的自我评价与学生之间的相互评价。这将严重影响评价的准确性和公正性，从而影响实践教学评价功能的充分发挥。其实，虽然实习教学过程中教师与学生接触比较频繁，对学生的了解比课堂教学过程中多。但是，比较而言，学生对学生的了解远比教师对学生的了解深入。特别是大规模扩招背景下，指导教师队伍严重不足，教师指导学生人数成倍增长，客观上增加了教师深入了解学生的难度，从而影响指导教师对学生实习评价的准确性。因此，实践教学的考核完全可以引进学生相互评价甚至是学生自我评价等多种评价方式，从而提高考核的准确性和客观性，充分发挥实习考核对学生的激励和约束作用。

5.3 考核方式与方法

根据实践教学的特殊性，城市与区域认知实习不宜采用传统的一次笔试定胜负的方式，也不能仅凭最后上交的一份实习报告来简单确定实习成绩。因此，本实习主要采取日常考勤(外出考察阶段)与实习各环节的学生表现与实习效果相结合的考评方式。除考勤环节外，另设多次考评环节，其中，实习准备阶段一次、外出考察调研阶段每专题一次、实习总结汇报阶段一次。考评方法主要采用学生互评和教师评价两种方式，其中，教师评价只针对实习小组进行考评，学生互评为小组内各成员之间相互评价。

5.4 考核表的设计

学生互评和教师评价需要分别设计考评表格，因为其考评内容和对象有区别。根据各阶段实习内容的差异性，分别设计实习准备阶段考评表、实习考察调研阶段考评表和实习总结汇报阶段考评表。其中，实习准备阶段只进行学生互评，故只需设计学生互评考核表(表 5－1)；实习考察调研阶段需设学生互评考核表(表 5－2)和教师评价考核表(表 5－3)两种；实习总结汇报阶段也设学生互评考核表(表 5－4)和教师评价考核表(表 5－5)两种。

表5-1 学生互评考核记录表(实习准备阶段用) 被考评人：______

序号	考核项目	优	良	中	差
1	是否认真、积极 （态度、资料查阅、文献阅读、讨论）				
2	是否善于合作 （倾听和接受他人意见、积极表达自己的意见）				
3	思维的创新性 （独立思考、思路清晰、计划性、条理性）				
4	总 计				

注：在对应评价栏内画“√”，此表用于对小组内成员表现进行评价。

表5-2 学生互评考核记录表(考察调研阶段用) 被考评人：______

序号	考核项目	优	良	中	差
1	是否认真、积极 （发言、提问、交流、听讲、讨论、调查）				
2	专业知识、理论的掌握是否牢固				
3	技能、方法的掌握情况 （调查、报告撰写、PPT制作、计算机制图、手绘图）				
4	是否善于合作 （倾听他人意见、积极表达自己的意见）				
5	思维的创新性 （独立思考、思路清晰、计划性、条理性）				
6	总 计				

注：在对应评价栏内画“√”，此表用于对小组内成员表现进行评价。

表5-3 教师考评记录表(考察调研阶段用) 考评小组：______

序号	考核项目	优	良	中	差
1	调研方案 （方案是否科学、周详、具可操作性、创新性）				
2	调研过程 （调研方案执行是否彻底、资料是否可信、完整）				
3	专题报告 （是否专业、是否深入、表现形式是否灵活多样）				
4	态度和效率 （态度是否积极认真、是否按时完成任务、协作性）				
5	总 计				

注：在对应评价栏内画“√”，此表用于对小组表现进行考评。

表 5-4 学生互评考核记录表(总结汇报阶段用) 被考评人：____

序号	考核项目	优	良	中	差
1	是否认真、积极 (发言、交流、听讲、讨论、报告编写、课件制作)				
2	技能、方法的掌握情况 (实习报告、PPT、视频、展板、材料汇编)				
3	是否善于合作 (倾听他人意见、积极表达自己的意见)				
4	思维的创新性 (独立思考、思路清晰、计划性、条理性)				
5	总 计				

注：在对应评价栏内画“√”，此表用于对小组内成员表现进行评价。

表 5-5 教师考评记录表(总结汇报阶段用) 考评小组：____

序号	考核项目	优	良	中	差
1	态度和效率 (积极认真、时间性、协作性、听取老师意见)				
2	实习汇报效果 (课件质量、汇报质量)				
3	综合实习报告 (时间性、完成质量)				
4	展板、视频等其他实习材料 (时间性、质量、听取老师意见)				
5	总 计				

注：在对应评价栏内画“√”，此表用于对小组表现进行考评。

5.5 考核操作方法

学生实习成绩由实习考勤成绩和实习过程考核成绩两部分构成。其中，实习考勤占10%，实习过程的学生互评和教师考评占90%。

5.5.1 实习考勤

实习考勤仅在外出考察调研阶段进行，每天3次(早、中、晚各1次)，由小组长负责记录，表5-6为实习考勤表。计分方法：迟到1次(指上午、下午和晚上的调研、总结和汇报三个时间单元，下同)扣0.5分，因私请假1次扣0.3分，旷课一次扣1分。旷课累计超过2天，本次实习无效，计0分。

表 5-6　实习考勤表　日期：____年____月____日　记录人：______

学生姓名	考察调研	讨论总结	每日汇报	次数统计		
				迟到	旷课	事假
学生 1						
学生 2						
学生 3						
……						

注：迟到标注“L”，旷课标注“A”，事假标注“V”。此表每天填写 1 张。

5.5.2　实习过程考核

实习过程考核成绩由教师考评成绩和学生互评成绩构成。其中，教师考评占 50 分，学生互评占 40 分。教师只对每个小组进行考评，也就是说同一小组的同学在某次考评过程中教师考评得分相同，目的是激励大家分工协作，团结一致把组内的工作做好。学生互评只在小组内进行，每位同学均需在每次考核时给同组的其他成员填写一张考核表。

具体操作方法：专题结束(或实习阶段)后，教师对每个小组进行一次考评，填写一张该阶段的考评表。同样，每位同学给组内其他成员填写一张该阶段的考核表。实习结束后，累计每小组教师考评所得的“优、良、中、差”各等级的数量以及学生互评中每位同学得到的“优、良、中、差”各等级的数量，并对其进行量化。

1）小组教师考评得分计算方法

$$S_t = \frac{95 \times N_A + 85 \times N_B + 75 \times N_C + 65 \times N_D}{\sum_{i=1}^{n} L \times X} \times 50\%$$

式中，S_t 为某小组的教师考评分数；N_A、N_B、N_C、N_D 分别为该小组获得的“优、良、中、差”个数；L 为各阶段教师考评表的考评项目数(这里均取 4，因为两阶段教师考评表中的项目都是 4 项)；X 为每阶段考核次数；n 为考评阶段(这里取 2，因为教师只在考察调研阶段和总结汇报阶段进行考核)。

2）学分互评得分计算方法

$$S_s = \frac{95 \times N_A + 85 \times N_B + 75 \times N_C + 65 \times N_D}{\sum_{i=1}^{n} L \times X \times (Y-1)} \times 40\%$$

式中，S_s 为某学生的学生互评得分；N_A、N_B、N_C、N_D 分别为该学生获得的“优、良、中、差”个数；L 为各阶段学生互评表的考评项目数(准备阶段取 3、考察调研阶段取 5、总结汇报阶段取 4)；X 为每阶段考核次数；n 为考评阶段(这里取 3)；Y 为小组人数。

3）学生的最终成绩计算

$$S = C_h + S_t + S_s$$

式中，C_h 表示学生考勤得分。

第6章 实习准备与学生管理准则

6.1 实习准备工作的内容

6.1.1 心理准备

1. 树立吃苦耐劳的精神

大学生的职业素质就像水中漂浮的一座冰山，包括水上部分的“硬技能”和水下部分的“软技能”。当今社会激烈的职业竞争中，吃苦耐劳、高度责任心、团结协作能力等“软技能”越来越受到用人单位的关注，它们是决定行为的关键，也是当前大学生所欠缺的重要方面。为期两周的城市与区域认知实习在野外进行，白天走街串巷、问卷调查、实地踏勘，晚上在室内整理资料、撰写报告，劳动强度确实大，很辛苦。因此，实习前一定要提前做好心理准备，做好吃苦受累的准备，树立积极应对的态度。

2. 坚定学好本领的信心

学生在进行了将近三个学期的理论学习之后，大多希望出去见识一番，也希望能够将学到的理论知识拿到野外去验证一下。然而，城市与区域发展演变的现象错综复杂，要把握其发展现状，找出发展中存在的问题，往往令人难以下手，更谈不上找到解决的方案。但是，绝不可因此而沮丧。城市与区域认知实习就是要让学生从城市与区域的整体现象入手，学会解剖“城市与区域”，从要素认知入手，从而认知整体。学生只要坚持“万事开头难，好的开端就是成功的一半”的信念，就一定能够学会观察城市、解剖城市，认知城市与区域发展变化的规律。

6.1.2 组织准备

为使实习便于组织管理，需将实习学生编队和分组，编队和分组是实习有组织进行的关键。实习队一般设学生队长1人，后勤部长1人(可兼任副队长)，财务部长1人，整个实习队分成若干个小组(一般10人左右，女生平均分配到各小组)，每组设立正副小组长(男女生各1名)。

6.1.3 物质准备

城市与区域认知实习专业性比较强，为了提高实习效果，每小组应该准备：地图、地形图1份、数码相机1～2台、手提电脑1～2台、彩笔1套，每人1份签字笔、记录本等实习工具；同时，考虑到实习在野外进行，时间较长(为期2周)，整个实习队应该配备一些常用的药品(如感冒、防暑等)、每人配备雨伞、运动鞋、换洗衣物、日用品、生活费等生活用具。

6.2 城市与区域认知实习学生管理准则

在借鉴兰州大学资源环境学院野外实习学生管理原则的基础上，结合我系实习工作的特点和近年来的做法，提出城市与区域认知实习学生管理准则：“一条纪律和一个确保，两种精神，三项注意，五个要求”。

6.2.1 一条纪律和一个确保

“一条纪律”是指一切行动听指挥。该项准则的提出是充分考虑到认知实习是集体行动、具有准军事化要求的特点，不论是往返乘车，还是校外实习期间的考察活动等都必须听从安排、遵守实习纪律，否则，认知实习将失去纪律保证，无法保证按时保质保量完成任务。特别是在高校连年扩招、学生规模不断扩大、教师严重缺编的背景下，没有严格的实习纪律，实习工作将难以正常进行。

“一个确保”是确保实习生的人身和财产安全。认知实习将教学场地搬到了校园外的闹市区和乡村野地，同学们需要跋山涉水、下田间、进闹市，到处充满不安全的因素。因此，必须高度重视安全问题，不能有丝毫放松，这不仅是对学生负责，也是对学生家长和学校负责，同时也是保障实习教学顺利进行的重要因素。

6.2.2 两种精神

“两种精神”是指不怕苦、不怕累的精神和先人后己、助人为乐的精神。这项准则是由认知实习的艰苦性所决定的，城市与区域认知实习执行的时间要么在酷暑难耐的暑假，要么在寒意逼人的11月底或12月初，对如今的“90后”大学生来说，确实是不小的挑战。因此，我们每次实习动员会的时候都要强调这种精神，提前做好这方面的思想教育工作。从这些年的实际情况来看，同学们实习归来后的实习感想之一就是这个实习很辛苦、很累，但是，却很有收获，非常值得！其实，“两种精神”是培养学生“自强不息，厚德载物”做人和做学问的起码要求，也是衡量每位学生能否勇于实践、顽强探索和是否具有高尚品德的精神尺度。它注重的是学生非智力因素的培养，而非智力因素是学生综合素质的重要组成部分，在现代社会的激烈竞争环境中，非智力因素的作用越来越重要。

6.2.3 三项注意

“三项注意”是指注意同学之间的团结协作，注意师生之间的友好相处以及注意处理同社会人员的关系。

首先，一定要强调同学之间的团结协作。班与班之间、组与组之间以及组内各成员之间均需要保持精诚团结、分工合作的关系，因为，实习过程中许多教学任务的完成和生活琐事的安排均需通过班级之间和实习小组之间的相互配合方能完成。而分组式和专题式的实习教学组织就更加需要组内成员之间必须团结协作才可能高效完成实习任务。

其次，师生之间的友好相处也很重要。外出实习过程中要主动积极地多与老师交流，行为举止要体现出对老师的尊敬。在对待老师的指导方面一定要谦虚，要虚心接受批评意见。实践证明，虚心接受老师指导意见的同学和实习小组，实习任务完成得漂亮，实习效果明显。

最后，要处理好实习过程中接触到的各种社会人员的关系，其原则是待人友善、心存戒心、不聊与实习无关的事以及绝不招惹是非。同时，在实习过程中一定要时刻注意维护母校形象和作为一名大学生的形象。

6.2.4 五个要求

“五个要求”是指要求学生在实习过程中“多看、多听、多记、多问、多思”。这项准则的提出是由校外实习的特点所决定的，面对复杂的实习客体，学生必须充分调动各种感官去感觉和体验各种城市和区域问题，并经过知觉过程和初步的分析、判断形成自己对事物的感性认识，从而达到城市与区域认知实习的基本要求。实习考察过程中，首先要多看和多听(访谈)；同时，还要虚心求问各阶层人员，力争获取对观察事物的客观和全面的认识。不时地把看到的、听到的、问到的随时记录下来，从而构成自己的第一手调查资料。最后，要求学生对各种渠道获取的信息、资料进行加工、整理、分析、思考，形成分析报告。“五个要求”的实施将极大地保障整个认知实习的智力因素方面的培养。

第7章 优秀实习作品选登与评析

7.1 实习专题调查计划(方案)

7.1.1 长沙市城市意象调查方案

□计划拟定人：喻媚、江丽珍、曾玉莲、何丁霖、唐翔瑛子、高作念、周紫辉、刘一睿、易康健、黄鹏

□计划拟定时间：2012 年 12 月 5 日

□调查地点：湖南省长沙市区

□指导老师：齐增湘、杨立国、蒋志凌

1. 调查内容

1）道路

(1) 可意向性调查。主要道路的可识别性强弱，即该道路是否会在城市居民脑海中形成深刻印象，是否可以立刻判断出它的性质及所承担的功能。

(2) 方向性调查。即被调查者对该道路的方向判断是否清晰明确。

(3) 连续性调查。主要道路的流畅性调查，看其是否存在支离破碎、脱臼现象。

(4) 道路沿途风景调查。被调查道路周边环境和谐性调查(建筑高度、建筑风格、色彩等的连续性和相似性)。

(5) 市区道路网调查。整个长沙道路结构网是否完善。城市主要道路意象调查统计表，见表 7-1。

表 7-1 城市主要道路意象调查统计表

调查内容 / 调查道路	可意象性强弱	方向性清晰度	连续性程度	沿途风景情况
五一大道				
车站路				
步行街				
芙蓉路				
解放路				

2）边界

（1）边界的分割作用是否清晰、明显。

（2）边界的景观作用是否得到充分发挥(边界在一定程度上可充当景观)。

3）区域

被调查区域的主题特点、空间形式、建筑特点、标志、使用功能等。

4）节点

被调查节点的特色以及节点附近的元素是否清晰明确。

5）标志物

长沙城区的主要标志物有哪些?

2. 调查方法

1）文献阅读

（1）查阅城市意象的相关书籍，了解城市意象的定义和五要素，学习城市意象调查方法。

（2）上网查找有关长沙市区基本情况的资料。

2）实地踏勘

利用长沙市区地图标注调查要素，采用拍摄照片、录像、地图标注等方法记录上述调查内容。

3）问卷调查法(见附件材料)

分别选取长沙市河东(步行街、沿江风光带)和河西(西站、大学城)两地的人群密集区域进行抽样问卷调查。其中，每人发放问卷数量不少于 20 份。

4）访谈

通过访谈来了解市民对长沙市道路的可意象性和方向性。同时在在访谈过程中请被访者尽可能画出他们所知道的长沙市主要道路干线网，访谈对象不少于 10 人。

5）图片识别法

采用图片识别法调查长沙城市的标志性建筑物，在实际调查前，小组成员通过网络渠道，充分了解长沙市，选取长沙市比较著名和有代表性的建筑物图片并打印出来。在访谈过程中，调查被访者是否能认出所给出的建筑物名称，以此来调查市民心中的标志性建筑物。

3. 任务分配

1）前期准备：全组人员参与

（1）查找相关文献资料，初步设计问卷、选取具体的调查地点和长沙城市意象五要素的相关图片。

（2）小组讨论，确定长沙市城市意象点、线、面的选取，确定实地踏勘地点和访谈内容提纲。

（3）打印好标记有调查节点、标志、通道、区域、边界等的长沙市区地图(共 4 份)、调查问卷和访谈提纲。

2）实地调查

（1）调查地点及调查人员分工，见表 7-2。

表7-2 调查地点及调查人员分工

调查地点	一分队	二分队	实地踏勘		拍　摄
			一分队	二分队	
河西	长沙西站	大学城	刘一睿、曾玉莲	何丁霖、黄鹏	高作念
河东	沿江风光带	步行街	喻媚、江丽珍	唐翔瑛子、易康健	周紫辉

(2) 刘一睿、喻媚、何丁霖和唐翔瑛子4人负责地图标注和实地踏勘数据记录，并协助问卷调查和访谈组成员完成问卷调查和访谈工作。

(3) 曾玉莲、江丽珍、黄鹏、易康健4人负责问卷调查和访谈。

(4) 高作念和周紫辉负责调查对象和调查过程中的摄像和拍照任务。

3) 数据整理、分析和总结

(1) 根据实地踏勘和拍照的情况绘制城市意象图(绘图主要负由喻媚负责、易康健协助)。

(2) 刘一睿、何丁霖、唐翔瑛子3人负责调查问卷和访谈数据的处理，并绘制相关统计图表。

(3) 高作念和周紫辉负责选取部分有用相片，为专题报告提供素材。

(4) 曾玉莲、黄鹏和江丽珍3人负责专题报告的行文和修改。

4. 调查时间安排

(1) 早上7:00在宾馆门前集合，所有组员再次熟悉调查内容后统一乘车前往调查地点。

(2) 到达调查地点后各组分头行动。

(3) 各组成员于11:30在指定地点集合。

(4) 中午统一就餐后返回宾馆休息。

(5) 下午2:30集合汇总所有调查资料，讨论专题报告撰写事宜。

5. 实习成果

(1) 长沙城市意象图。

(2) 长沙城市意象考察报告。

6. 注意事项

(1) 保持通讯畅通，安全第一。

(2) 带好雨伞等相关的应急物品，多加衣服，注意防寒。

(3) 注意财产安全，妥善保管自身物品。

(4) 遇突发情况请及时报告组长或老师。

7. 附件材料：调查问卷

长沙城市意象调查问卷

亲爱的长沙市民：

您好！我们是衡阳师范学院资源环境与旅游管理系城乡规划专业的学生，正在进行有关城市方面的实习。为了解城市居民对长沙城市意象的感知问题而进行此次问卷调查，希望借此了解长沙城市意象的实际情况。真心希望得到您的帮助和支持！

第1题：您的年龄是？

A. 18岁以下　　B. 19～30岁　　C. 30～45岁　　D. 45岁以上

第2题：您认为哪座建筑物最能代表现在的长沙形象？

A. 橘子洲　　B. 岳麓书院　　C. 省博物馆　　D. 湖南广电

E. 火宫殿　　F. 世界之窗　　G. 其他(　　)

第3题：您认为最能真正体现长沙本土风貌的区域是哪个？

A. 芙蓉区　　B. 天心区　　C. 雨花区　　D. 岳麓区

第4题：您认为长沙市的边界在哪里？

______________________________。

第5题：您觉得长沙城市的边界交接处理得好吗？(比如说河堤处理、公园与公路的交接处理、建筑与周边的交接处理等)

A. 合理，感觉舒服　　B. 一般，感觉普通

C. 很差，感觉不好　　D. 其他

第6题：请用一种色彩来表征(形容)长沙市？

A. 奔放活力的红色　　B. 欢快灿烂的橙色

C. 明亮活泼的黄色　　D. 清爽生机的绿色

E. 安详理智的蓝色

第7题：您觉得什么最容易让人们记住长沙市或者识别出长沙市？

A. 建筑　　B. 植物　　C. 食物　　D. 公园

E. 历史文化元素　　F. 其他

第8题：长沙市给予您的整体意象是什么？

请从括弧中选择恰当的词语：______________________________(如朝气、健康、整洁、舒适等)形容。

第9题：提到长沙，您首先会想到什么？

____

第10题：请在右边方框内画出长沙主要道路的简图。

8. 方案评析

该调查方案内容设计较为详尽、从城市意象的五要素出发，采用问卷调查、访谈、图片识别等多种方法对长沙市城市意象进行了调查，方案可操作性较强。问卷发放点具有针对性，既有商业中心、流动人口集聚地，又有高级知识分子集聚地和老年人休闲场所。值得进一步思考的地方：一是建议在方案中事先确定好进行照片识别的标志物，并设计好照片识别统计表和访谈方案，以免访谈时遗漏关键问题，并及时有效地对访谈情况做好记录；二是调查问卷可进一步完善，建议完善调查者职业、居住地等基本信息，并增加区域、道路可识别度等方面的问题。(评析人：蒋志凌)

7.1.2 衡阳市解放大道交通流量调查方案

□计划拟定人：黄雅婷、蔡胜武、刘晨阳、刘婧媛、杨帅、吴雅容、史佳、郑园、杨龚轶子、艾奕、袁钟明

□计划拟定时间：2012 年 11 月 26 日

□调查地点：衡阳市解放大道红湘路口至广场路口路段，具体分五个观测点：红湘路口至衡祁路口(A)、衡祁路口至财富大厦(B)、财富大厦至石油大厦(C)、大洋百货至广场路口(D)以及莲湖广场至香江百货蒸北店(E)。调查地点分布示意图如图 7.1 所示。

□指导老师：邹君

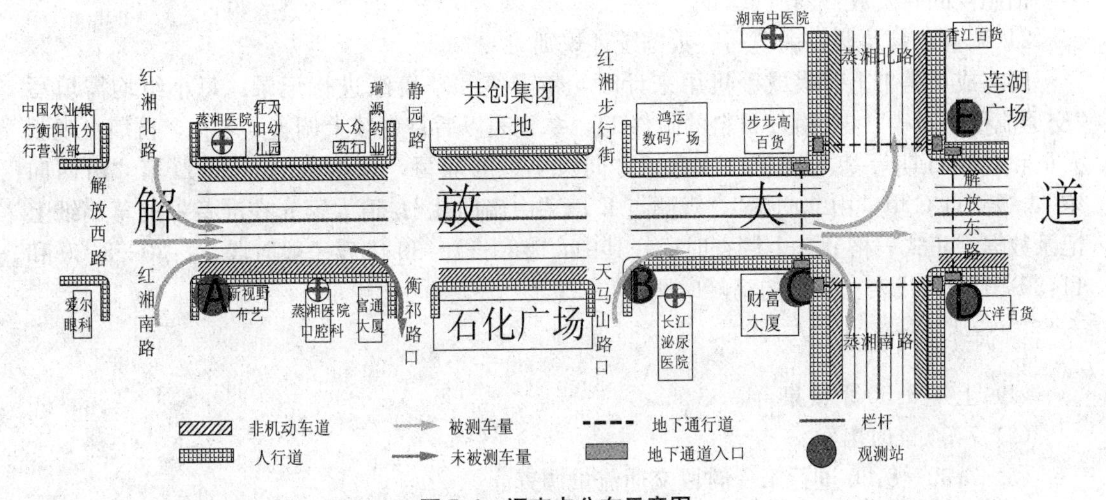

图 7.1 调查点分布示意图

1. 调查内容

(1) 记录各调查点指定方向不同时间段内各种车辆的通行量。

(2) 观察调查点周边功能区的分布。

(3) 调查指定路段的道路宽度、车道数、道路断面形式、公交站点分布、道路破损情况等。

(4) 记录解放路与蒸湘路交叉路口的车辆分流情况。

(5) 在指定路段随机发放问卷进行有关市民交通安全意识方面的调查。

(6) 对此路段或路口的交警进行访谈，了解不同时间段道路的拥堵状况和司机的交通行为等。

2. 调查方法

1) 车流量统计法

采用画正字的统计方法对调查路段不同时间段的各种车流量进行统计。

2) 实地踏勘

通过实地观察方法来获取目标路段的宽度、断面形式、破损情况、车道数等信息。

3）问卷调查法

通过随机发放事先设计的问卷来调查市民的交通安全意识和交通行为。

4）访谈

通过访谈交叉路口的交警来了解司机的交通行为、该路段不同时间段的拥挤程度和以往交通事故发生情况及原因等信息。

3. 任务分配

1）调查成员分工安排

总负责人：黄雅婷。

各调查点分工如下：A点——刘晨阳、黄雅婷；B点——杨帅、刘婧媛；C点——史佳、吴雅容；D点——郑园、杨龚轶子；E点——袁钟明、艾奕。

拍照及问卷发放：蔡胜武。

2）调查工具及调查表填写、数据统计规则

所有成员需带上手表或手机用来计时，带上笔和草稿纸进行记录；每小组均需填写“交通流量调查表”（见附件材料的附件1），拿到表以后首先填上调查点名称，再填上观测人员和观测日期等基本信息，注意“方向”一栏的填写，观测点A、B、D填“由西向东”，观测点C填“由北向南”，观测点E填“由南向北”；请大家先在准备好的草稿纸上记录数据，正式表格分3个调查时段，其中，9:30—10:30代表一般时段，7:30—8:30和11:30—12:30代表上下班的高峰时段。

4. 调查时间安排

(1) 上午6:50系楼集合。

(2) 7:00准时出发。

(3) 7:30—8:30进行第一时段交通流量调查。

(4) 8:30—9:30进行访谈和实地踏勘。

(5) 9:00—10:30进行第二时段交通流量调查。

(6) 10:30—11:30进行访谈、实地踏勘以及现场讨论。

(7) 11:30—12:30进行第三时段交通流量调查。

(8) 12:30—2:30小组集合返校，统一用餐，午休。

(9) 下午2:30集合汇总所有调查资料，讨论专题报告撰写事宜。

5. 调查成果

(1) 车流量调查数据表格。

(2) 现场调查拍摄的相片。

(3) 访谈记录。

(4) 手绘交通流量等相关图件。

(5) 调查问卷(问卷负责同学提供)。

(6) 其他与调查内容相关的资料(各组可以不一样)。

6. 注意事项

(1) 每位成员都必须积极参与本次交通调查活动，主动接受负责人分配的调查任务，摄影人员请注意保留影像素材。

(2) 按指定时间到达调查地点，不得迟到、早退。

(3) 调查期间要特别注意人身安全，不得随意横穿马路，不得追赶嬉闹，安全第一。

(4) 调查期间请保持通讯畅通，遇到情况和问题及时与组长或专题负责人联系。

(5) 交通调查记录时，每位成员需认真负责，保证数据准确，不得编造数据。

(6) 调查完成后及时对调查数据进行汇总和整理，按时交给专题负责人，并继续配合专题负责人完成后续工作。

7. 附件材料

1) 附件1：交通车流量调查表(表7-3)

表7-3 ______至______路段交通车流量调查表

日 期：________天 气：________方 向：________

观测者：________记录者：________车道数：________

调查时段	车型/数量/细分时段	公交车	摩托车、电动车	出租车	私家轿车	客车	货车	其他	小计
7:30 | 8:30	7:30—7:35								
	7:40—7:45								
	7:50—7:55								
	8:00—8:05								
	8:10—8:15								
	8:20—8:25								
9:30 | 10:30	9:30—9:35								
	9:40—9:45								
	9:50—9:55								
	10:00—10:05								
	10:10—10:15								
	10:20—10:25								
11:30 | 12:30	11:30—11:35								
	11:40—11:45								
	11:50—11:55								
	12:00—12:05								
	12:10—12:15								
	12:20—12:25								

注：1. 不同调查地点的所有调查均需同步进行。

2. 为了防止计量时段过长、过细而花费太多的人力，在调查道路断面交通量时，取5min为一个计量时段，每统计一次可间隔5min。

3. 车型按公交车、摩托和电动车、出租车、私家轿车、客车、货车、其他7种进行分类。

2）附件2：调查问卷

衡阳城市交通调查问卷

亲爱的市民朋友：

您好！我们是来自衡阳师范学院南岳学院资源环境与城乡规划专业的学生，为了完成好本次实习，我们需了解衡阳市目前的交通状况。希望您能在百忙之余接受我们的此次问卷调查。此问卷调查采取匿名方式填写，对于您的资料，我们承诺为您保密。感谢您对我们实习活动的关心和支持。(请您在符合您情况的选项处打“√”)

1. 您对衡阳市的交通状况是否满意？

□很满意　□满意　□一般　□不满意

2. 您经常选择的市内交通工具是：

□公交车　□出租车　□自驾车　□摩托车　□步行　□自行车　□电动车

3. 您遇到交通拥堵的频率是：

□经常　□有时　□偶尔

4. 认为形成拥堵原因有(多选)：

□街道狭窄　□人车混行　□违规行为　□随意停车　□路边摆摊

□管制不严　□私家车多　□路网未彻底贯通　其他________

5. 遇到拥堵时出行时间会比平时多花多长时间：

□0～20min　□20～30min　□30～50min　□50min以上

6. 您经常看到哪些交通违规现象(多选)：

□车辆闯红灯　□公交任意停车　□行人乱穿马路　□车辆随意调头　□车辆随意停放

□非机动车行驶在机动车道上　或其他________

7. 您有违反交通规则吗？

□经常　□有时　□偶尔　□没有

若有，原因是什么？

□习惯了　□有急事没注意　□道路已经很乱了、无所谓

8. 您看到交通事故发生的频率：

□经常　□有时　□偶尔

9. 您觉得道路设施有什么不足(多选)：

□道路狭窄　□道路不平整　□路面标线模糊　□无交通信号灯或信息不准

□缺少停车场　□缺少交通隔离栏　□道路杂物太多显得混乱　其他________

10. 道路管理部门是否及时改善道路设施，他们的办事效率怎么样？

□有设施的改善，且效率较高　□有设施的改善，但是效率低

□基本无改善、设施破旧

再次感谢您的支持与配合，祝您身体健康，工作顺利！

8. 方案评析

此为近年来该专题做得最为详尽的方案之一。方案的调查路段选择具有代表性，调查内容设计较为详尽，方法选择合理且具有多样性，方案考虑较为周到，具有较好的可操作性。本方案具有两个显著优点：一是设计了针对某些具体问题的调查问卷和交通流量调查表；二是利用CAD绘制了较为详细的调查地点示意图。从更高标准来看，以下两方面可

以进行改进：一是观察点的设置可以优化，衡祁路口可以设置一个观察点；二是交通流量调查表可以优化，每个观察点应包括多个方向的车流量统计，以便更好地分析各道路的分流和合流作用。（评析人：邹君）

7.1.3 衡阳城市形态调查方案

□计划拟定人：向春卉、田力引、王红、刘辉杰、曹一方、彭艳萍、蔡梓然、李桃、王依杰、张仁隆

□计划拟定时间：2012年11月28日

□调查地点：华新街道祥光社区(锦绣华府、曲兰庭院、文昌雅居)(高档社区)；太平小区和潇湘街道桑园社区(普通商品房社区)；寒婆坳廉租住房(廉租住房社区)；衡阳电缆厂家属区(单位制社区)

□指导老师：齐增湘、杨立国、蒋志凌

1. 调查内容

1）建筑密度调查

建筑密度即社区建筑基底面积总和与社区规划建设用地面积总和之比。如果小区范围很大，可以自行划定较小范围(比如：500m×500m)进行调查。一般可以向社区管理委员会或门卫人员询问到这些数据。如若不行，则需自行测量。自行测量时可以采用“数脚步”的方法进行粗略估计，可以不用十分精确。

2）户型调查

通过社区管理委员会或门卫人员询问、访谈或住户问卷调查的方法获取户型资料，包括小区户型的种类及对应的比例。

3）公交便捷性调查

通过实地踏勘，绘制出以社区为中心、覆盖周边1～2km范围内的主要建筑和公路示意图，重点标注出公交站牌。以百度或谷歌地图为底图，运用CAD事先绘制出调查区域框架图，通过实地标图方法最终形成不同社区公交可达性比较图，至少可以从公交站点的密集度及距离社区远近两方面进行比较。

4）用地类型调查

事先以谷歌或百度地图为底图绘制调查社区地块类型图，通过实地踏勘进行补充和修改。将小区土地利用分为四大类，即住宅用地、道路用地、绿化用地、公共服务设施用地(如托儿所、健身区等)。计算出每种用地类型的面积及其所占小区总用地的比例，尤其注意各小区居住用地的比例。在图中要将现状图画准确、清楚，并标明具体面积，小区内建筑的层数。有些小区有小卖铺等，虽属于服务用地，却处于居民区内，在制图时要将其位置标出来。

5）小区周边服务设施调查

以小区为中心，找出周边各种满足居民需要的公共服务设施(如学校、医院等)，并标出具体位置与距离。这里的距离是指服务设施至小区最近边界的距离。

2. 调查方法

(1) 居住-就业匹配性、居住-商业设施匹配性调查主要采用问卷调查、访谈等方法，

以社区居民为调查对象，对其就业地、通勤方式、通勤时间、个人属性进行调查。

(2) 采用手绘图和标图法进行调查区域各种草图的绘制，包括小区平面图，周边服务设施分布图等。

(3) 采用现场观察、拍照和测量等方法调查建筑密度、用地类型等。

3. 任务分配

(1) 问卷调查组：所有组员，每小区保证30份问卷。

(2) 向春卉、田力引负责华新街道祥光社区；王红、刘辉杰负责太平小区；曹一方、彭艳萍负责潇湘街道桑园社区；蔡梓然、李桃负责寒婆坳廉租住房社区；王依杰、张仁隆负责衡阳电缆厂家属区。

4. 调查时间安排

(1) 7:00：校门口集合，组长做出发前的简短讲话(考虑到小区内居民上班时间与坐车所需时间，正常上班时间小区内所滞留的多为老人，不利于问卷调查)。

(2) 7:10：准时分头出发至调查目的地。

(3) 9:00前后：在调查小区进行问卷调查和访谈，尽量找上班人员。

(4) 10:00左右：问卷调查完成后进行现场踏勘、标图、拍照等实地调查工作。

(5) 11:30：返回学校就餐。

(6) 14:30：汇总调查资料，进行下午的专题报告撰写工作。

5. 调查成果

(1) 每小区提交30份有效问卷。

(2) 用于计算小区建筑密度的调查草图一份。

(3) 小区户型访谈资料一份。

(4) 用于计算小区公交便捷性分析的手绘草图一份。

(5) 用于计算土地利用结构的地块类型调查草图一份。

(6) 观察小区周围公共服务设施及手绘草图一份。

6. 注意事项

(1) 请带好实习所需工具和相关证件：实习介绍信、皮尺、绘图工具(铅笔、橡皮、素描本)、笔、相机、调查问卷和学生证等。

(2) 队员不得单独行动。

(3) 调查过程中请注意保持通讯设备畅通。

(4) 请务必注意人身和财物安全，如遇到突发事件，请马上报告组长和指导老师。

7. 附件材料：调查问卷

衡阳市空间形态对居民碳排放影响调查问卷

您好：这是关于衡阳市空间形态对居民碳排放影响的调查问卷，请根据您的实际情况回答以下问题，在横线上填写答案，谢谢合作，祝您工作顺利、身体健康！(本问卷结果仅用于论文写作，请您放心！)

1. 您平时出行(不一定是上班)经常采用什么交通方式？________

A. 步行　　B. 自行车　　C. 私家车　　D. 公交车
E. 其他

2. 您的户型是多少平方米(大概)________。
3. 您出行时到最近的公交站牌要走多少分钟________，下车后步行要走多少米________。
4. 您出行一般乘坐几路车________路，该路车多少时间一趟________分钟。
5. 您家到单位的距离有多远________？

A. 1km 以内　　B. 1～3km　　C. 3～5km　　D. 5～10km
E. 10km 以上

6. 您上班通常选择的交通工具是________，花费的时间大概是________分钟。
7. 您家到常去的超市(或商场)有多远？________

A. 1km 以内　　B. 1～3km　　C. 3～5km　　D. 5～10km
E. 10km 以上

8. 您外出购物通常选择的交通工具是________，花费的时间是________min。

8. 方案评析

方案分别选择不同档次的小区进行调查，想法很好；调查内容选择建筑密度、户型、居住-就业匹配性、居住-商业设施匹配性和土地利用类型几个方面，符合调查主题；各项调查内容的方法选择和人员安排合理、清楚；并设计了针对具体问题的调查问卷。值得进一步思考的地方：首先，调查任务似乎有点重，10 个人一个上午能否顺利完成所有任务？建议可以减少一两项调查内容；其次，最好设计一个访谈方案，将访谈对象和访谈问题事先设计好。另外，调查问卷的问题也可以适当增大题量。(评析人：邹君)

7.1.4 长沙市望城区光明村新农村建设调查方案

□计划拟定人：唐彬、伍吉群、宋金玉、柯航达、王鹏程、顾建鑫、罗洋、黄靖、何永良、周靖文

□计划拟定时间：2012 年 12 月 2 日

□调查地点：湖南省长沙市望城区光明村

□指导老师：杨立国、齐增湘、蒋志凌、廖诗家

1. 调查内容

1) 光明村基本情况

(1) 地理位置。在长沙市的位置，在望城县的位置，交通区位等。

(2) 发展特点。产业特点，景观特点等。

2) 经济发展水平

(1) 历年总产值(近年)。

(2) 三次产业的总产值与比例关系。

(3) 特色产业的发展优势、条件及发展现状。

(4) 人均 GDP，人均纯收入。

3) 基础设施

(1) 道路系统。村庄内部主要道路数量、走向、宽度、停车场等，对外道路的基本情况。

（2）供水。水源、水厂数量、地点、规模、用水量、供应能力、水质、水源保护措施、污水处理情况等。

（3）供电。变电所数量、地点、规模、用电量、供应能力、高压电路安全问题。

（4）通信。固定电话装机数量、手机普及率、宽带普及率等。

（5）广播。广播站地点、规模、覆盖范围、使用情况等。

（6）有线电视普及率。村总户数、安装有线的户数。

（7）绿化率。村总面积、绿地面积。

（8）生活用具。土灶、煤气灶、沼气灶、电磁炉。

4）公共服务设施

（1）学校。类型、数量、地点、师生数量、配套设施水平、服务半径、现代化教育水平等。

（2）卫生所。数量、地点、面积、床位数、医务人员、配套设施水平、服务半径、医疗保险水平等。

（3）敬老院。数量、地点面积、常住老人数、护理人员、服务能力和水平等。

（4）邮电所。数量、地点、规模、服务范围。

（5）休闲场所。类型、数量、地点、规模等。

（6）环境水平。生活垃圾处理情况，垃圾站数量及使用情况等。

5）住房情况

（1）住宅组合情况。如行列式、周边式、混合式、自由式。

（2）绿化。森林覆盖率、树木、花卉、草地。

（3）结构类型。砖混、砖木或钢筋混凝土结构、层数、面积。

（4）居住效果。朝向、采光、通风隔热等。

（5）人口及劳动力情况。每户人口数、劳动力数量、有无外出务工人员、外出原因、就业领域、收入来源等。

2. 调查方法

（1）访谈法。通过与村委会人员、村民、教师等人员的访谈，获取产业、学校、村民生活水平等情况。

（2）实地踏勘。采用实地踏勘的方法调查道路、房屋等基础设施情况。

（3）手绘光明村平面图，标注用地类型、道路系统等。

3. 任务分配

调查任务分配见表7－4。

表7－4　调查任务分配表

方　法	内　容	人员分配
访谈	产业状况、村发展特色	唐彬、伍吉群
踏勘	基础设施、公共服务设施	宋金玉、柯航达、王鹏程
	住房情况	顾建鑫、罗洋
手绘	现状图、用地类型、道路系统	黄靖
拍照	具有代表性的，能反映问题的照片	何永良、周靖文

4. 调查时间安排

(1) 早上统一集合，乘车前往光明村，各组分头行动。
(2) 各组成员务必于11:30在光明村接待处(下车地点)集合。
(3) 中午统一就餐休息。
(4) 下午2:30集合，调研人员返校后用Excel表统计调研数据并撰写报告。

5. 调查成果

(1) 光明村平面图。
(2) 经济发展、公共服务设施等内容的访谈记录。
(3) 能反映问题的照片和影像资料。
(4) 基础设施等内容的现场踏勘记录资料。
(5) 相关问题的调查问卷。

6. 其他相关事宜

(1) 组员需带物资：相机、签字笔、铅笔、橡皮、本子、速写纸、量尺、地图等。
(2) 保持通讯畅通，安全第一。
(3) 负责摄影的成员，请保留好影像素材。
(4) 调研人员遇突发情况及时报告组长和老师。
(5) 其他事项：服从安排。

7. 附件材料：调查问卷

关于光明村新农村建设相关问题的调查问卷

您好！我是衡阳师范学院的学生，我们正在做一个有关新农村基础设施和公共服务设施建设等相关情况的问卷调查。目的是为了了解和反映广大群众的需求，为更好地建设社会主义新农村提供建议。我们的调查不记姓名，调查资料也将保密。

衷心地感谢您的配合！

1. 您对本村的道路(　　)。
A. 满意　　B. 较满意　　C. 一般　　D. 不满意

2. 您认为本村的道路建设得怎样？(　　)
A. 公路建设不完善，路面不整洁，较破烂
B. 村内公路建设有点窄，需要增宽和多修建几条道路
C. 还可以，基本能满足需求
D. 非常满意

3. 您村里自来水供应情况怎样？(　　)
A. 全年供水正常　　B. 不正常，经常停水
C. 每天定时供水　　D. 其他

4. 您对村内广播的看法是(　　)。
A. 村内没广播，应增加广播　　B. 村内没有广播，但是没必要增加
C. 村内有广播，但是不太满意　　D. 村内有广播，非常满意

5. 您村里日常用电情况是(　　)。

A. 从不停电　　B. 有时停电，不频繁

C. 经常停电，停电有通知　　D. 经常停电，也不通知

6. 您家里的燃料使用情况是(　　)。

A. 以沼气为主　　B. 以瓶装液化气为主

C. 通管道天然气　　D. 以柴草为主

E. 以煤炭为主

7. 您对村里医院有什么看法？(　　)

A. 药费太贵　　B. 医疗设施、环境简陋

C. 基本满意　　D. 规模较小，数量少，应扩建

8. 您对村内敬老院的看法是(　　)。

A. 满意

B. 不满意，老人没受到周到照顾

C. 不满意，需给老人提供娱乐设施

D. 不满意，其他原因(请写出您的原因，谢谢!)

9. 您对本村学校的看法是(　　)。

A. 满意　　B. 教学质量不好

C. 学校规模较小　　D. 其他

10. 您认为平时每家的垃圾应如何处理？(　　)

A. 一定距离内设置垃圾处理池，集中处理垃圾，避免污染

B. 各家处理各家的垃圾

C. 其他处理方式

8. 计划评析

光明村是湖南省社会主义新农村建设的示范村。该方案从光明村的基本情况、经济发展水平、基础设施、公共服务设施、住房情况等五个方面，对光明村进行了全面、详细的调查。采用访谈、实地踏勘、手绘平面图等方式获得了大量信息和资料。对光明村的建设及发展情况有了比较深入的了解。但在某些方面可以进一步完善，如住房情况调查时，可对青瓦白墙、朱门木窗具有湖湘特色的民居做简单描述，并可附上室内分区图。在基础设施调查时，可以画出居民沼气池的流程图。这样调查报告会增添很多趣味而又与众不同。(评析人：廖诗家)

7.1.5　长沙“城中村”发展现状及问题调查方案——以黎托乡平阳村为例

□计划拟定人：何永良、唐彬、伍吉群、宋金玉、柯航达、王鹏程、顾建鑫、罗洋、黄靖、周靖文

□计划拟定时间：2012 年 12 月 3 日

□调查地点：湖南省长沙市黎托乡平阳村

□指导老师：杨立国、齐增湘、蒋志凌、廖诗家

1. 调查内容

1）基础设施

（1）道路。村主要道路数量、走向、路面宽度、破损情况及村内外道路联系情况。

（2）供水。水厂数量、地点、规模、用水量、供应能力、水质。

（3）供电。变电所数量、地点、规模、用电量、供应能力、高压电路安全问题。

（4）通信。固定电话装机数量、手机普及率和宽带普及率。

（5）广播。广播站地点、规模、覆盖范围及使用情况等。

2）公共服务设施

（1）学校。数量、地点、师生数量、基础设施水平、服务半径。

（2）医院。环境、仪器设备、服务范围、规模大小、医院技术人员数、医疗床位数。

（3）餐馆。数量、级别、面积、营业情况及地点。

（4）娱乐设施。类型、规模、收费及经营状况等。

3）住房情况

（1）房屋结构类型。砖混结构、钢筋混凝土结构、框架结构、框剪结构等。

（2）建筑风格。住宅建筑风格、别墅建筑风格、写字楼建筑风格、商业建筑风格、宗教建筑风格。

（3）房地产开发情况。占地面积、类型(住宅、办公楼、商业经济用房)、未来开发空间大小等。

4）边缘区人居环境

（1）现状及问题。

（2）生活环境指标。①污水处理率；②绿化覆盖率；③工业废气治理率；④工业废水排放达标率。

（3）经济发展指标。①人均 GDP；②第三产业增加值；③财政总收入；④工业总产值；⑤土地所有权变更状况；⑥土地使用类型变更。

（4）人口指标。①人口密度；②城市化水平；③外来人口比。

（5）社会指标。①电话普及率；②公路密度；③医疗床位数；④医院技术人员数。

5）现状图

标注土地利用类型、道路系统、商业网点等的布局。

2. 调查方法

（1）访谈法。通过与村委会人员、村民、教师等人员的访谈，获取产业、土地变更、征地补偿、学校、村民生活水平等情况。

（2）实地踏勘。采用实地踏勘的方法调查道路、房屋等基础设施情况。

（3）手绘平阳村现状平面图，标注用地类型、道路系统等要素。

3. 任务分配

调查任务分配，见表 7－5。

表 7-5　调查任务分配表

分　组	调查内容	方　法	主要负责人员
第一小组	基础设施 （道路、供水、电力、通信、广播等）	踏勘、访谈、拍照	唐彬、何永良、黄靖
第二小组	公共服务设施 （学校、医院、餐馆、娱乐设施等）	踏勘、访谈、拍照	周靖文、宋金玉、伍吉群
第三小组	住房情况 （结构类型、建筑风格、房地产开发）	踏勘、访谈、拍照	柯航达、顾健鑫
第四小组	发放问卷、绘制平面图	踏勘、访谈、手绘	王鹏程、罗洋

注：希望大家积极配合，顺利完成实习任务。

4. 调查时间安排

（1）早上 7:30 所有小组成员在宾馆附近的肯德基门前集合，统一乘车前往平阳村。
（2）中午 12:00 在下车地点集合，返回宾馆。
（3）下午 2:00 整理调查数据和撰写报告。
（4）晚上 8:30 找指导老师汇报。

5. 调查成果

（1）产业、土地利用、基础设施建设等方面的调查数据。
（2）平阳村平面图(手绘)。
（3）相关照片。
（4）居民手绘、经济发展现状等内容的访谈记录。
（5）有效的调查问卷，每人不少于 10 份。

6. 注意事项

（1）组员需带物品：相机、笔记本、笔、电脑、素描本。
（2）保持通讯畅通，安全第一。
（3）所有成员务必完成自己所接受的任务。
（4）负责摄影的成员，保留好影像素材。
（5）遇突发情况请及时报告组长和老师。

7. 附件材料：调查问卷

平阳村相关问题调查问卷

1. 您的工作是________。
2. 您的月收入是(　　)。
   A. 1000 元以下　　B. 1000～2000 元　　C. 2000～3000 元　　D. 3000 元以上
3. 您是否参与村里的重大事件？(　　)
   A. 是　　B. 否
4. 重大事件的消息从哪里得知？(　　)
   A. 偶然听到　　B. 专门有人通知　　C. 报告栏　　D. 其他

5. 您认为您所在村的环境如何？(　　)

A. 非常好　　B. 好　　C. 一般　　D. 差

6. 您认为村里的治安如何？(　　)

A. 非常好　　B. 好　　C. 一般　　D. 差

7. 您与邻居是否经常往来？(　　)

A. 是　　B. 否

8. 您上街的交通方式是(　　)。

A. 农村客运班车　　B. 私家车　　C. 摩托车　　D. 其他

9. 从镇区的道路上县道、省道、高速公路是否方便？(　　)

A. 是　　B. 否

10. 您家通有以下哪些设施(可多选)？(　　)

A. 电　　B. 自来水　　C. 电视　　D. 电话

11. 您所在村的民用电收费标准(以调查时为准)为每度________元。

12. 广播通讯内容对您的生活有无帮助？(　　)

A. 有　　B. 没有

8. 方案评析

该针对长沙“城中村”问题的调查方案，从基础设施、公共服务设施、住房情况、边缘区人居环境等四个方面，对“城中村”的发展现状及问题做了较细致、全面的调查。该方案采用访谈法、实地踏勘法、手绘现状平面图等方式获得了较丰富的资料，为接下来调查报告的撰写打下了坚实的基础。建议调查方案还可加入治安方面的问题，加入当地居民与外来居民间的融合问题，不但从硬件设施方面探讨城中村的现状，更从精神文化生活等软件方面思考城中村的出路、未来和发展。(评析人：廖诗家)

7.1.6　城市经济联系考察方案

□计划拟定人：刘奇、赵羽、朱政、杨晴青、杨婷、徐亮、邹璞玉、袁敏、石文超、覃宇辉、李可花

□计划拟定时间：2011 年 11 月 7 日

□调查地点：火车站、武广高铁站、汽车西站、华新汽车站、鄢湖汽车站

□指导老师：齐增湘、杨立国、李伯华

1. 调查内容

1）对外交通设施点的客、货流量调查(见附件材料)

(1) 对外交通设施点的地理位置。

(2) 对外交通设施点的规划布局状况：与市区距离、与城市交通干道系统的联系(周围有哪些交通干道、对外交通的主要途经道路)、周边情况(城市功能分区、主要企事业单位等)。

(3) 各车站的客货流量和流向调查。

(4) 各车站相互间联系调查(货物联运等)。

2）城市经济联系分析内容

（1）根据对外交通设施点客货流量调查分析对外经济联系现状。

（2）衡阳各区域间的经济联系强度。

（3）衡阳市与湖南省各地区的经济联系强度。

（4）衡阳城市对内对外交通的发展现状。

（5）交通网络中各节点相互作用。

（6）与各邻近城市的交通联系状况等。

2. 调查方法

（1）查阅相关文献了解城市经济联系的相关知识。

（2）实地调查衡阳市各车站客货流量和流向。

（3）访谈法调查衡阳各区域间的经济联系强度、衡阳与各地区的经济联系强度、衡阳城市对内对外交通的发展现状、交通网络中各节点相互作用、与各邻近城市的交通联系状况等。

3. 任务分配

（1）火车站：刘奇、赵羽。

（2）高铁站：朱政、杨晴青、杨婷。

（3）华新汽车站：徐亮、邹璞玉。

（4）汽车西站：袁敏、石文超。

（5）酃湖汽车站：覃宇辉、李可花。

4. 调查时间安排

（1）早上7:00在系楼门前集合，各自乘车前往调查地点。

（2）到达调查地段后各组分头行动。

（3）各组成员于11:30返校。

（4）中午统一就餐后休息。

（5）下午2:30系楼集合汇总所有调查资料，撰写调查报告。

5. 调查成果

（1）城市对外客货流量和流向统计数据。

（2）衡阳城市对外经济联系访谈资料。

（3）各调查点对外交通联系手绘示意图。

6. 注意事项

（1）需要画图的组员请带铅笔和白纸，需要拍照的组员请带相机或者像素较高的手机。

（2）保持通信畅通，时刻注意安全。

（3）负责摄影的成员，请保留好影像素材。

（4）天气炎热，注意防暑。

（5）遇突发情况及时报告组长或老师。

7. 附件材料(表7-6)

表7-6 调查站点客货流量统计表

站名：

	省 内	省 外
客车总车次/天		
发客量/天		
货车总车次/天		
发货量/天		
客车/货车发往主要地点及趟数	衡阳至_____趟数_____ 衡阳至_____趟数_____ 衡阳至_____趟数_____ 衡阳至_____趟数_____ 衡阳至_____趟数_____ 衡阳至_____趟数_____ 衡阳至_____趟数_____ 衡阳至_____趟数_____ 衡阳至_____趟数_____ 衡阳至_____趟数_____ 衡阳至_____趟数_____ 衡阳至_____趟数_____ 衡阳至_____趟数_____ 衡阳至_____趟数_____ 衡阳至_____趟数_____	衡阳至_____趟数_____ 衡阳至_____趟数_____ 衡阳至_____趟数_____ 衡阳至_____趟数_____ 衡阳至_____趟数_____ 衡阳至_____趟数_____ 衡阳至_____趟数_____ 衡阳至_____趟数_____ 衡阳至_____趟数_____ 衡阳至_____趟数_____ 衡阳至_____趟数_____ 衡阳至_____趟数_____ 衡阳至_____趟数_____ 衡阳至_____趟数_____ 衡阳至_____趟数_____

8. 计划评析

方案分别从客流、货物流两个方面对衡阳火车站、高铁站、华新汽车站、汽车西站、酃湖汽车站等五个车站进行调查，内容涵盖较全面，符合调查主题；各调查项目涉及的方法选择、人员及任务安排思路清晰，内容合理；并得出对应的调查结果。需要进一步完善的地方：首先，通过客货流量的分析深化为衡阳与所属各县市之间以及衡阳与市外的经济联系程度，针对此发现衡阳的主要经济联系方向。其次，分析衡阳现状的主要经济联系方向与衡阳城市发展方向现状是否匹配，借此提出未来应该拓展的方向。(评析人：杨立国)

7.1.7 衡阳城市土地利用调查方案——以华新开发区为例

□计划拟定人：肖雁君、俞佳颖、刘学、屈群夏、白晓宁、张涛、杨森、张锡祥、戴金焕、王文姣

□计划拟定时间：2011年7月18日

□调查地点：衡阳市华新高新技术开发区

□指导老师：邹君、齐增湘、杨立国、李伯华

1. 调查内容

(1) 手绘华新高新技术开发区土地利用现状图，标注土地利用类型(国标第二类)。
(2) 留意土地利用现状存在的问题并拍照。
(3) 调查华新区的总产值，各产业类型产值，用于分析土地产出率。
(4) 土地价格调查：房地产价格、工业用地租金、不同区位的土地价格情况等。

2. 调查方法

(1) 采用实地踏勘法调查土地利用现状、特点及存在的问题。
(2) 采用手绘方法绘制华新区土地利用现状图。
(3) 采用访谈法获取华新区产业总值、各产业产值情况等资料。
(4) 对有利于说明土地利用特点和存在问题的现象进行拍照。

3. 任务分配

(1) 第一小组人员：肖雁君、俞佳颖、刘学、屈群夏、白晓宁。
考察区域：华新开发区内解放大道以北区域。
(2) 第二小组人员：张涛、杨森、张锡祥、戴金焕、王文姣。
考察区域：华新开发区内解放大道以南区域。

4. 调查时间安排

(1) 早上 7:00 在系楼门前集合，统一乘车前往华新区。
(2) 到达调查地段后各组分头行动。
(3) 各组成员于 11:30 返校。
(4) 中午统一就餐后休息。
(5) 下午 2:30 系楼集合汇总所有调查资料，撰写调查报告。

5. 调查成果

(1) 城市土地利用手绘现状图。
(2) 有效的照片。
(3) 产业总值、土地价格等内容的访谈记录。

6. 注意事项

(1) 需要画图的组员请带好铅笔和白纸，需要拍照的组员请带好相机或者像素较高的手机。
(2) 保持通讯畅通，时刻注意安全。
(3) 负责摄影的成员，请保留好影像素材。
(4) 天气炎热，注意防暑。
(5) 遇突发情况及时报告组长或老师。

7. 计划评析

该方案主要是调查华新开发区土地利用现状，从土地利用类型、土地产出率以及不同区位的土地价格等几个方面着手，运用实地踏勘法调查土地现状，并手绘现状图；运用访谈法来获取产业产值情况，方法基本可行。但是土地现状图的绘制仅仅通过现场踏勘，绘

出难度比较大，建议先去相关部门获取先前的土地利用现状图，再进行实地调查，将变动之处在图上改正。(评析人：廖诗家)

7.1.8 南岳古镇发展调查方案

□计划拟定人：吴倩、冯维、朱杨芬、陈旭、白杨、杨窕云、寻丹丹、秦璐、吴国祥
□计划拟定时间：2011年10月25日
□调查地点：旅行社、游客服务接待中心、南岳大庙和万寿广场附近、东西南北四街
□指导老师：杨立国、齐增湘

1. 调查内容

(1) 基本情况。地理位置、发展历程、发展战略、全省地位、周边环境(交通、与周边景点的组合情况)。

(2) 古镇主要景点。旅游资源类型、数量、分布特点、特色、等级、历史文化价值等。

(3) 基础设施。
① 主要道路数量、宽度。
② 停车场面积和停车位数量。
③ 车站的类型、数量、客流量。
④ 宾馆个数、规模、星级及经营状况。
⑤ 商铺类型、规模等。
⑥ 环境卫生状况、绿化面积。

(4) 发展特色。特色风俗活动、特色商品、特色食品、特色旅游项目等。

(5) 客流量。游客接待容量、实际接待游客量。

(6) 景点管理。票价类型、景区服务设施的破坏程度及修护状况、保护资金投入、原真性程度、旅游宣传力度。

(7) 经济发展状况。旅游收入占南岳区总经济收入的比例、居民生活水平、收入来源及构成、就业情况等。

(8) 古镇意象调查。道路、区域、边界、标志、节点(图7.2)。

2. 调查方法

(1) 采用踏勘法调查基础设施、商铺类型等内容。

(2) 通过图片识别法调查古镇的标志物。

(3) 采用访谈法访问旅行社人员、游客接待中心的工作人员，获取游客接待量、票价管理等信息。

(4) 标图法。随机采访行人要求其在图7.2上标明自己心中南岳古镇的标志性建筑物或构筑物。

(5) 通过问卷调查法随机访问路上行人，调查人们对古镇的印象。

3. 任务分配

(1) 古镇发展历程、基础设施和古镇主要景点调查。吴倩、冯维、朱杨芬(旅行社、

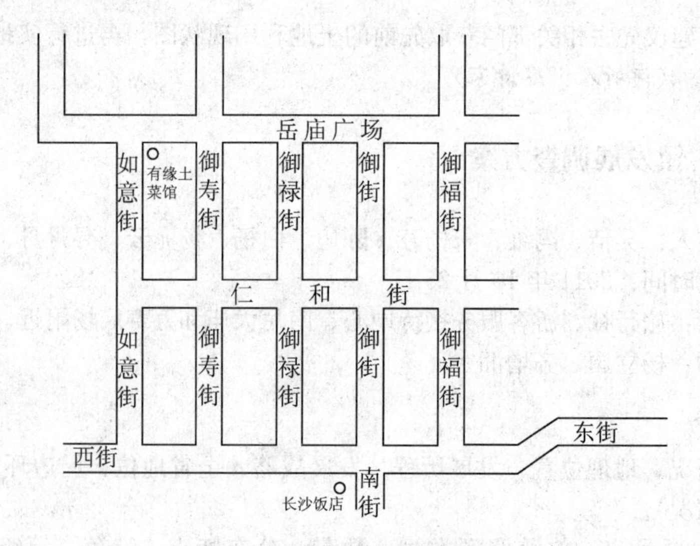

图 7.2　古镇主要道路平面图

游客接待中心)。

(2) 发放问卷。陈旭、白杨、杨宛云(南岳大庙广场和万寿广场附近)。

(3) 访谈、标图法、图片识别:寻丹丹、秦璐、吴国祥(东西南北四街)。

4. 调查时间安排

(1) 早上 7:00 在系楼门前集合,统一乘车前往南岳古镇。

(2) 到达调查地段后各组分头行动。

(3) 各组成员于 14:30 在南岳大庙广场集合,乘车前往长沙。

5. 调查成果

(1) 图片识别的统计数据。

(2) 古镇基础设施、游客接待量、旅游资源分布及古镇居民收入和就业情况访谈记录。

(3) 有效调查问卷。

(4) 古镇现状图、景点分布图(手绘)。

6. 注意事项

(1) 需要画图的组员请不要忘记带铅笔和白纸,需要拍照的组员记得带相机或者像素较高的手机。

(2) 保持通信畅通,时刻注意安全。

(3) 负责摄影的成员,请保留好影像素材。

(4) 访谈、发放问卷时应注意礼貌等。

(5) 遇突发情况及时报告组长或老师。

7. 附件材料:调查问卷

南岳古镇意象认知度调查问卷

尊敬的朋友:

您好!我们是衡阳师范学院资旅系的学生,为全面了解广大群众对于南岳古镇意象的认知程度，组织了此次调查活动。本次调查严格按照统计法的要求进行，不用填写姓名，所有回答只用于统计分析，各种答案没有正确、错误之分。希望您能在百忙之中抽出一点时间填写这份调查表。

衷心感谢您的支持和协助！

祝您生活愉快！

1. 您的性别为：男(　　)　女(　　)　　年龄为：________岁

2. 您的身份(　　)。

A. 本镇居民　　B. 游客　　C. 旅行社工作人员

3. 您认为南岳古镇的边界是(　　)。

A. 107国道　　B. 环路　　C. 衡山　　D. 不清楚

4. 您对古镇的哪个区域印象比较深刻？(　　)

A. 南岳大庙、祝圣寺区　　B. 南岳牌坊区

C. 万寿广场区　　D. 大善寺区

E. 都没什么印象

5. 在您的印象中哪个街道给您的感觉最好(街道环境、交通路况等都比较好)？(　　)

A. 御街　　B. 东街　　C. 西街　　D. 南街

E. 衡山路　　F. 祝圣路　　G. 祝融路

6. 在古镇中行走您是否经常会迷路？(　　)

A. 从来不会　　B. 偶尔　　C. 经常

7. 您认为古镇的标志物是(　　)。

A. 南岳大庙　　B. 祝圣寺　　C. 御街牌坊　　D. 万寿广场

E. 大善寺　　F. 衡山

我们的调查结束了，再次向您表示感谢。您对我们的调查有什么意见和要求，欢迎写在下面。

8. 计划评析

该方案对南岳镇的基本情况以及南岳镇意象两方面进行了调查，并手绘古镇主要道路平面图，做了相应的前期准备工作。充分利用景区接待中心等现有资料并在此基础上通过访谈、问卷调查、图片识别等多种方法对南岳镇意象进行了调查，方案较为合理。建议可以将南岳镇基本情况的调查做成相应的表格，内容全面且简单明了。其次，建议事先设计好访谈方案，针对不同的访谈对象设置相应的访谈问题。另外，调查问卷可以适当增大题量，可增加南岳古镇整体意象方面的问题。(评析人：蒋志凌)

7.1.9　衡阳市中山南路步行街商业业态调查方案

□计划拟定人：吴倩、冯维、朱杨芬、陈旭、白杨、杨琬云、寻丹丹、秦璐、吴国祥

□计划拟定时间：2011年10月23日

□调查地点：中山南路、中山北路、步步高百货

□指导老师：杨立国、齐增湘、邓昕

1. 调查内容

1）中山路步行街各类零售商业调查

（1）绘制商业街的平面草图，标注道路、商铺、绿化用地等。

（2）调查商店类型和数量。其类型包括大型商场、零售小店（服装、食品、饰品、日杂、文具、化妆品等）。

（3）规模（商业街规模、商店规模及商品数量等）。

（4）位置距离（商业街在市区的位置、商铺在商业街的位置、商铺之间的距离、与附近居住区的位置关系）。

（5）交通设施和基础设施状况。

（6）同类商店的集聚布局情况。

（7）步行街人流量调查。

2）步步高百货商场调查

（1）服务半径（通过访问顾客的住址、来此购物的原因、路上所花费的时间来研究大型商场的服务半径）。

（2）规模（面积、商品种类等）。

（3）区域位置（在市区的位置、周围商铺的类型等）。

（4）交通条件（交通区位、乘坐公交车的便捷度等）。

（5）服务设施（轮椅可以进出的无障碍坡道、育婴室、吸烟室、座椅、饮料自动销售机、饮水机的数量及质量等）。

（6）商场人流量调查。

2. 调查方法

（1）访谈法。通过访谈顾客的住所、来此购物的原因等获取商场的服务半径。

（2）实地踏勘法。调查商业街的规模，商铺的类型、规模，商业街的基础设施等。

（3）手绘商业街的平面图，标明道路名称、绿化用地、大型商场等。

3. 任务分配

（1）一组：冯维、秦璐、朱扬芬（中山北路的调查内容）。

（2）二组：白杨、吴倩、吴国祥（步步高百货的调查内容）。

（3）三组：寻丹丹、陈旭、杨窕云（中山南路的调查内容）。

4. 调查时间安排

（1）早上 7:00 在系楼门前集合，统一乘车前往市中心。

（2）到达调查地段后各组分头行动。

（3）各组成员于 11:30 各自乘车返校。

（4）中午统一就餐后休息。

（5）下午 2:30 集合汇总所有调查资料，撰写调查报告。

5. 调查成果

（1）商业街的平面图（标注道路、商铺等）。

（2）各类商业店铺的类型和数量等的调查数据。

（3）关于顾客的住所、来此购物原因等的访谈记录。

6. 注意事项

（1）保持通讯畅通，时刻注意安全。
（2）负责摄影的成员，请保留好影像素材。
（3）访谈、发放问卷时应注意礼貌和方法。
（4）遇突发情况及时报告组长或老师。

7. 附件材料

访谈方案

第 1 题　您常住哪个区？
第 2 题　您来此购物的原因？
第 3 题　您家附近是否有集中的商场？
第 4 题　您来此购物需要多长时间？交通方式是什么？

8. 计划评析

方案分别从中山南路和中山北路两段对中山路各类商业店铺的类型和数量、规模、位置距离、交通设施和基础设施状况、同类商店的集聚布局情况、步行街人流量等六个方面进行调查，内容涵盖较全面，符合调查主题；各调查项目涉及的方法选择、人员及任务安排思路清晰，内容合理；并得出对应的调查结果。需要进一步完善的地方：首先，通过中山路商业店铺的类型、数量等调查分析深化为中山路商业的主要业态，以此来提出中山路未来应该完善的业态方向。其次，分析中山路的交通组织及存在问题并就此提出优化方案。（评析人：杨立国）

7.1.10 历史文化街区调查方案——以长沙市坡子街为例

□计划拟定人：徐良谷、周千玉、刘正齐、童翔飞、曹冬、王钊、曹丞、王玄、陈方圆、唐向祺
□计划拟定时间：2011 年 7 月 12 日
□调查地点：长沙市坡子街
□指导老师：邹君、李伯华、杨立国、齐增湘

1. 调查内容

（1）街区概况。地理位置、自然环境、功能定位、街道发展演变历程等。
（2）街区现状。
① 街区规划与布局：布局现状、规划布局特点与问题等。
② 建筑概况：历史建筑、建筑现状、不同时期建筑风格。
③ 街道风格：街区整体风格、建筑与环境之间是否协调。
（3）街区开发情况。
① 开发力度是否合理、开发方式、建议等。
② 街区业态情况调查。

③ 街区商业、旅游业等发展情况。
④ 街区印象调查。
(4) 街区保护情况。
街道保护现状调查：如有无保护措施、保护机构、如何保护等。

2. 调查方法

(1) 访谈法。发展历史、开发情况、发展管理模式等情况。
(2) 实地踏勘法。通过此法调查街道建筑风格、街区风格、街区保护、街区业态等。

3. 调查时间安排

(1) 早上7:00在指定地点集合，统一乘车前往调查地点。
(2) 到达调查地点后根据方案进行调查。
(3) 各组成员自行在外解决中餐。
(4) 下午4点前返回驻地汇总所有调查资料，撰写专题报告。

4. 任务安排

(1) 街区概况：徐良古、童翔飞。
(2) 街区现状：周千玉、刘正齐。
(3) 街区开发情况：曹冬、王钊、曹丞、王玄。
(4) 街区保护情况：陈方圆、唐向祺。

5. 调查成果

(1) 历史街区现状图(手绘)。
(2) 建筑风格手绘图。
(3) 建筑、景点或文化景观的代表性照片。
(4) 发展历史、开发情况、发展管理模式等内容的访谈记录。

6. 注意事项

(1) 小组成员要按计划完成任务，不要在街上玩耍。
(2) 街区人多杂乱，要注意自身财产安全。
(3) 多访谈有助于第一手资料的获取。
(4) 实地踏勘过程中多思考导致问题的原因以及解决问题的办法。
(5) 天气炎热，注意防暑。
(6) 遇突发情况及时报告组长或老师。

7. 计划评析

方案分别从概况、现状、开发情况、保护情况四个方面进行调查，思路清晰，结构合理，内容符合调查主题；调查方法选择、人员及任务安排尚妥。不足的地方：首先，调查各子项内容考虑不够全面，尤其是街区保护情况设计的调查内容简单。其次，调查成果研究不够深入，仅得到一些调查初步资料，可以通过深入研究调查资料总结长沙市坡子街作为历史文化街区的特色及需加强建设的地方。(评析人：邓昕)

7.2 实习专题报告

7.2.1 衡阳城市交通调查专题报告

□报告完成人：黄雅婷、蔡胜武、刘晨阳、刘婧媛、杨帅、吴雅容、史佳、郑园、杨龚轶子、艾奕、袁钟明

□实习时间：2012年11月27日

□实习地点：衡阳市解放大道(红湘路口至蒸湘路口路段)

□指导老师：邹君、杨立国、齐增湘、蒋志凌、廖诗家

1. 实习目的

通过本实习专题，需了解解放路与红湘路交叉路口至解放路与蒸湘路交叉路口路段的交通流数量；往解放东路、蒸湘北路、蒸湘南路各交通流数量、比例、与时间之间存在的关系；解放路与蒸湘路交叉路口的交通情况，以及调查路段道路交通存在的问题；熟练掌握交通调查的各种方法，了解道路交通量和交叉口的交通情况与规律，交叉路口往不同方向通行车量与比例；评定各条道路使用功能与道路车流量之间的联系；根据调查数据和查阅文献资料，分析讨论道路交通存在的问题，并提出改善对策。

2. 实习方法

本专题主要采用实地调查、现场踏勘、问卷调查、访谈、拍照、文献查阅等方法。

3. 实习区域概况

衡阳市是湘南地区第一大城市，湖南省第二大城市，省域中心城市。它东邻江西，南抵广东，西南接广西，西北挨贵州，北达长沙；它景色迷人、气候温和，是中国南部交通、商贸、科教区域性中心城市和中国著名的风水城市。衡阳区位优越，紧靠沿海，临近港澳，承东接西，是沿海的内地和内地的前沿；地处南北要冲，也是全国重要的交通主枢纽城市。改革开放30年，衡阳从贫穷向现代城镇腾飞，许多方面都发生了翻天覆地的变化，其中也包括道路交通建设。衡阳现在是全国45个公路交通主枢纽城市之一，公路纵横交错、四通八达。铁路枢纽引入7个方向的铁路，触角伸向全国各地。当地水运资源十分丰富，境内有湘江、耒水、蒸水、洣水等河流。湘江上溯漓江，下入洞庭，通江达海。衡阳现已形成了铁路、公路、水路、航空“四位一体”的立体综合交通网络。道路交通对于每位市民来说是绝对必要的，是一个城市的名片、经济发展的动力与助推器，也是传达城市文明的窗口。衡阳市的道路交通虽然较以前有了很大的改善，但还是存在诸多的问题。目前市区交通状况表面繁荣、实则混乱；公共交通工具虽多，但车况比较差；道路虽多，但路面较窄；公交停靠站多，但很多缺乏统一管理、设置不合理；硬件不佳，软件也不到位。

我组选择的实习地点为衡阳市解放大道路段(红湘路口至蒸湘路口路段，如图7.3所示)。解放大道位于湘江以西市中心城区，是衡阳市的主干道之一，也是石鼓区与雁峰区的分界路。此路为东西走向，东起湘江河畔，西至蒸水河畔，自西向东横穿蒸湘路、蒸阳

路和湘江路三条主干道。该路分为解放东路、解放中路、解放西路，合称解放大道。解放大道集中了衡阳市人民政府、南华大学附属第二医院、衡阳华天大酒店、雁城宾馆、鸿运数码广场、永兴阁、莲湖广场、工行大厦等众多衡阳市重要知名机构，具有一定的代表性。实习调查观测点分布见图 7.1。

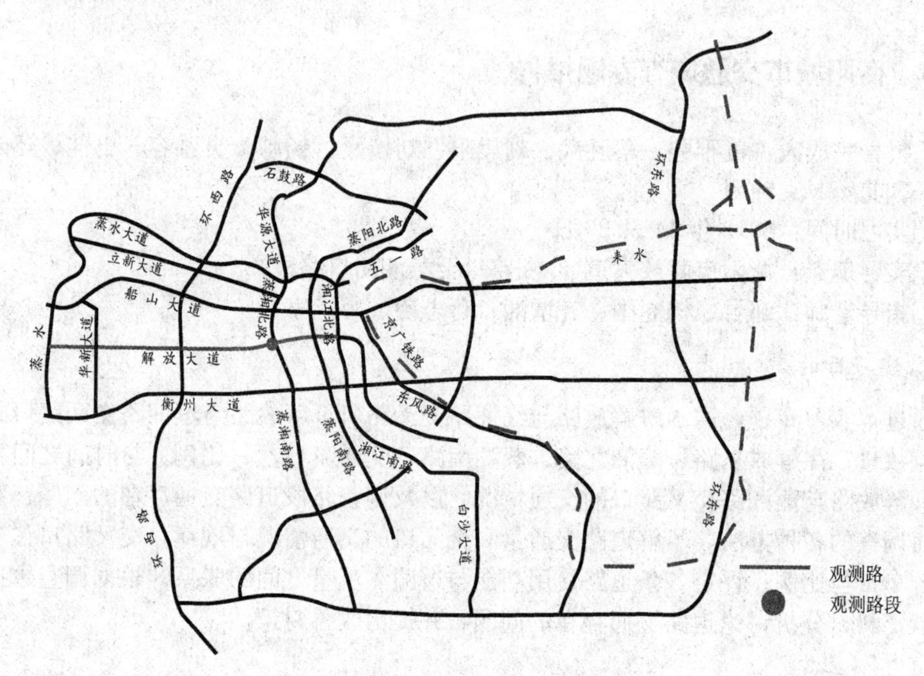

图 7.3 衡阳城区交通网络示意图

4. 城市交通概述

城市交通分为城市内部交通和城市对外交通两部分。城市内部交通是连接城市各个组成部分的各类交通的总称。现代城市交通网主要由多种功能的道路、高速路和轨道交通组成，有的城市还建有市内水道网。城市内部交通特征因城市规模、性质、结构、地理位置和政治经济地位的差异而有所不同，但是它们具有的主要特点则是相同的：①城市交通的重点是客运；②早晚上下班时间是城市交通高峰；③每个城市的交通流量形成都有自身的规律；④城市交通流量大小与城市的总体规划和布局有直接关系。随着科学技术的进步和工业的发展，交通工具日益增多，交通流量激增，原始交通方式已不能满足要求。当前城市交通存在的主要问题有：道路容量严重不足、汽车增长速度过快、公共交通日趋萎缩、交通管理技术水平低下以及缺乏整体的交通发展战略等。

5. 调查结果分析

1）过往车辆多，交通压力大

根据调查得知，相对于道路网的承载力来说，红湘路口至蒸湘路口路段汽车数量过多(表 7-7)，易引发交通阻塞问题。

从表 7-7 可以看出，调查路段车流量较大，交通压力大。从合计一栏中可以看出，五个观测点在这三个时间段的车流量总数大部分是每分钟 30 辆以上，已超过红湘路口至蒸湘路口路段的路面承载力，易造成交通拥堵和引发交通事故。

表7-7　不同观测点交通流量统计表(辆/分钟)

时　　段	7:30—8:30					9:30—10:30					11:30—12:30				
观测点	A	B	C	D	E	A	B	C	D	E	A	B	C	D	E
公交车	2.7	1.6	0.5	2.1	0.9	2.2	1.6	0.5	1.6	0.8	1.9	1.8	0.6	1.7	0.8
电动、摩托车	16.1	19.3	15.2	16	12.4	10.8	12.7	9.3	16.3	11.4	12.4	16.4	16.3	16.5	7.9
出租车	2.9	2.5	2	4.4	3	3.1	4	3.5	4	2.9	2.3	3.7	2.8	2.5	2.3
私家轿车	17.1	17.1	16.5	11.5	10.2	12.6	13.6	12.4	10.8	9.5	12.3	15.1	14.7	11	5.8
客车	0.2	0.2	0.1	0.1	0.1	0.1	0.2	0.2	0.1	0.1	0.3	0.4	0.2	0.1	0
货车	0.1	0.1	0.1	0.1	0	0.2	0.1	0.1	0.1	0.1	0.1	0.2	0.2	0.1	0
其他	1.0	1.5	1.2	1.7	0.8	0.8	1.2	2	1.2	0.5	0.9	1.1	1.4	1.4	0.6
合　　计	40.1	42.3	35.6	35.9	27.4	29.8	33.4	28	34.1	25.3	30.2	38.7	36.2	33.3	17.4

2）私人交通工具的比例大

通过对各观测点车流量统计数据的加工(图7.4)，可以看出，5个观测点在三个不同时间段都以私家车和摩托电动车为主，公交车、出租车等公共交通工具所占比重较小。

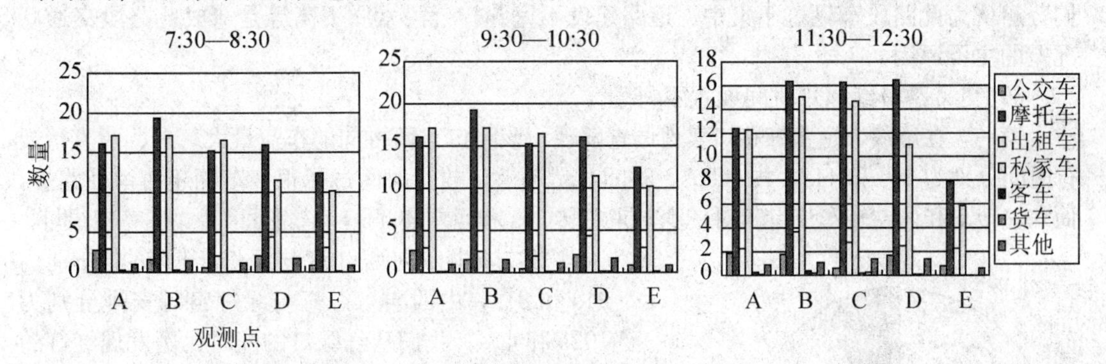

图7.4　不同车型数量对比图

3）上下班高峰期车流量大

由表7-7可知，比较五个观测点不同时段相同车型，可以发现以下特点：7:30—8:30这个时间段的车流量最大，9:30—10:30这一时段车流量有所减少，11:30—12:30车流量又有所回升；私家车和电动车的车流量减少幅度最大，公交车的车流量变化幅度较小。究其原因，7:30—8:30为上班时段，故此时间段的车量最大，11:30—12:30为中午下班时段，因此车流量有所回升；私家车电动车都是市民上下班的代步工具，所以不同时间段车流量变化幅度较大，而公交系统有一定的制度，它们通常都是定点发车，因此在一定的时间段内车流量变化不是很大。

4）交通参与者交通法规意识不强

近年来市民的交通安全意识虽有所提高，但我们仍能清晰地看到，绝大部分的堵车、塞车现象是人为的。车辆司乘人员随意停靠、违章掉头、强行超车、超载超速行驶；骑自行车、踩三轮车穿越红灯、与机动车辆争道；行人不走人行道，横跨交通隔离栏，不按信号灯指示过马路，人与车抢道等现象颇为突出。其中，电动摩托车随意穿行、逆行、闯红灯等现象随处可见(图 7.5)，这些问题已成为衡阳市交通拥堵、交通事故居高不下的重要原因。

图 7.5 随机可见的交通违规行为

5）市民交通满意度很低

通过问卷调查可以看出，绝大部分市民对此路段的交通表示不满意(图 7.6)。他们有 46.3%认为此路段塞车严重，有 62%在此路段经常遇到塞车，有 40.8%的市民认为该路段的交通状况和以前差不多，还有 23.9%的市民认为该路段的交通状况有恶劣的趋势。他们普遍认为此路段车辆过于集中、道路建设不完善、公民素质不高等是造成此路段交通状况差的主要原因。

6）交叉路口红绿灯时间设置不科学

第一，在解放大道蒸湘路口实地调查发现，该路口东西方向的车流量大，东、西直行放行时间分别为 36s 和 44s，共计 80s，时间显然不够，放行时间过了很多车辆还滞留在路上，而东左转车和西左转车流量相对较少，东左转 36s 和西左转 44s，车辆过尽后，还亮着绿灯。

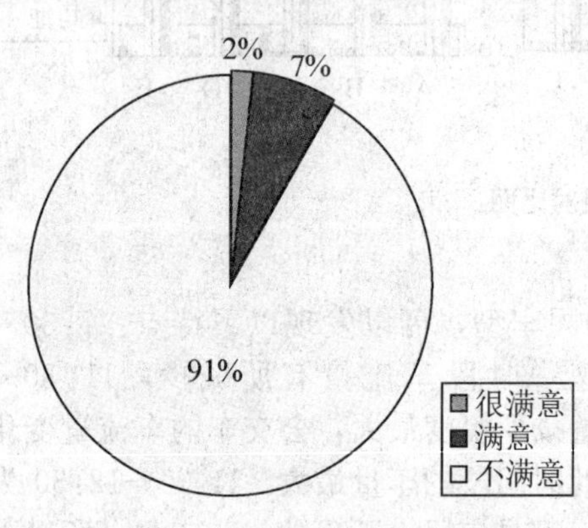

图 7.6 市民交通满意度统计图

第二，由东向西红灯与绿灯定时安排分别为 91s 和 31s，由西向东红灯与绿灯定时安排分别为 102s 和 45s。我们从红绿灯的配时比例发现红灯的时间过长，绿灯的时间过短。每次进入路口的车量远大于出路口的车量，一般到上下班高峰期，车辆通过这两个路口都要等上几个红绿灯。再加上进入红湘路口往解放东路的车流量大多从高新技术开发区过来，直行的车流量较大，然而直行的车道数又有限，因此很多车辆不按车道行驶，特别是直行的车辆乱占左右车道，导致交通没有秩序，情况更加恶劣。

第三，人行道的红绿灯配时也极不合理。在解放大道的红湘路口，横穿解放大道的人行红灯时间约为 80s，而绿灯则只有 30s 左右。如果路人行走速度不快，当红灯亮起时就只能站在路中，在来回穿梭的车流中等待。当横穿路口的人增加时，人车抢道、拥堵混乱局面就几乎不可避免。通过访谈我们了解到，他们认为解放大道红湘路口的人行道红绿灯配时很不合理，横过解放大道的红灯时间太长。很多人表示有些时候他们并不想闯红灯过马路，但是有时本来就赶时间，等的时间太长就没有了耐心。

7）道路宽度设置不合理

调查路段每段的道路宽度和车道数(只看由西向东方向)设置都不一样。红湘路口至衡祁路口路段是三条机动车道和一条非机动车道，衡祁路口至天马山路口路段是四条机动车道和一条非机动车道，天马山路口至财富大厦是三条机动车道。

从A、B两个观测点不同车类每小时车流量统计图(图7.7)可以看出，A点至B点间有衡祁路口和天马山路口，这两个路口有一定的分流和合流作用，通过比较两观测点每小时车流量，可以看出这两个路口的合流作用大于分流作用(只分析由西至东的车流量)，合流后车流量会增加。然而，道路却是变窄的，这势必导致此路段的交通压力更大。

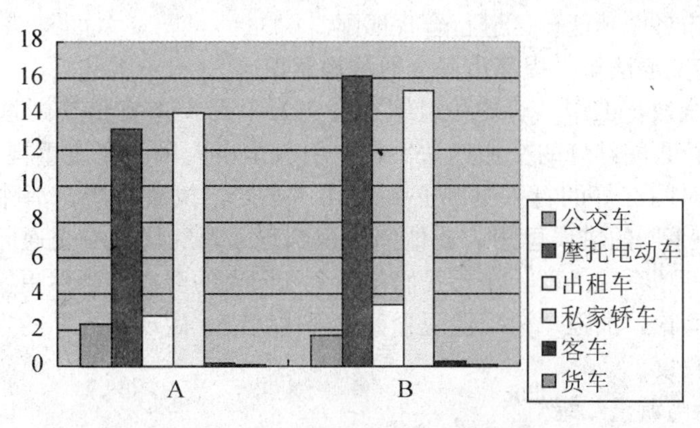

图7.7 A、B观测点车流量统计图

8）多处公交站点设置不合理

实地调查发现，多处公交车站点靠近十字交叉路口，遇到公交车离站左转弯时，容易造成交通拥堵，同时也会使准备右转弯的车辆不能顺利通过。例如本就不宽敞的红湘路十字路口不远处就设置了公交车站点，使得此路段交通变得更加拥挤。

9）交通基础设施相对滞后

通过实地踏勘，我们发现该路段的道路交通基础设施相对滞后。首先，大部分综合商场和步行街附近没有临时停车场，使得机动车辆随意停放，使本就不宽的道路变得更为狭窄和拥挤，影响道路畅通，造成交通拥堵；其次，路段很多的斑马线和车道线等标识已经模糊不清，许多车辆在通过斑马线时并没有减速，导致人车混行现象颇多；另外，个别人行红绿灯已不能正常工作，但相关部门并没有及时维修。这些配套设施的缺乏严重影响了交通秩序并存在安全隐患。

6. 建议与措施

1）完善道路网结构，缓解交通压力

合理的道路网结构是充分发挥道路通行能力的基本前提，所以衡阳应该进一步优化道路网结构，充分发挥支路作用，按照等通行能力原则消除交通瓶颈，全面排查交通拥堵地点。在科学规划指导下，加快城市主、次干道和快速道路的建设，要打通堵障和改造“瓶颈”地段，提高支路利用率，改善道路功能结构。加快城市内部道路网连通的后续建设，并对各类车辆进行科学合理分流，以缓解城市交通压力。

2）大力支持发展公共交通，鼓励市民绿色出行

应当结合本市的实际情况，采取一定的措施，鼓励市民绿色出行，建设绿色城市，缓

解交通拥堵现象。一方面，大力支持发展公共交通。如根据道路的实际情况设立快速公交车道，让乘坐公交车的人们感受到出行的便利与快捷；加大政府投入，实行公交卡优惠政策，鼓励市民坐公交出行；加大新闻媒体对绿色出行的宣传力度，让绿色出行深入人心；政府引导发展公共自行车租赁业，鼓励市民骑自行车出行等。另一方面，通过税收等手段来合理控制私家车规模以缓减交通压力。

3）合理、科学地进行城市交通规划

解放大道主要集中了衡阳的诸多知名机构，它横穿商业贸易中心，从而导致车流量较大，交通压力大。因此在城市功能分区规划和城市交通设计时，应当综合考虑各个因素，将城市道路和城市各个功能分区进行合理匹配。

4）大力宣传交通法规，提高市民交通法规意识

抓好交通安全教育工作，动员和组织社会力量上路义务宣传交通法规、维护交通安全。媒体多播放行人闯红灯的交通违法案例，引起全市人民的高度重视。加大执法力度，由路口执勤民警对闯红灯的行人见违必纠，纠违必严，执法必严，消除个别交通违法者“行人闯红灯属小事”的错误思想，让他们认识到行人闯红灯这一交通问题的严重性。改变这种现状，是一项系统工程，需要我们每一个衡阳人的努力，当然更需要各级学校、各级政府加强宣传舆论，加强“树现代观念、建现代城市、做现代人”的宣传和教育，不断提高市民的文明程度。

5）合理设计与调整红绿灯

随着机动车数量的快速增长，我市一些交通路段已出现了拥堵现象，甚至个别路段出现严重拥堵现象。如何提高车辆和行人通行率？红绿灯合理配时是重要的措施之一，红绿灯的时间设定可根据每天24h车流量的变化规律进行调节，将车流量复杂路口的红绿灯多设置几个时段，最多可设置12个时段，每个时段根据不同路口交通实况采取不同的措施，比如可以将一天24h车流量主要分为高峰、平峰、次平峰、凌晨时间等。不同的路口出现这些时段的时间肯定也是不同的，有关部门应当对这些路口车流量重新进行测算评估，再对路口的红绿灯秒数进行适当调整。

6）公交车站远离十字路口，的士靠边停车上下客应规范

公交车站离十字路口比较近，设在红绿灯前后不远处会影响交通。按照规定公交站应距离路口50m，主干道上应距离路口100m。在路边合理的位置也可以设置一定数量的的士停靠点，防止的士不按规定乱靠边停车上下客(图7.8)。

7）完善交通配套设施建设

合理安排立交桥、地下人行通道、人行过街设施、停车场建设，将建设大型停车场纳入城市发展的长期规划，先期在旧城区增设并规范临时停车泊位，解决日益增长的城市停车需求。在城市综合商场附近建设一定规模的停车场以减少随意停靠而抢占道路的混乱现象。另外，相关部门应当及时修复破损的交通标线等，改善现状，让行人横穿公路时有安全保障。

解放路与蒸湘路交叉口是城区交通中枢地带，此路口有大洋百货和步步高百货两个大型百货广场，另加一个大型的市民休闲娱乐广场——莲湖广场，所以行人的数量比较多。虽然在蒸湘路口建设了地下通道，开挖了东西南北四条工字型的人行过街通道，8个方向，16个口部，但是对角没有全方位打通。建议下一步将对交叉口施行全封闭施工将对角全方位打通(图7.9)。

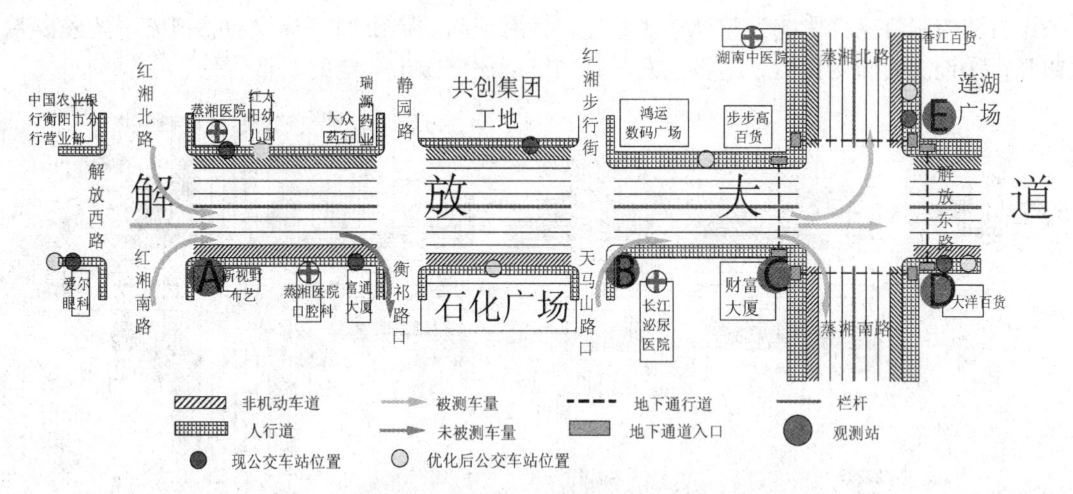

图 7.8　公交站点和的士停靠站点优化方案图

解放路与红湘路交界的十字路口，每逢上下班高峰期都非常拥堵，据此次实地踏勘发现，这个路口的四个方向均没有设置右转控制灯，行人和非机动车在横穿马路时任何时间都有右转的车辆经过，通行缓慢甚至被堵在马路当中，继而影响到直行车的通行速度。如

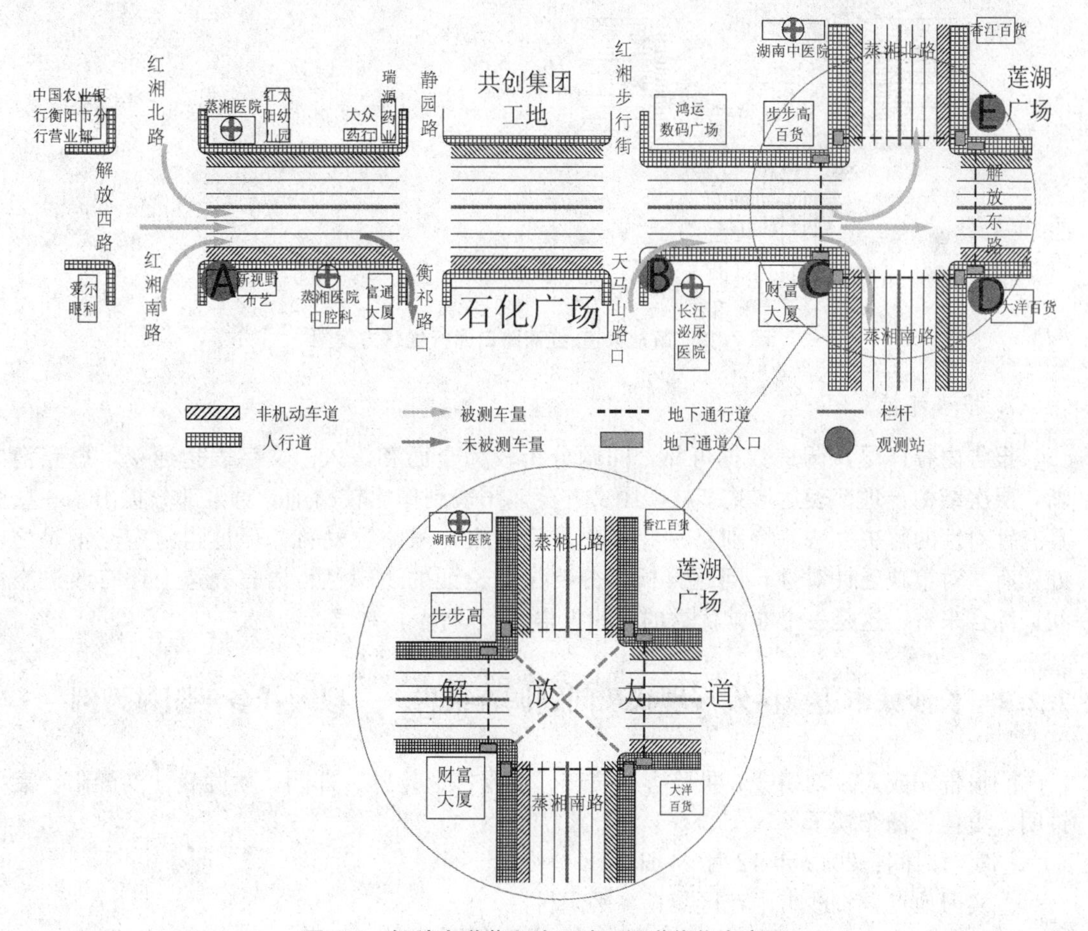

图 7.9　解放大道蒸湘路口地下通道优化方案图

果设右转控制灯又会影响到整体车辆通过。针对该问题提出以下建议：①把路中的隔离带错开；②设置右转专用道；③将左右马路的宽度比例做出一定的调整(图 7.10)。

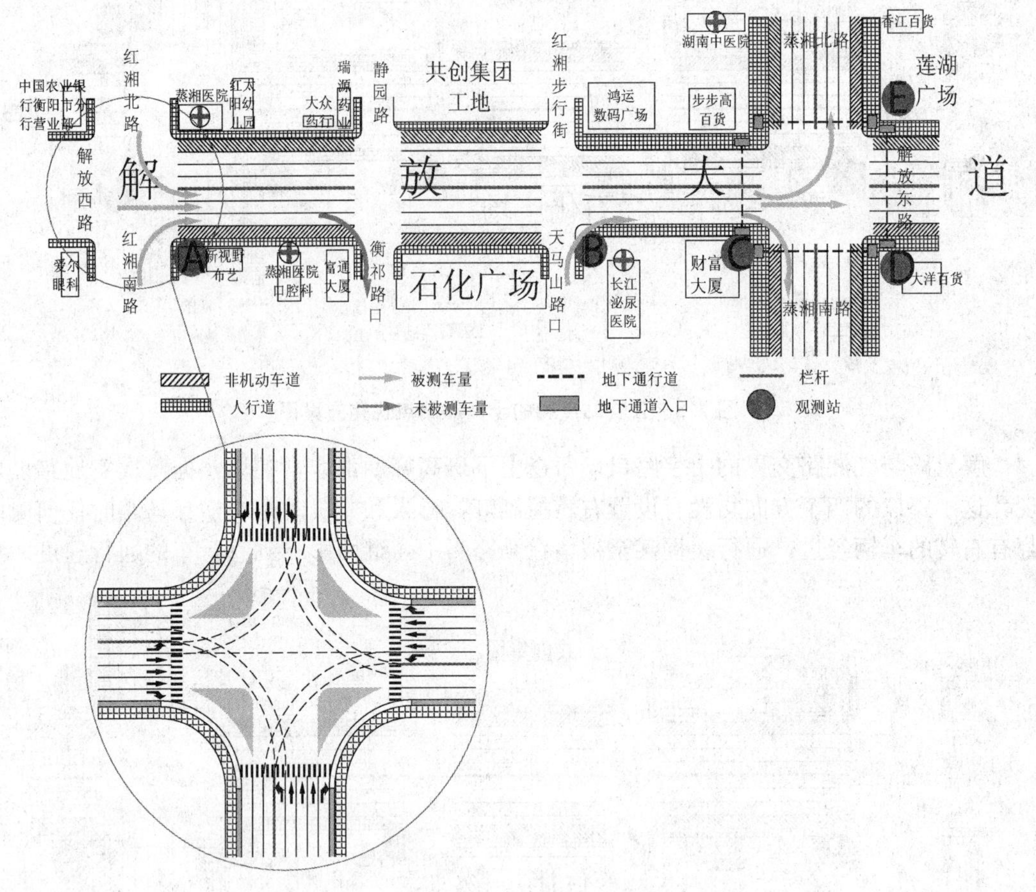

图 7.10　解放大道-红湘路口通行优化方案图

7. 报告评析

报告内容详尽，调查数据可靠，问题分析较为全面和深入。文字表达通畅，思路清晰，层次结构合理。表达形式多样，图文并茂，图表制作比较精细。对策部分提出了一些具有针对性的解决办法，特别是一些优化设计方案，虽略显幼稚，但值得肯定。不足之处：有些对策缺乏针对性；问题分析部分要注意论证的逻辑性；语言表达上还有改进空间。综合来看，这是一个非常优秀的专题报告。(评析人：邹君)

7.2.2　长沙城市边缘区发展现状及问题调查报告——以黎托乡平阳村为例

□报告完成人：刘婧媛、吴雅容、艾奕、黄雅婷、杨帅、郑园、蔡胜武、刘晨阳、袁钟明、史佳、杨龚轶子

□实习时间：2012 年 12 月 04 日

□实习地点：长沙市雨花区黎托乡平阳村

□指导老师：杨立国、齐增湘、廖诗家、蒋志凌

1. 实习目的

根据本专题调研的需要，本小组成员走进了城市边缘区——长沙市黎托乡，了解“城中村”现阶段的发展现状和改造过程中存在的问题；熟悉了解实地调查和访谈方法；提出有利于改善“城中村”现状的有效措施。

2. 实习方法

本专题主要采用居民访谈、手工绘图、实地踏勘、拍照、现场讨论和文献查阅等方法，以获取“城中村”发展现状和存在问题的第一手资料和数据。

3. “城中村”概述

“城中村”，即城市规划范围内的村庄。从狭义上说，是指农村村落在城市化进程中，由于全部或大部分耕地被征用，农民转为居民后仍在原村落居住而演变成的居民区，也称为“都市里的村庄”。从广义上说，是指在城市高速发展进程中，滞后于时代发展步伐、游离于现代城市管理之外、生活水平低下的居民区。“城中村”是我国快速城市化过程中，由于二元规划制度影响所产生的一种独特的地域空间。“城中村”在支撑整个中国式快速发展的城市化进程中承担着非常重要的作用，具有非常现实的意义。

4. 实习区域概况

长沙市雨花区位于长沙市东南，下辖 7 个街道办事处、一个镇和一个乡，总面积 115.2km^2，常住人口 72.54 万人。黎托街道位于长沙东大门，东西北三面分别被浏阳河、奎塘河所环绕。街道总面积 15.5km^2，辖东山镇 1 个社区居委会，黎托、川河、长托、潭阳、合丰、大桥、花桥、粟塘、边山、平阳、东山、侯照 12 个村委会，1 个渔场(黎明渔场)，共 198 个村(居)民小组，总人口近 2700 人，外来人口占总人口的 1/3 左右，是长沙市新城区建设的主要地区。平阳村道路网络发达，长潭高速、京广高速纵穿南北，雨花大道、机场高速横连东西，立体互通高效衔接。自长沙市实施城市东扩战略以来，黎托迅速成为了新城区建设的热土。

5. 调查结果分析

1）基础设施建设相对滞后

调查发现平阳村的基础设施建设相对滞后，具体表现在以下诸多方面。

(1) 道路网络混乱，路面质量较差，配套设施滞后。

黎托乡的主干道长潭高速、京广高速纵穿南北，雨花大道、机场高速横连东西，立体互通高效衔接；长侯路、潭白路、长沙路为区域主干道，白沙湾路、劳动东路紧接市区。通过实地踏勘发现，平阳村主干道有两条，多条次级支路，路宽 6m 左右，纵横交错，杂乱无序；主干道路两旁有树木，其余道路没有绿化，或绿化较差；道路有裂缝、破损，有多处坑洼，多年没有维修，路面维护力度也不够；只有一条主街道有路灯，并且严重老化；路边有几个破旧的电话亭，已经不能使用。村内公交站点很少，只在靠近花桥路长沙大道处有一公交站牌，有三趟公交经过，它们分别是 503 路、348 路和 148 路。

(2) 供水系统有很大改善，但排水系统较为滞后。

平阳村以前居民用水大多是地下水，水质不能保证，且容易导致地面沉降等问题。现在村中自来水普及，用水方便，供水系统相对完善，部分井水供水仍然保存。平阳村的供水属于长沙市自来水公司的管辖范围，水费约为 2 元/t。但是，平阳村的排水系统很混乱，我们没有发现污水处理厂。大部分道路缺乏排水设施，下雨天很容易引起雨水和污水横流情况。

(3) 电力设施较为陈旧，架设混乱。

黎托乡有 110kV 变电站(国家电网)一座，居民用电有保障。但是，相关电力设施较为陈旧，特别是电线架设问题尤为突出(图 7.11)。电缆裸露、电线混乱、杂乱无章现象较为普遍(图 7.12)，存在严重的安全隐患。

图 7.11　杂乱无章的电线架设

图 7.12　捆绑在电线杆上的路灯

(4) 通信较为发达，手机普及率较高，宽带普及率低(表 7-8)。

平阳村总共有 1568 户，安装固定电话的用户 200 多户，占有比例较小。但是手机普及率高达 85%，除极少数儿童以外，几乎每人都拥有一部手机。有线宽带覆盖全村，没有无线网络。有线电视普及率 95%，计算机普及率 50%。但是，宽带用户较少。究其原因，平阳村虽然已经向城市化方向转变，但大多数居民都是本村村民，文化素质较低，对于高科技产品，抱着可有可无的心理。

表 7-8　居民通信设备拥有率

拥有率	手　机	有线电视	电　脑
有	90%	95%	50%
无	10%	5%	50%

2) 公共服务设施不完善

(1) 学校地处偏僻，教学设施不完善，师资力量薄弱。

通过调查，黎托乡有两所幼儿园、两所小学、一所中学，规模都比较小，黎托学校基本情况调查表见表 7-9。经过“整形”的城中村，许多民宅已被推倒，学校多设立在较为偏僻的地方，环境很差，周围都是工厂。其中一所小学，只有一栋三层教学楼、6 间教室、1 间多媒体教室、一个小型操场，操场内运动设施缺乏。学校有教师 8 名，学生 300 多名，外来学生(务工人员子女)占 70%以上，本地学生不足 30%。因此，“城中村”的教育现状令人担忧。

表 7-9 黎托学校基本情况调查表

学校类型	幼儿园	小学	中学	高中
总人数	100左右	322人	220人	无
老师数量	4人	13人	10人	
具体情况说明	有校车接送、有游乐场所	70%学生为外地生、老师大多数为外地应聘，学校设施不够齐全，没有娱乐设施	学校只有上课的教室，没有课外活动场所	

(2) 社区医疗卫生条件较差。

以其中的粟塘社区为例，社区内没有成立卫生所，村民就医困难。另外，村民就医意识较低，不愿去市内大医院按时做身体检查。而且村内没有公交车站，不方便村民外出就医。村内只有一家药店，最近的卫生所在平阳社区。

(3) 文化娱乐场所较少，设施简陋。

随着物质生活的日益改善，人们对精神生活也提出了更高的要求。但是该区娱乐场所较为单一，全村只有两个棋牌室和一个小型简陋的KTV。根据调查，居民主流休闲方式是去麻将馆赌博，其他健康有益的文娱活动参加得很少。

(4) 商业欠发达，网点规模小。

调查得知，平阳村的商业网点个数相对较少，商业种类不齐全，商业门店多是汽车维修和小饭馆，且分布不集中，网点规模普遍偏小，没有形成聚集效应(表7-10)。村里的小饭馆分布在村中央街道，营业面积不是很大，都在70～80m^2，分布比较分散，级别较低。另外，村里没有固定的菜市场，很多小摊小贩沿街贩卖，严重阻碍了交通通行。

表 7-10 小型商业网点统计图

商业类型	小餐馆	小型商店	汽修维修点	装修建材店
数　量	10	5	11	6

3) 居住区布局混乱，功能分区不明显，缺乏统一的规划指导

平阳村村民现居住建筑以传统低层瓦房为主，住宅大多沿道路自由布局，主要为连排式。住房材质以钢筋混凝土为主，屋面装饰简陋，残旧状况较为明显。由于城市化建设，黎托乡的房屋大多已拆除，居民主要搬至火车南站居住。拆除腾空的土地准备修建商品房和安置房，其中有一个商品房小区已经修建好(至雅小玲家园)，小区内有篮球场、花园、假山、水池、地下停车场等配套设施，绿化良好，小区内有物业管理。其住房结构多为四室一厅，面积140～160m^2，小区内50%～60%居民已入住。新老住宅形成比较鲜明的对比。整体而言，住房风格属于现代风格，特色不明显，其中安置房主要是多层建筑，商品房主要是中高层建筑。另外，由于是城市的边缘区，区域土地利用性质变动大，居住区布局较为混乱，仓储用地和居住用地混杂，没有明显的功能分区；同时，旧房屋多为1～2层的低层建筑，多为个体户经商者个人建筑，空间利用率低。居住区环境质量差，公共绿地覆盖率低，缺少文化娱乐活动场地。此外，由于平阳村位属拆迁规划区域，居民用房实行先拆迁后安置的方式，致使临时住房紧缺，很多破损或临时组建的房屋林立。如图7.13所示为互相辉映的新老建筑，如图7.14所示为某建筑施工场地。

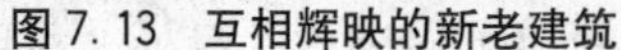

图 7.13　互相辉映的新老建筑

图 7.14　建筑施工场地

此外，平阳村土地 50%被征用为安置房建设，被安置人口按每人补贴 115000 元计算，安置房价格面向安置居民为 1000 多元每平方米，安置居民可根据经济状况、家庭人口等选择不同的户型。未被征用的土地基本被小企业以及建造仓库占用，没有统一的规划管理。

4）城市化的快速推进对人居环境影响很大

作为一个城乡二元过渡地带，"城中村"的人居环境问题显得尤为突出。调查发现，平阳村现有的人居环境问题主要有以下几方面(表 7－11)。

表 7－11　黎托乡近年来环境质量变化对比

环境系统	过去(5～7 年前)	现　在
地下水环境	都是饮用地下水，打井取水，水质很好，能直接饮用	花钱打水井，水质差，伴有气味和颜色
大气环境	植被较多，浮尘很少，空气较清新	浮尘很多，经常闻到臭气，空气很浑浊
声环境	几乎没有噪声干扰	路上经常有刺耳的鸣笛声，汽车声不断
固体废弃物	大多是家庭生活有机垃圾，一般各家屋旁堆积烧掉后作为有机肥再利用	到处可见废弃物乱堆乱放
生态环境	田野风光，绿树成荫	田野少了，垃圾遍地，河流污染严重

(1) 水环境问题。没有专门的污水处理设施，居民生活污水随意排放，污水沟暴露在街道旁，散发恶臭。

(2) 生活垃圾问题。没有统一的垃圾处理站，居民将垃圾倒在房屋周围，对居住环境造成巨大破坏。

(3) 绿化环境问题。园林绿地减少，人均绿地率低，绿化植物没有得到有效保护，破坏严重。

(4) 工业废弃物问题。城市化的推进改变了村内的产业结构，不少小型机械加工厂和食品加工厂入住，而这些工厂大多设备简陋，产生的固体废弃物给周边环境带来巨大压力。

6. 解决“城中村”问题的建议与对策

1）基础设施方面

(1) 加大对道路工程的投入力度，适当增加路面宽度，完善路面情况，及时加固维修损坏路面，在必要的人行路段增加路灯。

(2) 加强对水、电管道管线拉设的监管，防止当地居民乱拉乱架，规范用水用电。

(3) 增设通信机构服务点(如手机卡充值点等)，稳固电话线的使用。

(4) 政府环卫部门要增加适量的垃圾箱，及时清理堆积的垃圾；建设排污渠，集中处理当地生活和生产污水。

2）公共服务方面

加强对学校周围环境的改造，搬迁学校周围噪声、环境污染大的工厂，以保持学校适宜的环境。

在合适的区域考虑规划构建具有休闲娱乐甚至绿化功能的广场或公园，提高居民的生活质量。

在区域内加大宣传和对居民教育的力度，提高居民的整体素质，同时完善相关的法律制度(如在房屋拆迁过程中，确保居民的补贴费得以保障)，保护居民的正当利益。

3）住房情况方面

(1) 加大对区域的规划控制力度，使功能分区更加明显。协调各开发地块的联系，提高土地利用率。

(2) 适当提高建筑层数，增加建筑面积密度，并注意建筑群体间的统一协调。

(3) 科学规划设计居住区环境，提高居住区环境质量，在路边扩建绿化用地，提高绿地覆盖率。

(4) 加快安置区建设，政府监督管理、调拨资金，解决居民生活居住问题。

7. 报告评析

报告结构清晰，层次分明，内容详尽，形式规范，表达较为通畅。调查结果分析部分思路清晰，论点提炼较为到位；论证方法得当；调查数据处理和运用恰当；报告表现形式较好，有一定的统计图表作为支撑。存在的不足之处：内容过于宽泛，分析深度不够，建议可以选择城中村的某些方面进行重点调查和分析；部分问卷调查和访谈资料欠充分，不能很好地提炼相关论点。(评析人：邹君)

7.2.3 衡阳城市形态调查报告

□报告完成人：罗洋、黄婧、顾健鑫、宋金玉、王鹏程、柯航达、周靖文、唐彬、伍吉群、何永良

□实习时间：2012 年 11 月 29 日

□实习地点：蒸湘区锦绣华府社区、蒸湘区太平社区、雁峰区金龙坪社区、雁峰区寒婆坳社区、雁峰区电缆厂家属区

□指导老师：杨立国、齐增湘、蒋志凌

1. 实习目的

通过本实习专题，从建筑密度、出行方式、用地类型等方面研究城市空间形态中不同

类型居住区的结构与特点；分析不同类型居住区居民就业情况及其与商业设施之间的匹配性；熟练掌握城市形态研究的各种方法；学会制作土地利用现状图，并从中分析土地利用模式所存在的问题，寻求解决方法。

2. 实习方法

本专题主要采用实地访谈、问卷调查、踏勘、标图、拍照等方法，对社区居民进行访谈与问卷调查，以获取居民出行便捷性等方面的资料；实地测量小区各类用地的面积和周边公共服务设施，用以计算和分析小区建筑密度、出行便捷性和用地合理性等方面的问题。

3. 实习区域概况

衡阳市雅称“雁城”，为省级历史文化名城、湘南地区政治经济中心。本课题选取了衡阳市不同区域的五个不同类型的住宅小区：高档社区——锦绣华府、普通社区——太平社区、安置小区——金龙坪社区、廉住房社区——寒婆坳社区、单位制社区——电缆厂家属区。

锦绣华府位于衡阳市华新开发区中心地段，紧邻生态公园、市一中教育集团。总建筑面积近 30000m^2，建筑高度为 26 层，外观形象恢弘大气。户型设计秉承了湖湘文化“精致实用”的设计理念，平面布局保证了良好的通风和采光。

太平社区位于蒸湘街道，是全市最大的居民小区，分为太平一社区与太平二社区，总面积约为 56000m^2，人口近 10000 人。临近船山大道与蒸湘北路，交通便利。南华大学、晶珠商业广场、市人民银行、市国税局、市电业局等坐落周边，突显了太平社区的优越地理位置。

寒婆坳社区坐落于白沙大道西侧，奇峰路贯穿其中，占地面积约 210000m^2，规划总面积为 222600m^2。工程分两期建筑，二期工程还在建设中，小区由 18 栋小高层组成，周边有停车场，以及一个中央绿地。

金龙坪社区是由衡阳市原湘江农场转变而来。社区地处白沙洲工业园区内，东边及南边紧靠湘江河，西邻云集大道，北接工业大道，交通便捷。社区总面积约 2.5km^2，辖区内有企事业单位共 6 个。

衡阳电缆厂家属区位于湖南省衡阳市雁峰区白沙洲附近，属于单位制社区。小区总面积约为 30000m^2，小区内有小型休闲广场、篮球场等公建服务设施，集娱乐休闲、健身、购物等为一体。整个小区绿化面积较大，环境和卫生条件较好，但住房年代较长，比较陈旧。

4. 城市形态概述

城市形态是指一个城市的全面实体组成，或实体环境以及各类活动的空间结构和形成。城市形态分为三个层次：第一层次为宏观区域内城镇群的分布形态；第二层次是城市的外部空间形态，即城市的平面形式和立面形态；第三层次是城市内部的分区形态。本文就是从城市内部空间形态进行分析，通过纵向的分析，了解城市的空间形态，解释城市发展中的多种现象，并预测城市未来的发展。

5. 调查结果分析

1）建筑密度参差不齐，安置小区密度最大，单位制社区密度最小，其他小区密度与等级成反比

根据1980年国家基本建设委员会颁发的《城市规划定额指标暂行规定》，新建居住区的居住建筑密度是：4层楼区一般为26%左右，5层楼区一般为23%左右，6层楼区不高于20%。计算公式为：(社区建筑的基地面积总和/社区总面积)×100%。根据此规定，我们计算出了五个小区的建筑密度(表7-12)。

表7-12 各小区建筑密度

小区名称	总面积/m^2		建筑		建筑密度/(%)	超出值/(%)
	基础	社区	栋数/栋	层数/层		
锦绣华府	7748	31954	2	26、24	24.2	4.2
太平社区	34295	56000	67	6	61.2	41.2
金龙坪社区	20962.5	25000	26	6	83.8	63.8
寒婆坳社区	121920.4	222600	18	7	54.8	34.8
电缆厂家属区	6136	31500	10	6	19	−1

据表7-12可得，锦绣华府的建筑密度约为24.2%，仅超出了4.2%，所以较符合标准。太平社区的建筑密度是61.2%，远大于20%，所以建筑密度过大。金龙坪社区的建筑密度是83.8%，超出标准4倍之多，故建筑密度极大，不合理。寒婆坳社区分为两期工程建设，第一期廉租住房建设总面积为64483.54m^2，第二期廉租住房总建筑面积为57436.81m^2，二期工程还在建设中，但两期建筑面积合算后的建筑密度为54.8%，与20%的标准相比相差较大。电缆厂家属区的建筑基地总面积是6136m^2，社区总面积是31500m^2，所以该区的建筑密度为19%，完全符合标准。

通过比较得知，高档住宅区(锦绣华府)和单位制社区(电缆厂家属区)的建筑密度较符合标准；普通住宅区(太平社区)、安置小区(金龙坪社区)、廉住房社区(寒婆坳社区)的建筑密度与标准相差较远，不太合理。

2）社区等级与户型种类成正比，居民多选择中等面积的户型

高档住宅区(锦绣华府)、普通住宅区(太平社区)的户型种类较多，户型面积大小丰富，居民选择具有多样性；安置小区(金龙坪社区)、廉住房社区(寒婆坳社区)和单位制社区(电缆厂家属区)的户型单一，选择灵活性差(表7-13)。

锦绣华府为复合式楼，居民根据自身家庭所需购置房产，房屋面积60～180m^2不等，其中居民多选择120～150m^2的户型。这类面积的房屋户型一般以三室一厅或三室两厅的格局布置，既符合家庭自身需要又能合理地运用好有限的房屋空间。太平社区户型种类较多，主要为两室一厅、两室两厅、三室两厅、四室两厅和复式楼，户型面积在60～156m^2的范围内，以两室两厅和三室两厅为主，住房面积比较大，能较好地满足居民的生活需求。金龙坪社区为安置小区，户型种类只有两室两厅一种，面积为120m^2。寒婆坳社区的三种户型中，主卧和次卧的面积均相同，其差别在于厨房卫生间的设计上面积存在微小的差别，此三类社区的户型种类都较为单一，可供居民选择的可能较少，并不能很好地满足居民的需要 。

表 7-13　各小区户型及居民户型选择倾向性信息

小区名称	户型种类/种	户型面积/m²	居民选择倾向度/(%)
锦绣华府	2	60～90	17
		90～120	27
		120～150	46
		150～180	10
太平社区	5	60	18
		80	27
		90	9
		100	21
		120	21
		156	4
金龙坪社区	1	120	
寒婆坳社区	3	49.02～49.95	
电缆厂家属区	2	65	
		120	

3）出行方式多样，等级高的小区多以私家车为主，大部分小区以公交车为主，公交可达性存在差异

调查发现，五个小区的出行方式可选择性都比较高，居民出行方式多为公交车、私家车、步行为主(图 7.15)。其中高档小区居民多采用私家车，廉租房社区多采用公交车。

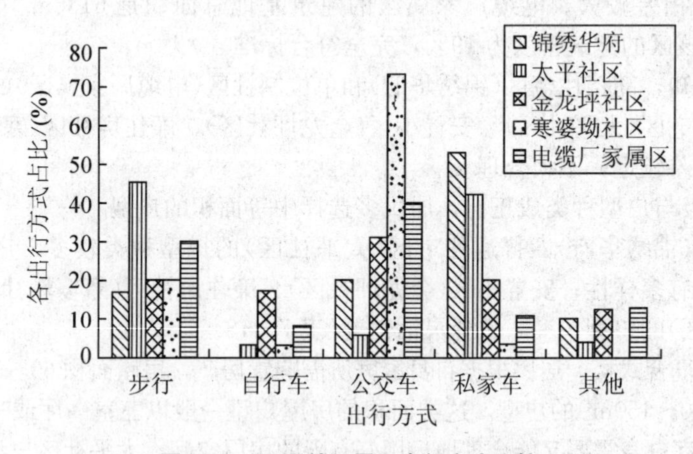

图 7.15　不同社区居民出行方式比较

由图 7.15 可知：锦绣华府社区，53％的居民出行选择私家车，成为其主要出行方式。这是由于该小区的居民较富裕，自家备有私家车。同时，在访谈中我们得知，小区附近公交车站点不足，而且居民等候公交车时间较长也是一部分原因。太平社区居民出行以搭公交和步行为主，是由于小区周边公交站点的密集度高且距离社区近。金龙坪社区居民的出

行交通方式以公交车占主导，该社区附近的公交站点主要以 3 路、K3 路、66 路和白沙洲工业园区免费公交车为主，且每条道路都有公交车停靠点，所以公交可达性较高。寒婆坳社区为廉租房社区，多为流动人口租住，居民收入水平一般，尽管公交车站点距离较远，可达性较差，但居民仍以公交车出行。电缆厂家属区居民出行的目的多为购物娱乐，都要去市中心等繁华地带，3 路、25 路等公交车站点距离近，所以居民多选择公交出行，公交车可达性高。

4）居住-就业匹配性整体尚可，金龙坪社区的匹配性最佳，附近就业机会较多

五类小区与区域间的联系较为紧密，小区附近的就业机会较多，小区居民居住地与就业地之间的距离都比较近，上班距离时间都较短。其中，金龙坪社区附近的就业机会最多，匹配性最好，太平社区的匹配性较其他社区差(表 7.16)。

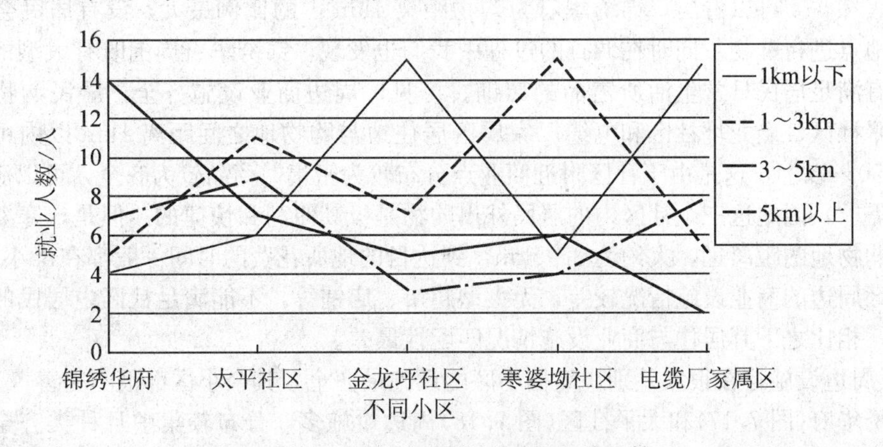

图 7.16　不同小区居住-就业匹配度比较

从调查数据及访谈中，我组成员发现，各个小区的匹配性都较好，从图 2 中可得，大部分居民的就业地都在 3km 以内。但是小区之间存在一定的差异。锦绣华府由于位于华新开发区，该开发区已形成相当规模的就业中心，是各种企业、生产服务业的聚集地，就业机会较多，大部分居民的就业通勤范围在 3～5km，就业出行范围适中。金龙坪的居住地与就业地之间距离所占比例最大的为 1～3km，且每个距离段比例相差不大，说明太平社区内的居民就业地幅散范围是比较广的。同时从访谈中得知，居民乘公交所花费的时间在半小时以内，区域之间联系紧密。金龙坪社区，51%的居民在社区附近 1km 以内就业，就业方向主要是建筑、工厂工人、务农、开小商铺。该社区居民的就业地离居民点比较近，就业与居住的匹配性较好。但也说明了该社区居民的就业范围比较狭小，就业种类比较单一，缺乏就业灵活性。寒婆坳社区为廉租房社区，居民工作单位多为南边的白沙洲工业园，所以居民离就业地较近，但是也有居民的就业单位是较远的市区等地，所以，居民就业种类比较单一，可选择性少。电缆厂家属区居住-就业匹配程度高，近一半居民选择就近就业，就业可达性高的社区居民通勤距离相对较短。

5）居住地与购物地的匹配程度较高，周边商业设施较齐全，寒婆坳社区的匹配度最差

各小区周边商业设施都较为齐全，都有满足居民日常生活的中小型商铺。社区离购物地距离近，且分布有广场、公园、大型超市等，小区居民出行购物、就医、休闲较为方便，居民购物大部分采用步行。但是，寒婆坳社区相较其他社区周边商业设施很少，不能满足社区内居民的日常生活需求，其居住与商业设施情况匹配性较差(表 7－14)。

表 7－14　居住-购物匹配度

购物距离小区名称	1km 以内/(%)	1～3km/(%)	3～5km/(%)	5km 以上/(%)
锦绣华府	50	23	27	0
太平社区	58	27	6	9
金龙坪社区	59	19	14	8
寒婆坳社区	18	22	48	12
电缆厂家属区	67	27	6	0

由表 7－14 可以看出，锦绣华府为购物距离 1km 占的比例最大，没有居民会到 5km 以上的地点进行购物。同时在调查的过程中我们也发现，锦绣华府周围既有大型的购物超市，也有满足居民日常生活所需品的店铺。可见，周边商业设施齐全，居民购物十分方便。太平社区、金龙坪社区和电缆厂家属区居住地与购物地之间距离 1km 以内可达的居民高达 50%以上，这是由于社区附近商业点分布较为密集，商品较为齐全，可以满足社区内居民需求，因此这三个社区内的居民外出购物是极其便利和快捷的。但是，寒婆坳社区居民到购物地的距离远，大约为 3～5km，到达目的地所花费的时间一般都在半小时以上，并且社区周边的商业设施情况较差，无大型超市、店铺等，不能满足社区内居民的日常生活需求，相比之下其居住与商业设施情况匹配性最差。

6）周边设施存在很大差别，高档小区的设施最齐全，其余小区都很不完善

锦绣华府(图 7.17)和太平社区(图 7.18)周边设施多，分布较集中且种类齐全，极大地便利了居民的生活，使社区周边建设更加完善，也带动了周边地区的经济发展。同时，这两个社区靠近市中心，设施完善，分布有南华大学、南华附属医院、中国人民银行、商业步行街、许多大型的超市和广场等，便利居民日常生活。

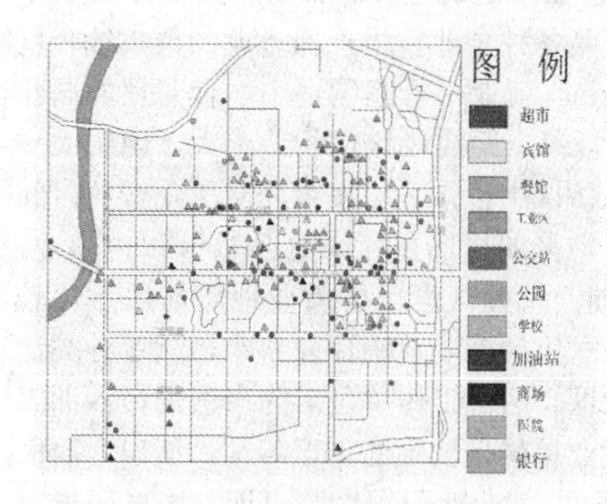

图 7.17　锦绣华府周边设施分布

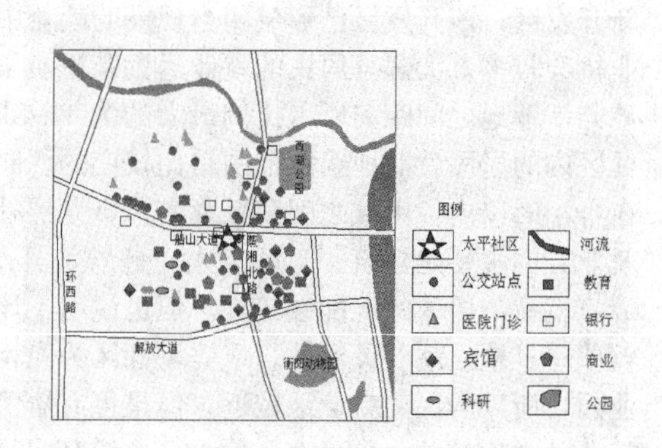

图 7.18　太平小区周边设施分布

而寒婆坳社区(图 7.19)由于地理位置较为偏僻，因此其周边设施分布较分散，种类较少，不能满足居民的生活需求；电缆厂家属区(图 7.20)周边设施分散较远且种类单一，说明周边设施不够完善，相对而言，居民生活不够便利；金龙坪社区地处白沙洲工业园区附近，为安置小区，其周边设施几乎没有建设或者是正在建设中，极不完善，给居民生活带来了一定的困扰。

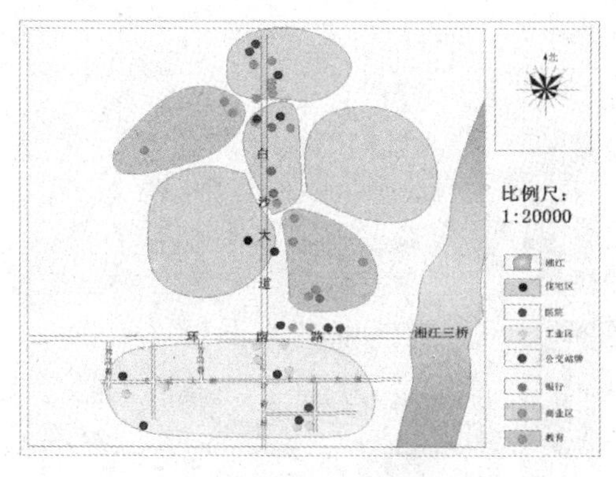

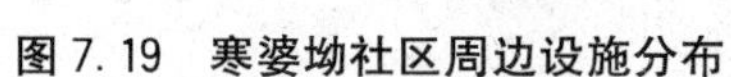
图 7.19 寒婆坳社区周边设施分布

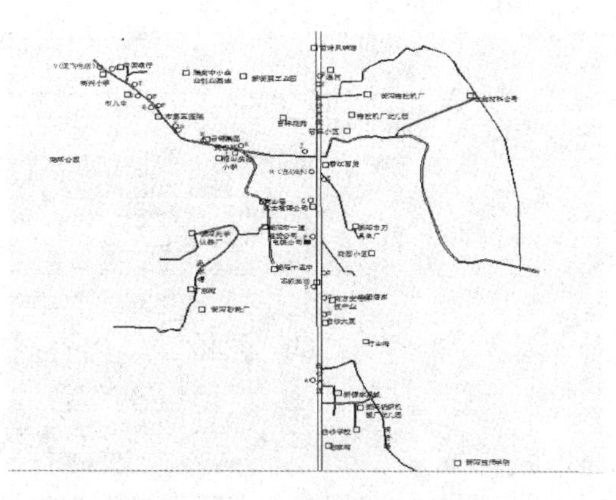
图 7.20 电缆厂家属区周边设施分布

7）高档小区的用地类型最齐全，其他小区用地类型单一

高档小区的用地类型最合理，包括居住用地、绿化用地、商业用地、公共服务用地和娱乐设施用地，较为齐全。其他社区均不够齐全，用地类型单一，不能够很好地满足居民的生活。

锦绣华府的设施用地包括绿化、娱乐、公共服务、商业用地等。绿化主要集中在社区内主干道上，为居民提供了良好的生活环境和娱乐休闲场所，并提高了居民生活质量(图 7.21)。

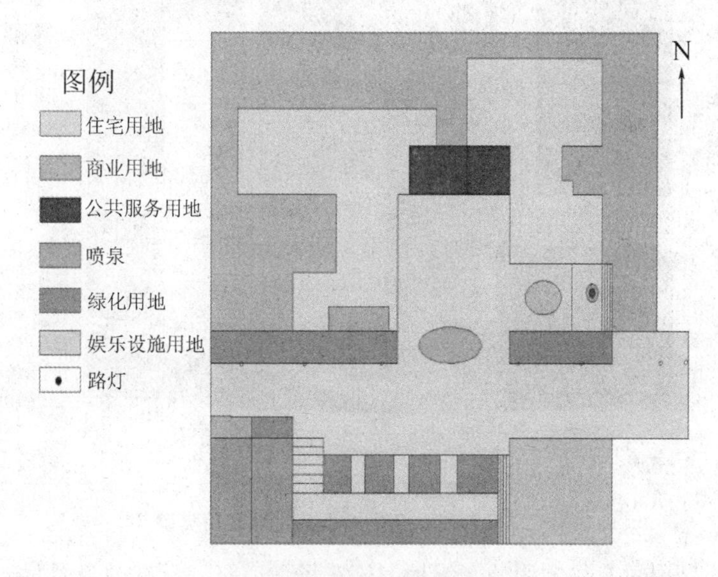

图 7.21 锦绣华府土地利用类型

太平小区以居住用地为主，社区建筑密度为 61.2%，超过一半的用地都为居住用地；楼栋之间绿化多为居民自己摆放的花草，道路两旁虽然有行道树，但是不能做到遮阴、净化空气、美化环境等行道树应有的作用，并且社区内的休闲小广场面积较小且设施不够完善，见图 7.22。

金龙坪社区大部分地区属于在建区和空地，社区内的服务设施用地和商业用地并不完善，但每个用地之间划分明显，便于识别。居住区中间有社区服务中心和一个较大的广

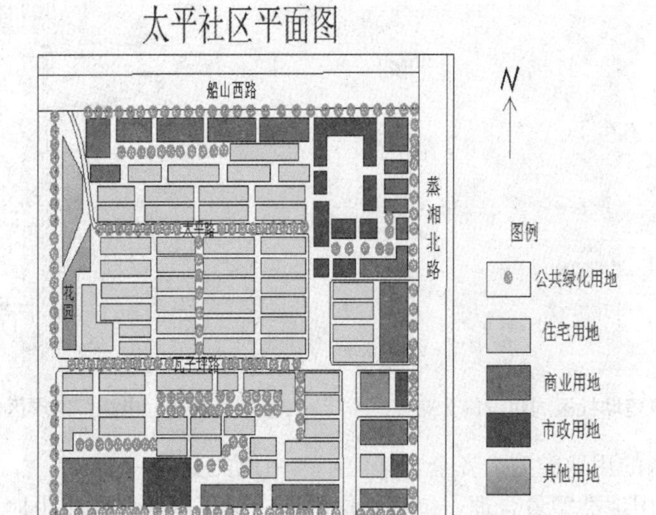

图 7.22 太平小区土地利用类型

场，能为居民提供便利的休息场所(图 7.23)。

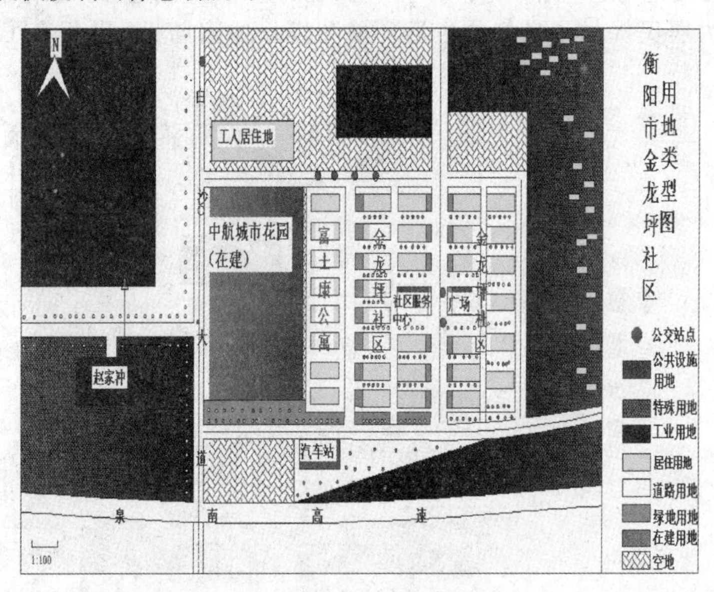

图 7.23 金龙坪小区土地利用类型

寒婆坳小区内只有住宅用地、绿地、停车场、道路，没有健身器材、商业用地及娱乐会所等，没有提供足够的空间和建筑让居民进行休闲活动，无法满足居民日常的生活娱乐以及休憩(图 7.24)。

电缆厂家属区属于单位制社区，用地类型只有居住用地、绿化用地、道路用地和服务用地四种，种类较少，但是其设施较齐全，有小休闲广场、篮球场、停车场、小卖部等。同时，整个小区绿化面积较大，环境及卫生条件良好(图 7.25)。电缆厂家属区小区绿化面积较大，建筑用地周围均有绿地，绿化较好；小区内各建筑道路较多，便捷性较好；小区有基本的服务用地，篮球场和广场为居民提供了休闲娱乐的场所，小卖部为居民生活提供了便利，统一的垃圾处理为居民生活提供了便利，统一的垃圾处理场所便于小区内居民垃圾的集中处理。

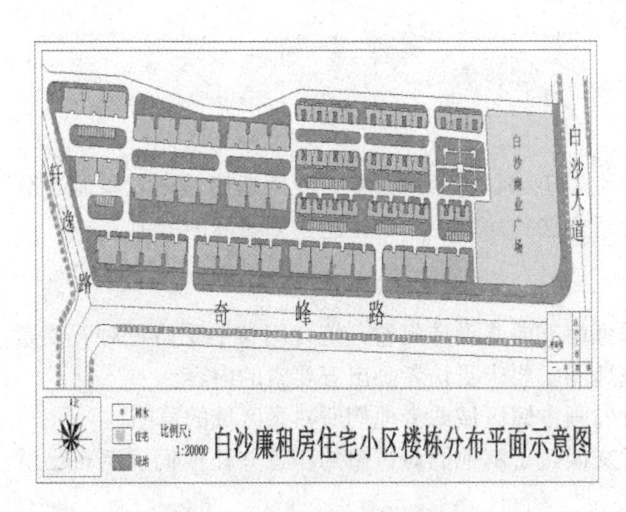

图 7.24 寒婆坳土地利用类型

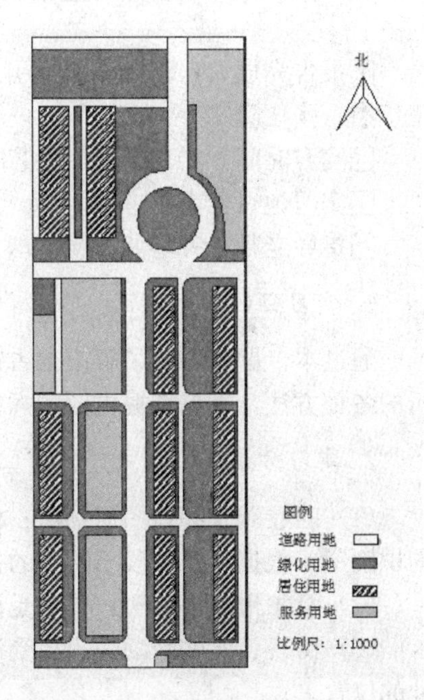

图 7.25 电缆厂家属区土地利用类型

6. 建议

(1) 合理布局小区用地，将现有的空地等未开发用地设置为绿化用地等。如锦绣华府的占地面积不大，未来可规划的绿地空间小，可以考虑利用高空空间，设计“空间花园”来增加小区绿化面积。同时，寒婆坳社区可以减少正在建设的二期工程中社区的总面积，提高公建用地，电缆厂家属区的用地可适当增加社区面积，提高用地率。

(2) 增加户型种类，提高居民的选择多样性，如金龙坪社区、寒婆坳社区等，从而增加居住人群。其次由于居民多选择 80～120m^2 的中等面积户型，可增加等面积的户型。

(3) 增加公交站点，提高公交可达性，为居民创造便利的生活。

(4) 政府应合理开发社区周边用地，增加居民的就业机会，提高居民-就业匹配度。

(5) 增加社区周边的商业用地，提高居民购物的便利度。如寒婆坳社区的周边几乎没有大型超市等商业店铺，完全可以利用周边空地建造商业区。

(6) 提高用地类型的合理性。在调查中我们发现，大部分社区没有完善的用地类型。所以开发商应在今后的开发中合理布局社区用地，完善基础设施建设。

7. 报告评析

整体来看，报告主题突出，思路较清晰，写作层次分明，结构安排合理，报告形式规范，是一份较好的实习专题报告。具体说，报告执笔人文字处理能力较好，语言表达通顺，结论较为明确，观点突出，并辅助有图和相应的表格支撑观点。特别值得一提的是制作了很多调查的结果分析图。但是，由于各社区调查要素的统一性不是很强，以致影响结果论证的说服力。(评析人：杨立国)

7.2.4 南岳古镇发展调查报告

□报告完成人：李桃、田力引、向春卉、王红、刘辉杰、曹一方、彭艳萍、蔡梓然、王伊杰、张仁隆

□实习时间：2012年12月1日

□实习地点：南岳古镇

□指导老师：齐增湘、杨立国、蒋志凌、廖诗家

1. 实习目的

通过本专题实习，了解南岳古镇的发展历程、古镇的演变；熟练运用城市意象调查分析的各种方法，重点掌握古镇的意象分析方法；培养书本理论运用到实际的能力。

2. 实习方法

（1）问卷调查和地图识别法：根据意向五要素设计问卷，统计问卷中受访者对五要素的识别率，根据准备阶段已绘出的古镇地图，要求受访者画出五要素的内容。

（2）意象地图描绘法：要求受访者勾画古镇区域或者他们所熟悉区域的草图。

（3）访谈、实地踏勘法：与受访者交谈，了解他们对古镇的印象并让他们确定自己所处的位置。

3. 实习区域概况

千年古镇南岳镇位于五岳独秀的南岳衡山脚下，北距长沙146km，南离衡阳市51km，东离衡山火车站仅15km，107国道和武广高速铁路从古镇穿越而过，交通便利。古镇总占地面积37973m^2，总建筑面积33550.3m^2。“南岳古镇”是由香市发展而成的古集镇，历史上曾是地区性的商贸中心，是中国首席宗教文化古镇，全国四大名镇之一。南岳古镇历史悠久、人文荟萃，古往今来，历代著名思想家、军事家、政治家和文人骚客慕名而来，在南岳留下了3700多首诗词、歌赋和375处摩崖石刻，也是中华民族文化艺术的宝库之一。南岳古镇自2003年起开始实施拆迁、重建工作，经过几年的整治修理，古镇已被打造成中国首席集请香、古镇玩味、古玩珍艺、旅游购物、风土美食、休闲娱乐、居住、泊车于一体的体验式文化商业古镇。南岳古镇主要的文物古迹有：南岳大庙、祝圣寺、黄庭观、御街牌坊等。

4. 城市意象概述

城市意象是指由于周围环境对居民的影响而使居民产生对周围环境的直接或间接的经验认识空间，是人的大脑通过想象可以回忆出来的城市印象，也是居民头脑中的“主观环境”空间。城市意象调查的目的是了解构成城市各要素的特点及组合规律。而城市规划是一个复杂的过程，需要对城市各要素进行分析。通过搜集结构性和评估性意象获得大范围较完整的意象空间，寻求人性化设计实施要点，有助于更好地实现城市设计与规划。

南岳古镇正在规划成为旅游名镇，借助城市意象的要素来分析古镇的意象，通过搜集结构性和评估性意象获得大范围较完整的意象空间，寻求人性化设计实施要点，有助于更好地实现古镇的设计与规划。

5. 调查结果分析

此次调查，我们采用了实地踏勘、访谈和问卷调查等方法，其中发放问卷70份，有效回收65份。调查显示，古镇的意象以南岳大庙为中心，以武广高铁、107国道、祝融路、金沙路、祝圣路等道路为骨架构成古镇道路网络体系。道路、地标和节点是影响古镇意象的主要要素。而交通便利、商业繁荣、有名胜古迹和风景较好的地方成为居民和游客心目中认知度较高的要素。古镇具体意象图，如图7.26所示。

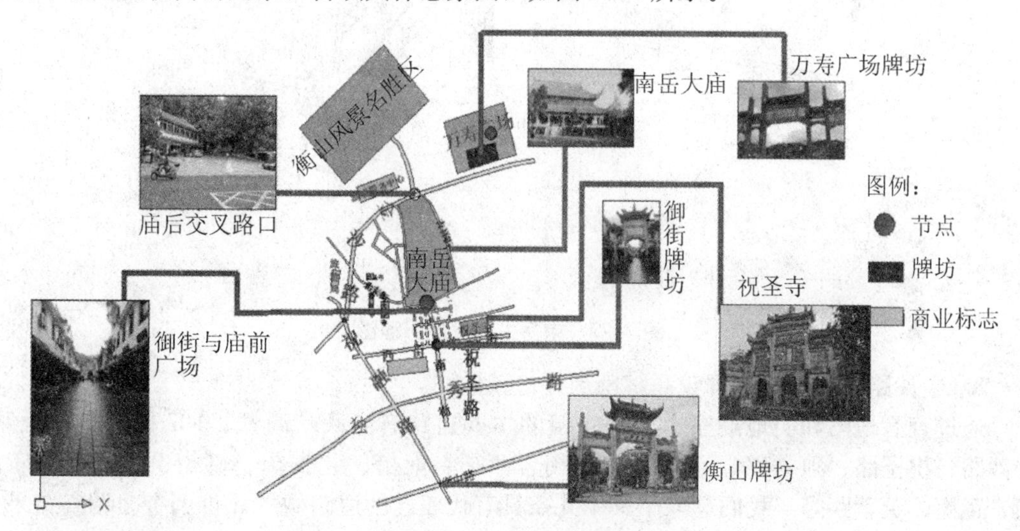

图7.26 南岳古镇意象图

1）古镇历史悠久，且发展规模不断扩大

古镇的历史可追溯到隋唐时期，据南岳志记载，唐武德初，南岳建司天霍王庙(即现南岳大庙)，环庙而形成香寺，初步发展成四街(即东街、西街、南街、北街)。唐开元十五年(727年)，岳庙受特大火灾，火延300余家，可见唐代南岳古镇已初具规模。至宋代已成为全国四大古镇之一。1984年，在古镇的基础上成立了南岳区，隶属衡阳市。根据南岳古镇发展历程图，我们可以清晰地看到南岳古镇规模的扩大和古镇的发展主要是以南岳大庙为中心，以东街、西街、南街、北街四条街道为构架，不断向四周扩展，从而形成了当今“南湖—中镇—北庙”的三段式空间布局形式(图7.27)。

2）古镇主要道路可识别性强

不同人群迷路经历统计，见表7－15。

表7－15 不同人群迷路经历统计

对象	从不迷路	经常迷路	迷路率	总 计
居民	35	0	0	35
游客	35	5	12.5%	40

由表7－15可知：对于当地居民而言，都能很好地识别道路，不会有迷路现象；而对于游客来说，87.5%的游客能很好地识别道路且能够找到自己所要到达的目的地，只有12.5%的游客不能很好地识别道路，说明南岳古镇道路的可识别性强。

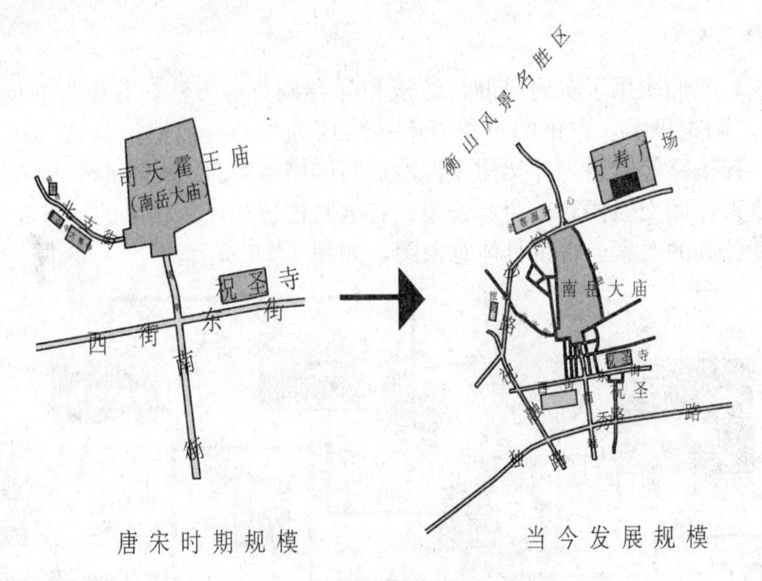

图 7.27　南岳古镇发展历程图

3）金沙路、祝融路评价较高，南街评价较低

通过查看地图和实地勘察，南岳古镇的主要道路有：武广高铁、107 国道、祝融路、金沙路、祝圣路、独秀路、东环路、东街、西街、南街、北支街、御街、仁和街、庙西街、正街、芙蓉路等。我们选取了其中几条具有代表性的道路做了评价调查。调查结果见图 7.28。

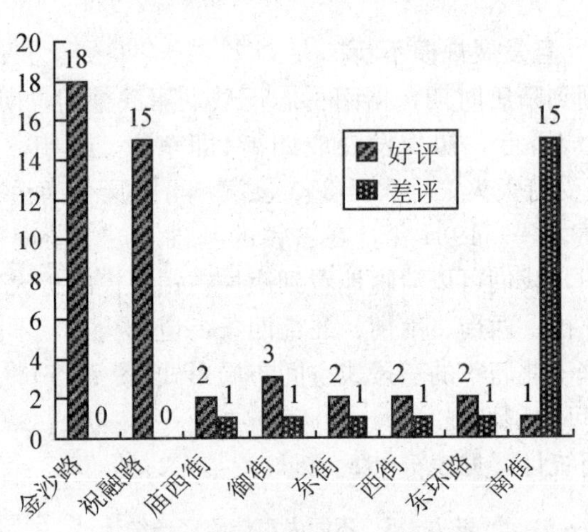

图 7.28　居民对主要道路的评价

金沙路和祝融路在人们心目中的好评度最高，主要是因为这两条路的环境和路况都较好；而南街狭窄的道路与节假日拥堵的交通状况导致其好评率最低，居民的口碑最差。

4）古镇边界不明显

边界是线性要素，但观察者并没有把它与道路同等使用或对待，它是两个部分的分界线，是连续过程中的线性中断。如图 7.29 所示为古镇边界认知度图。

由图 7.29 可知，居民不能很好地对南岳古镇的边界进行认知。大概 50%的游客和市

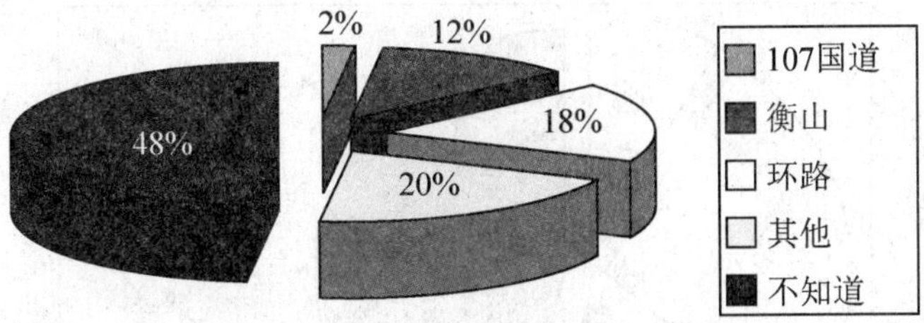

图 7.29 古镇边界认知度图

民对古镇边界不知道，不能对此作出任何解释；只有18%的人认为可将环路作为古镇的边界；大约12%的人认为衡山是南岳古镇的边界；将107国道作为南岳古镇边界线的人有2%。由此我们得出结论，居民对边界的认知度不高，古镇边界不明显。

5）南岳大庙是古镇的标志

标志物是另一类型的点状参照物，观察者只是位于其外部，而并未进入其中，标志物通常是一个简单的有形物体，如建筑、标识牌、商店或山峰等。如图 7.30 所示为南岳古镇的标志物调查比率图。

分析图 7.30 可知，将南岳大庙、衡山、祝圣寺、万寿广场、御街牌坊作为南岳古镇标志物的情况均有。其中68%的人认为南岳大庙是南岳古镇的标志物，有20%的人认为衡山可作为南岳古镇标志物，仅有少数人认为可将祝圣寺、万寿广场、御街牌坊其中之一作为南岳古镇标志物。由此可见，南岳大庙是古镇的标志物。

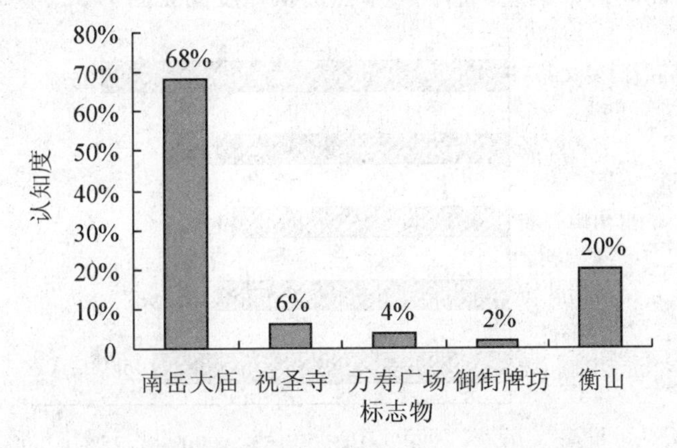

图 7.30 南岳古镇的标志物认知度调查比率图

6）交通便利、商业繁荣的区域认知度高，反之则低

区域是城市内中等以上的分区，是二维平面，观察者从心理上有“进入”其中的感觉。根据区域的定义及其在人们意象中的作用，我们将古镇大致分为四块区域，分别是南岳大庙区域、祝圣寺区域、万寿广场区域、庙前商业区域。南岳古镇区域的认知度图见图 7.31。

依图 7.31 我们可对这四大区域在人们心目中的感知度强弱进行递减排列，依次是南岳大庙区域、庙前商业区域、祝圣寺区域、万寿广场区域。南岳大庙位于古镇中心位置，地理位置优越、交通通达性好、香客众多，因此人们对南岳大庙区域心理感知度最高，认知程度最高，达46%；其次，庙前商业区也因其便利的交通和繁华的商业，人们对其的心理感知度也较高，达27%；祝圣寺同样也是佛教香寺，但是其规模小于南岳大庙，知名度

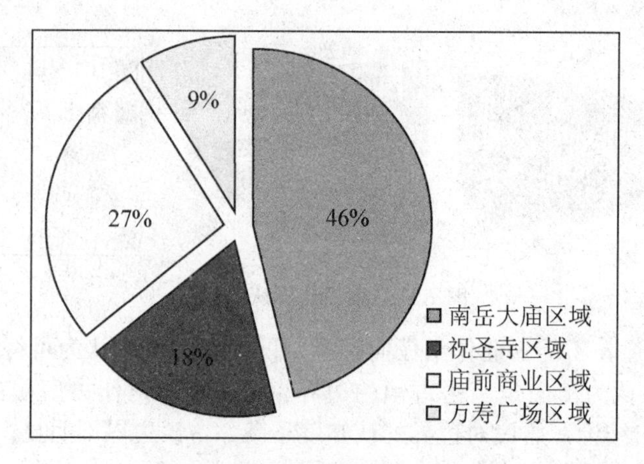

图 7.31　南岳古镇区域的认知度图

也略低于南岳大庙，从而人们对其的心理感知度也较低；万寿广场的交通便利，但因其修建时间较短，人们对其了解程度不深，所以人们对万寿广场区域的心理感知程度最低、认知程度最低，只有 9%。

7）居民对古镇节点认知度较高

节点是在城市中观察者能够进入的具有战略意义的点，是人们往来的集中焦点，它首先是连接点、交通线路中的休息站、道路的交叉或汇聚点、从一种结构向另一个结构的转换处，也可能只是简单的聚集点。居民对节点的认知度图见图 7.32。

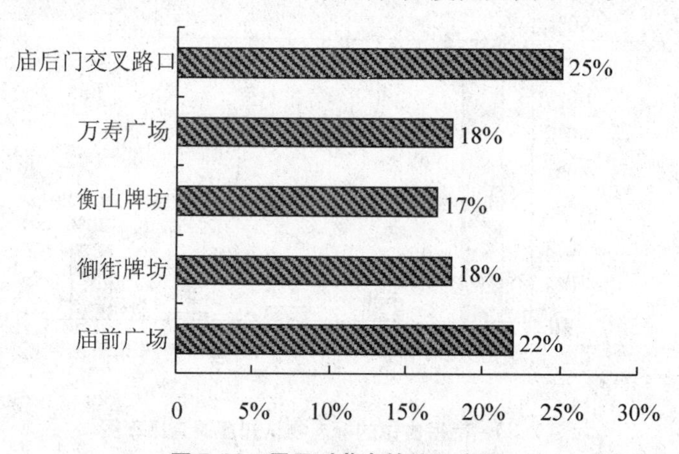

图 7.32　居民对节点的认知度图

根据节点的定义及对图 7.32 的分析，我们确定了南岳古镇的几个主要节点，依次是庙前广场、御街牌坊、南岳衡山牌坊、万寿广场以及南岳庙后门交叉路口、金沙路与祝融路的交汇点。从图 7.32 可以看出人们对南岳古镇节点认知能力较强。其中庙前广场连接着庙前商业区与南岳大庙，认知度较高，有 22%；南岳后门交叉路口连接着衡山风景区与古镇，认知度最高，达 25%；这两个节点也是古镇最重要的节点。但是由于规划不合理，南岳大庙后门便利的交通和宽阔的沥青路与大庙前门狭窄的街道形成巨大的反差，因此大多数人出现了对南岳大庙前后门感知颠倒的现象。

6. 措施或建议

(1) 要促进南岳古镇旅游资源的进一步发展。古镇应坚持走旅游资源“多点开花”路线。“多点开花”即政府开发南岳旅游资源不应局限于宗教文化景观资源，还应该大力开发人文景观资源、自然景观资源等旅游资源要素，实施构建“大南岳”旅游圈，将南岳古镇文化推向中国旅游大市场，乃至世界旅游大市场。

(2) 改善南岳街道路面状况，实施有效的人车分流措施。如东街、西街、南街、北街应限制车辆行驶，安置更多醒目的路标，增强道路的方向性。

(3) 加大对南岳古镇各区域的对外宣传力度，大力打造各区域的旅游特色，打造各区域的标志物名片，以此来扩大万寿广场区域的对外知名度，扩大区域的影响力。

(4) 在各区域之间设置一些过渡带，增强区域的边界作用，以此增强人们对区域的感知能力。例如庙前商业区与南岳大庙区域的庙前广场，我们可对其进行景观设计，用花卉等景观设计物种进行区域划分；又如南岳大庙区域与祝圣寺区域之间可由道路进行连接，缩短区域之间的距离，并在这条道路上栽种一些桃树与毛竹，增强景观美感的同时也可以此为过渡带划分这两块区域。

(5) 合理设置节点，要注重节点与中心古镇区域旅游资源的连接。节点设置应更靠近古镇中心区域，而不应该在祝融路与衡山路的交接处设立衡山牌坊。合理运用节点作用，突出主要节点的作用。例如要主要突出御街牌坊节点和庙前广场节点的作用，从而让人们能更好地区分南岳大庙前后门。

7. 报告评析

该报告运用凯文·林奇的城市意象调查方法，采用问卷调查和地图识别、意象地图描绘以及访谈、实地踏勘等方法，从心理学视角了解古镇意象。通过对古镇意象五要素(道路、区域、边界、节点、标志物)的详细分析，不仅从人的主观体验角度对南岳古镇有了新的认识，更是将理论与实践相结合，在以后的城市设计实践中可以充分运用这一方法，来达到环境与人的良性互动。存在的问题有：绘图不规范，要素过于杂乱，没有很好地突出重点；对这五要素的分析较为详细，但不够深入，目前大多城市意象调查都是基于比较大的城市，而倘若能抓住古镇的意象调查这个特色，相信会得出新的东西。(评析人：蒋志凌)

7.2.5 衡阳城市广场道路绿化设计调查与分析报告

□报告完成人：吴倩、寻丹丹、白杨、秦璐、朱扬芬、杨琬云、冯维、吴国祥、陈旭

□实习时间：2011 年 11 月 29 日

□实习地点：衡阳市三个具有代表性的广场和三条道路：广场分别是莲湖广场(位于商业街解放大道与蒸湘南路的交叉路口旁，娱乐休闲特点突出)、石鼓广场(临近石鼓书院，文化气息浓厚且同时具有防洪作用)、太阳广场(市政广场，位于华新开发区，处于衡阳市委对面)；道路分别是湘江南路(位于湘江边，有沿江风光带)、解放大道(城市主干道)、中山南路(商业街)

□指导老师：杨立国、齐增湘

1. 实习目的

通过本实习专题，需了解广场的绿地构成要素、绿化现状及存在的问题；了解道路的断面形式、行道树种、绿化设计特点及存在的问题；熟练掌握城市调查的各种方法。

2. 实习方法

本专题主要采用文献查阅、问卷、实地调查、踏勘、拍照、速写草图等方法进行资料和数据的采集。

3. 实习区域概况

衡阳，位于湘江中游，雄踞湘南门户，依南岳、面两广、望闽越，贯通南北，呼应沿海，历为湘南战略中心，是全国重要的交通枢纽。现辖五县二市五区，总面积 15300km^2，总人口 726 万人，为湖南省第二大城市，是全国老工业基地城市，全国抗战纪念名城和省级历史文化名城，并被评为全国“双拥”模范城市、全省文明城市、全省优秀旅游城市。衡阳属典型中亚热带气候区，区系地理处于华中与华南、华东与黔桂交汇地，植物区系呈现出南北交汇、东西过渡、成分复杂的特点，植物资源丰富。本小组此次选取的考察地点所在区域有蒸湘区、雁峰区以及石鼓区。其中从属于蒸湘区的华新开发区为衡阳市近年来重点开发的区域，也是衡阳市发展最好的区域。

4. 道路广场绿化设计概述

道路广场绿化设计对于一个城市的综合发展来说占有举足轻重的地位，绿地具有吸烟、止尘、减噪等环境净化和环境美化功能。城市道路断面形式有一板二带式、二板三带式、三板四带式、四板五带式及其他形式。城市道路绿化一般应选择冠大荫浓、主干挺直、树体洁净、落叶整齐，无飞絮、毒毛、臭味的树种，而且应以乡土树种为主，从当地自然植被中选择优良树种即可。

5. 广场道路绿化调查结果分析

本次调查我们采用了实地踏勘、访谈和问卷调查等方法对衡阳市的广场及道路的绿化现状进行了调查。其中问卷共发放 65 份，有效回收率达 100%。调查发现，我们所调查的三个广场和三段道路的绿化都存在不同程度的问题。但总体说来，市民对衡阳市的广场道路绿化状况较为满意。

1）广场绿化率高，水域面积偏小

由表 7 - 16 可知，莲湖广场、太阳广场、石鼓广场的绿化率分别为 53.8%、67%、80%，都超过了总面积的一半以上，绿化率比较高。而水域面积却过小，只有莲湖广场有 9425m^2 的水域，太阳广场和石鼓广场几乎没有水域。在实地踏勘中，我们也了解到，石鼓广场由于处于蒸水汇入湘江的河口，有蒸水和湘江的大片水域为景观，水域面积有所补充。

2）广场绿化植物中乔木种类较丰富，花草种类较少

表 7 - 17 的调查资料显示，三个广场的乔木种类都较为丰富，每个广场都有六种以上，而且乔木都以本地植物为主，遵循了“因地制宜”的原则。同时大量的乔木可为在广场休闲的市民遮阴避凉，提供了良好的休闲空间。但灌木和花草的种类偏少，特别是花草的种类，如石鼓广场只有杜鹃及一般的草皮，不能满足市民的审美要求。

表 7－16 三大广场水域面积及绿地率表

广 场	莲湖广场	太阳广场	石鼓广场
总面积/m^2	41600	56100	31800
水域面积/m^2	9425	0	0
绿地率	53.8％	67％	80％

表 7－17 三大广场植物种类统计表

广 场	植 物 种 类
莲湖广场	乔木：樟树、柳树、槐树、桂花树、棕榈树、竹子 灌木：小叶女贞、铁树 花草：月季花、草
太阳广场	乔木：广玉兰、银杏、樟树、桂花树、梨树、雪松、枫树、樱花树、棕榈树 灌木：铁树、女贞树、油茶树等 花草：美人蕉、兰花、蔷薇、草
石鼓广场	乔木：梧桐、香樟、垂柳、木槿、桃树、樱花树、竹子、枫树 灌木：冬青、小叶女贞、女贞 花草：杜鹃、草

3）三大广场的绿地设计各具特色

我们所调查的三个广场，由于区位的差异，绿地的设计也各具特色。莲湖广场位于商业较繁荣的解放大道与蒸湘南路的交叉路口旁，商业氛围浓厚，所以广场绿化设计采用以水为中心，周围搭配植物，以示招财进宝之意；太阳广场属于市政广场，位于华新开发区，处于衡阳市委对面，所以绿化布置形式规整，高低错落有致，体现了政府的公正廉洁；石鼓广场临近石鼓书院和蒸水入湘江的河口处，文化气息浓厚且同时具有防洪作用，因此，绿化布置以“曲，静，幽”为特色。具体布置特色见表 7－18。

表 7－18 三大广场的绿化设计形式

广 场	绿地设计形式
莲湖广场	莲湖广场总体上看是个盘地，以阳光广场为中心，东南两面有以荷花花瓣形的人工湖；北面设置大片绿地，以高大的樟树和草地为主，形成较好的遮阴效果；西面为三块组团绿地，有小路相通，可以畅游其间
太阳广场	以广场为中心，广场的内圈和次圈布置以低矮的女贞树为主，镶嵌蔷薇、兰花的绿化带；最外圈的绿化广场由四个入口分成了四大块，植被主要以草皮、高大的乔木为主，成为遮阴良好的休闲区；整个广场从中心向外，依次是低矮的灌木、中等高的乔木、高大的乔木，起到衬托广场中心雕像的作用，也构造出了安静、围合的广场休闲空间
石鼓广场	以雕塑为中心，依次布置环形灌木丛，中心周围有一条宽 2m 的环路隔出两圈环形的花坛；另有从中心放射出三条 6m 宽的大道通行，两条进道，另一条通向石鼓书院，余下空地全由植被覆盖；邻水两岸则主要布有竹子、枫叶树等乔木，生长繁茂，密度较高，其间有半米宽的单人通道，树木掩映下，行人有“曲，静，幽”之感

4）广场的休闲效果较好

通过对市民的休闲满意度调查，我们了解到，市民对广场的休闲效果比较满意（图 7.33）。市民中认为广场的休闲效果优异的比例达 47%，休闲效果良好的占 50%，而只有 3%的市民认为休闲效果不佳。这说明广场是市民工作之余重要的休闲场所，也是休闲效果较好的地方。

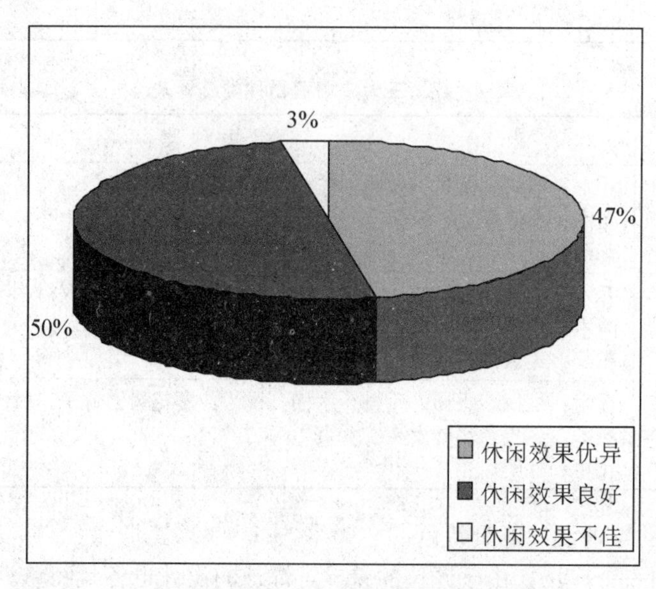

图 7.33　城市广场休闲效果调查结果

5）道路断面形式均为一板二带式，绿化形式规整、管理方便

道路绿化设计形式主要分为规则式、自然式和混合式三种，通常是根据不同的功能分区设计不同的绿化形式。树木的配置形式主要为孤植、对植和丛植。我们调查的三段路的断面形式都为一板二带式（表 7-19），即中间为车行道，两边为绿化带的布置形式，简洁规整，易于管理。以解放路为例，它是一条典型的一板二带式道路（图 7.34），宽约 30m，其中绿化带宽约 2m。绿化形式以规则式为主，树木配置形式为孤植，以高大的香樟树和枫树为主，其中香樟树约占 90%。灌木为女贞与春鹃。

表 7-19　衡阳市行道树种类相关数据表

路　段	湘江南路	解放大道	中山路步行街
城市区位	城区中、东部	城区中部	城区中部
道路形式	一板二带式	一板二带式	一板二带式
车道数	4	8	4
宽度/m	10	18	12
人行道宽度/m	3.5	3.5	5
有无隔离绿化带或护栏	无护栏	有护栏	无护栏
绿化带宽度/m	2	3	1.5
行道树间距/m	4.5	7.5	5

续表

行道树种类	枫树、樟树	樟树、悬铃木	香樟、梧桐
灌木种类	女贞、春鹃	女贞、山茶、红花檵木	无
绿化形式	规则式、混合式	规则式、混合式	规则式
配置形式	孤植、对植、丛植	孤植、对植、丛植	孤植

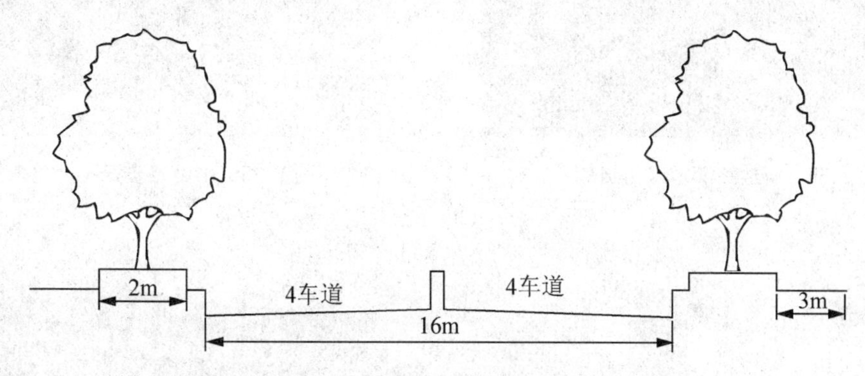

图 7.34　解放大道道路断面图

6）道路绿化植物品种多样，本地植物利用率较低

衡阳属典型中亚热带气候区，区系地理处于华中与华南、华东与黔桂交汇地，植物区系呈现出南北交汇、东西过渡、成分复杂的特点，植物资源丰富。据初步调查统计，衡阳现有植物约 99 科 324 属 1047 种，栽培植物 516 种(含变种)，隶属于 78 科、195 属。可见衡阳城市绿化可利用的植物种类颇为丰富。然而，根据实地调查和查找相关资料发现，衡阳市道路行道树品种共有 26 种，最常用乔木树种是香樟、广玉兰、悬铃木、银杏、栾树、杜英；灌木品种共计 34 个品种，最常用的植物有红花檵木、春鹃、女贞、小叶栀子、山茶；草本植物有 14 种，主要以麦冬、酢浆草、美女樱为主。调查区域绿化植物的品种共计 60 种，只占衡阳植物 1046 种的 5.7%，本地植物利用率低。

7）道路植物群落结构单一，未形成特色

在调查的路段中，存在着大量以草代树、随意点植灌木的绿化形式(图 7.35)。城市中心区的道路绿带多为单层乔木、乔加灌和灌加草的绿化结构，复层结构的群落种植方式还未得到广泛应用。这些单一的植物群落结构不仅使植物的生态功能不能充分发挥，也使景观单调、雷同，没有特色。特别是中山路步行街，以单植乔木或乔加灌的布置形式为主(图 7.36)，就显得单调，无法营造出美观舒适的购物环境。

8）广场道路的绿化管理不到位

调查发现广场道路的管理非常不到位。由图 7.37 可知，在接受调查的市民中，仅有 11%的市民认为对广场道路的管理及时到位，大部分市民认为管理还不到位。首先，广场道路上随处可见被践踏的草坪(图 7.38)和死亡的植物，但有关部门并未进行及时的重植，使广场的绿地质量大打折扣。其次，许多市民有随手乱扔果皮纸屑以及践踏草坪的坏习惯，给广场的绿地造成污染和损害，但是有关部门很少在绿化旁树立提示牌及对市民进行环保宣传教育。再次，行道树修剪不及时，不仅影响美观，还影响行人及司机的视线，存在安全隐患。最后，电力、电信等设施占用绿化花坛(图 7.39)，影响美观。

图 7.35　解放路灌木绿化结构

图 7.36　中山路步行街绿化形式

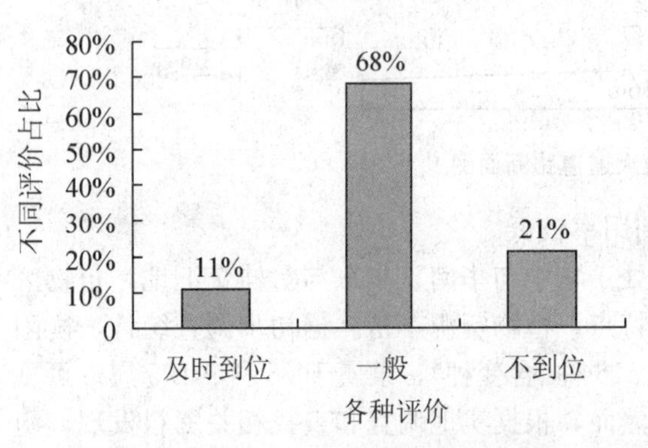

图 7.37　市民对广场道路管理评价调查图

图 7.38　被踩踏的道路绿植

图 7.39　被占用的绿地

6. 建议

(1) 充分开发本地植物资源，合理引进花卉。坚持“适地适树”原则，在城市广场与道路绿化中以乡土树种为主，外来引种为辅，注重植物的生物学特性。衡阳属典型中亚热带气候区，植物资源丰富，应积极开展乡土植物的应用研究，积极推广适合城市道路绿地绿化用的植物种类，加大落叶植物的运用比例；重视色叶植物的引进和花卉、草本植物的开发应用，增加景观的多样性，增加绿化植物的季节识别度。

(2) 树立“以人为本”的理念，营造具有特色的植物景观。根据城市生态建设及城市夏季遮阴功能的要求，营造层次丰富的植物景观，多植冠大荫浓的乔木树种，满足人们对遮阴的需求。同时，应充分发挥植物的建造功能，利用植物创造丰富的景观空间，以满足不同人群的不同需求。

(3) 适当改变城市主干道的道路断面形式。一板二带式不能承担严重的尾气污染，应往二板三带式、三板四带式等更高的层次发展。

(4) 扩大道路绿化范围，做到绿化与城市环境相和谐。绿化应达到一种覆盖面广、平衡的状态。行道树种的种植可以采取树池式与树带式相结合的形式，使道路的绿化更加丰富。

(5) 加强城市绿化管理。俗话说“三分栽，七分管”，绿化容易维护难。完善法规，依法管理是保护园林绿化和进行绿化建设的根本保证，要依靠法规解决管理不得力的问题。同时加大宣传力度，增强群众对城市道路及广场绿化的参与意识和维护意识，做到“维护绿化，人人有责”。对绿化植物及时进行松土、杀虫、修剪。合理规划地下管网，以免绿化用地被其占用。

(6) 优化中山路步行街绿化设计。第一要增加绿地面积；第二，要设置一些观赏性较强的花坛、喷泉；第三，丰富绿植的布置形式，合理搭配乔木、灌木、花草等。中山路步行街的优化设计图如图 7.40 所示。

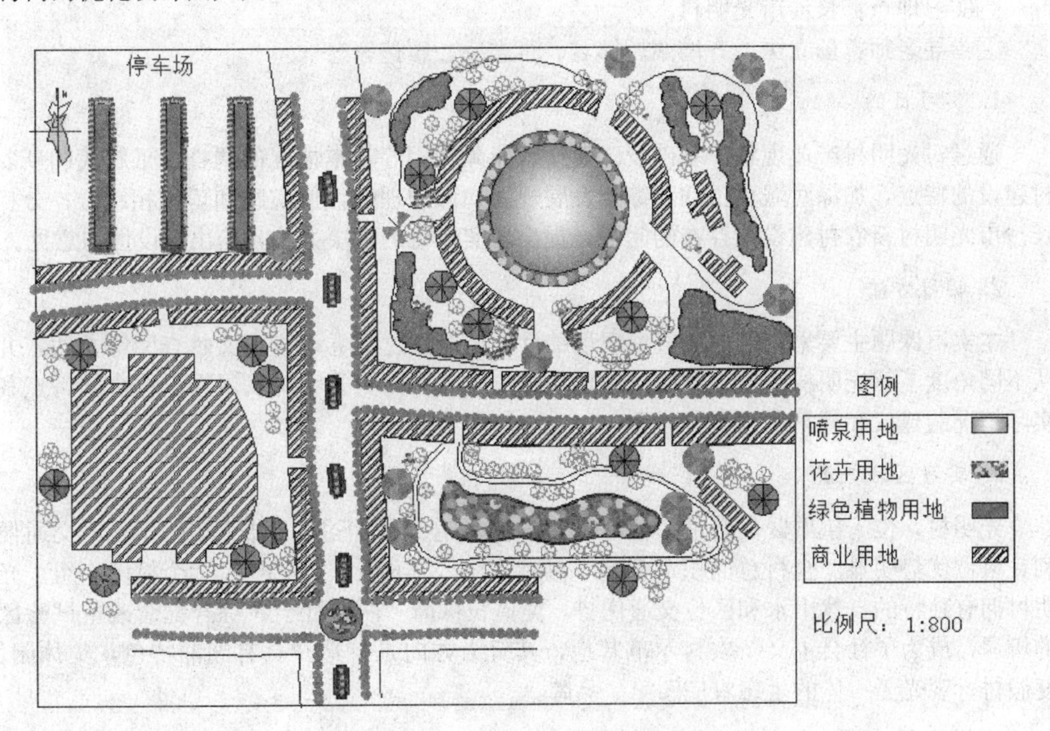

图 7.40　中山路步行街的优化设计图

7. 报告评析

该报告采用了实地踏勘、访谈和问卷调查法，选择了衡阳市三个典型的广场和三条主要道路，对它们的绿化现状、道路断面形式、行道树种及存在的问题等作了比较详细的调查，并提出了自己的对策建议。其中对广场植物种类，行道树种类、间距、大小等都有详细的统计，道路断面形式也有清晰的示意图。这些都做得非常好。相信同学们对衡阳城市广场道路绿化设计有了比较深刻的体会。但是也有需要改进的地方。如在"广场道路绿化调查结果分析"这章中，得出的结论(1)：广场绿化率高，水域面积偏小。这个"水域面积偏小"如何界定，并不是每个广场都有水域，也并不是每个广场都需要大面积水域。结论(3)：三大广场绿地设计各具特色。对三大广场的绿化设计形式有详细的描述，假如能配上示意图就一目了然了。提出的建议"扩大道路绿化范围"，如何在保证道路通行能力的前提下，扩大道路绿化？该建议较肤浅和想当然。所以报告还可以更加深入和严谨。(评析人：廖诗家)

7.2.6 长沙市光明村新农村建设调查报告

□报告完成人：张羽、侯志辉、李谦、罗娜、贺喜楼、阳慧、黄佳欣、胡萍、郑志芬、高静

□实习时间：2012年12月2日

□实习地点：长沙市光明村

□指导老师：杨立国、齐增湘、邹君、蒋志凌、廖诗家

1. 实习目的

通过对光明村产业现状、基础设施建设、能源利用等基本情况的调查，了解我国新农村建设的特点，加深对城乡现状和综合发展规划知识的理解，使实践和理论相结合；分析长沙市光明村新农村建设中存在的问题，提出切实可行的解决办法，给出建设性的意见。

2. 实习方法

本实习课题主要采用实地调查、现场踏勘、访谈法、问卷调查、文献查阅等方法，并从不同角度了解光明村产业、基础设施现状等情况，从而为光明村发展提出符合其特点和实际情况的建议和规划构想。

3. 实习区域概况

光明村，位于望城区白箬铺镇西北部，金洲大道穿村而过。距长沙市15km，交通便利，区位优势明显。全村总面积7.5km^2，共有居民3546人、946户、42个村民小组。光明村拥有独特的自然山水和区位交通优势，凭借长株潭"两型社会"综合配套改革试验区的机遇，成为了社会主义新农村示范基地，其努力方向是打造"具有湖湘特色，集休闲、度假村、观光于一体的生态农庄"第一品牌。

4. 新农村建设概述

新农村建设是在社会主义制度下，按照新时代的要求，对农村进行经济、政治、文化和社会等方面的建设，最终实现把农村建设成为经济繁荣、设施完善、环境优美、文明和

谐的社会主义新农村的目标。2005年10月，中国共产党十六届五中全会通过《十一五规划纲要建议》，提出要按照“生产发展、生活宽裕、乡风文明、村容整洁、管理民主”的要求，扎实推进社会主义新农村建设。生产发展，是新农村建设的中心环节，是实现其他目标的物质基础。生活宽裕，是新农村建设的目的，也是衡量工作的基本尺度。乡风文明是农民素质的反映，体现农村精神文明建设的要求。村容整洁是展现农村新貌的窗口，是实现人与环境和谐发展的必然要求，是新农村建设最直观的体现。管理民主是新农村建设的政治保证，显示了对农民群众政治权利的尊重和维护。

5. 调查结果分析

1）总产值高，特色产业发展快，但产业结构欠合理

光明村年总产值较高，GDP连年保持平稳增长，2010年的总产值已达到了3000多万，其中农业产值占大半部分，非农业产值占的部分相对较少。产业结构以第一产业和第三产业为主，第二产业以农产品加工为主，只占很小的一部分。整体来说，作为新农村建设示范区，光明村生产较为发展。

光明村结合现状地形地貌和项目引进情况，合理规划特色产业布局，大力培育优势农业产业。全力打造“五谷”（桃花谷、枇杷谷、葡萄湾、梅花坪、梨花谷），“八景”（大塘梅湾、潇湘画苑、枫桥野渡、八曲烟雨、湘酒佳味、红枫岭、荷塘古韵、田园牧歌），并着力打造“谷地休闲养生区”、“农业观光体验区”、“山地旅游度假区”及“滨水生态休闲区”四大功能区。由此可见，光明村已形成以特色农业为主导，以生态观光等乡村旅游业为辅助的特色产业群。可见光明村特色化产业类型较为丰富，是当地经济发展的主要支撑（图7.41）。

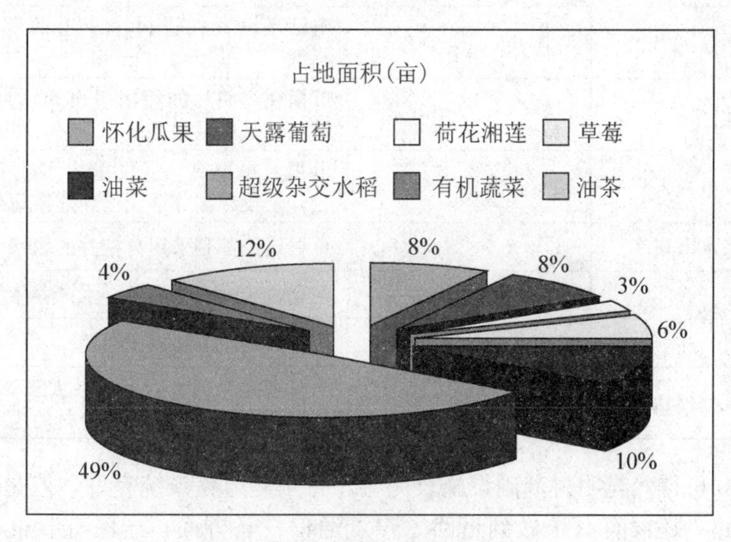

图7.41 特色产业土地利用分类

2）村民收入高，人口年龄结构不均衡，主要为老人小孩

光明村村民收入来源较广：主要是青壮年外出务工、留乡村民将土地承包给外地商人、留乡村民帮助承包商进行经济作物打理等。青壮年人均月收入一般为4000～5000元，人均年收入10000～15000元，一家三人可赚15000元左右，较其他农村收入水平高，生活较宽裕。光明村平均每户家庭四口人，基本每户人家都有人员外出务工，村内以老年居

民和小孩和承包商聘请的流动人口为主。本村青年人一般外出务工，务工地点多为长沙等临近城市，工作种类涉及各行各业，而外出务工原因部分是因为家里没有田地可以种植。综上所述，光明村人口流动性较强，本村存在留守儿童现象，人口结构不均衡。

3）基础设施较完善，居民满意度高

光明村作为新农村建设的典型，全村的基础设施得到了逐步完善，村民、游客的满意度都较高。光明村基础设施建设情况，见表7-20。

表7-20　光明村基础设施建设情况

设　施	细　项	数　据	具体情况
道路基础设施	道　路	主干道、村级道路、组级道路、登山道	道路铺面皆为沥青路，路面硬化好，道路系统通达性好，但是存在排水不畅、路面不平等情况，宅间路存在断带现象
	停车场	5个	停车场铺面好，但是停车位较少，停车场整体数量少、位置摆放不够便利
	路灯	151盏	路灯采用的是太阳能蓄电式，节能环保，但只在村级道路上才有
	垃圾站垃圾桶	遍布全村	较多的垃圾站设置在农田中，会影响到农田土质
电力保障设施	变电站、变电器	2个 8台	电力保障稳定，全村电力收费为0.588元/度，变电站防护措施好，保护完好
	风力发电厂	1个	设置的风力发电厂在日常供电中起到了小部分作用
通信设施	电话亭	5个	电话亭设置在进村主干道两侧，但居民使用率低
	广播	1个	广播在光明村的使用率很低，大部分居民传播消息都是电话联系
	有线电视入户率	100%	电视入户率高，居民家中可收到50多个电视台，学校和部分居民已经连接宽带
水利设施	自来水入户率	0	全村居民都是采用自挖井的取水方式
	水库	1个	在全村起到农业灌溉，水产养殖等重要作用
	水渠	众多	广布田间，但是建设粗糙
	污水处理站	15个	全村水源保护点众多，且大多布局在居民水井处，污水处理站保护了全村的生态环境

由表7-20可得，光明村基础设施较完善，特别是道路系统完好，但是居民之间的宅间路存在泥巴路，还没有真正做到道路入户。通信设备方面，居民有线电视入户率高达100%，居民日常可收到55个频道。但是，电话入户率较低，大部分居民都是采用手机进行联系。村里的广播也没有真正起到传播信息的作用。电力保障稳定，居民家中都是采用国家电网的四线电，收费较合理，居民普遍反映很好。全村供水都是自挖井。通过访谈得知，居民觉得井水水质比自来水好，而且接通自来水还要铺设地下管线，浪费资源。通过走访发现全村有污水处理站15个，以及若干水源保护点，不仅设施完善，也保护了生态环境。从整体的基础设施设置以及完善程度出发，光明村的村容十分整洁，村民和游客的

评价都很高。

4）绿色能源得到推广

光明村在生态环保、资源节约方面投入大量专项经费，结合自身特点，重点用于新能源利用、乡村环境卫生治理、节约环保理念推广和自然资源保护上(表7－21)。

表7－21　光明村生态环保、资源节约情况

项　　目	沼气池	太阳能热水器	垃圾回收站	污水净化处理池	垃圾桶
数量/个	125	110	1	1	300

光明村现有沼气池125个，全村分布了较多的绿色生态点(表7－21)，67％的村民家中都是使用的沼气，19％的村民使用液化气，只有6％的村民使用薪柴(图7.42)。可见，能源利用方面，全村都是比较注重环保的。但是从村民口中得知，并不是所有家庭都愿意使用新能源，这说明村干部宣传不够到位，没有让老百姓了解到应用新能源的好处。在环境保护方面，全村村级道路两侧设置了统一规范的垃圾桶，村部设置垃圾处理站一个，可以较好地满足垃圾处理的需要。

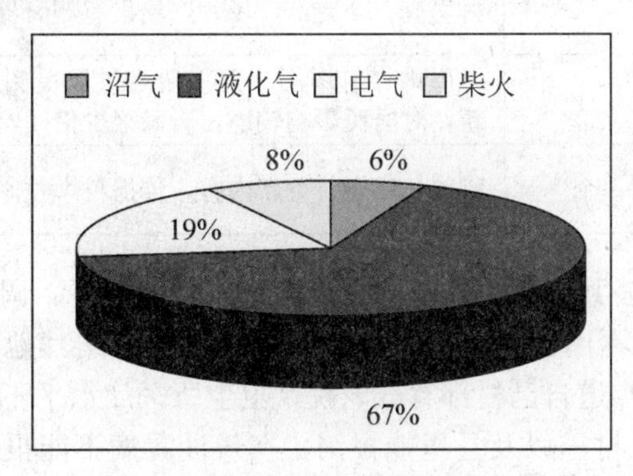

图7.42　光明村家庭能源使用比例图

5）公共服务设施较完善，使用率偏低

光明村公共服务设施较其他农村完善，有学校、幼儿园等教育设施，歌厅、休闲会所等娱乐设施以及广场、书屋等文卫设施。但是，整体上来说，居民的使用率并不是很高，设施没有得到充分的利用，发挥其应有作用(表7－22)。但是根据访谈结果来看，光明村的村风不错。

表7－22　光明村公共服务设施基本情况

设　施	数　量	具 体 情 况
学校	1所	学校占地面积小，食堂等功能区全在一栋教学楼中，目前学校正在改建中；学校设备陈旧，桌椅分为两种(木、金属)，设有配备电脑房；全校共190人，其中有8名教师，教师有电脑
幼儿园	1所	规模较大，环境较好，村民满意度很高
敬老院	1所	设施配备尚可，只有部分老人居住在此
卫生所	2所	卫生所为村级诊所，地处偏僻，只有基本的医疗器材；全村已购买医保，老人可每年免费体检一次

续表

设 施	数 量	具体情况
邮局	无	村民需要到邻近的北岳乡办理邮寄业务
邮电所	无	村民需要去友仁镇缴费
信用社	无	居民办理银行业务要去友仁镇
移动营业厅	1家	只有少部分的居民在本村缴费，大部分都是去镇上
商店	5家	商店零散分布在村级道路两侧，门面较小，只能满足居民日常的购物需要
农家乐	8家	在光明大道沿线，依托大塘梅湾的优美景色规划设置农家乐片区，大力发展乡村旅游产业
娱乐设施	休闲会所1家	能起到一定的娱乐作用，但是居民很少光顾
	歌厅1家	歌厅位于村级道路旁，居民很少在此进行娱乐，没有起到应有的作用
文卫设施	广场1个	村里有一个支部广场，广场设有健身器材，但是器材数量较少
	农家书屋3处	书屋内存有图书1万多册可供居民阅读，但是书本没有及时更新，对居民影响较小，居民很少借阅
	科普长廊一个	科普长廊定时更新内容，传播科学技术、卫生知识

由表7-22可知，公共服务设施基本可以满足该村的需要。调查得知该村学校为小学1～6年级，本村的孩子不用去其他村子上学，而且还能接纳其他村的学生；敬老院的影响力很小，许多居民不知道自己村部有敬老院；卫生所医疗水平不高，新型农村合作医疗（简称“新农合”）只能在村里以及县里能报销，在长沙看病不能报销，这无疑体现了农村“看病难”的大问题；村里没有邮电所，交电费很困难；电话亭基本上覆盖了全村，但随着手机、电话的普及，公用电话失去了它应有的地位，现状都已破损，无法使用；村里的移动营业厅、商店营业额不高，大部分村民都是去镇上采购的时候顺便交电话费、电费等；科普长廊、农村书屋等都成为了一种摆设，没有在村民中产生影响力，居民主要的休闲娱乐活动为打纸牌、麻将等，活动类型比较单一。

6）民主建设有待提高

村委干部三年改选一次，定在三月份，18岁及以上成年人全体投票，有村民反映存在拉票情况；村干部主要是当地居民，也有外村调入的。涉及村集体事物的决断由村委干部少数村民代表讨论后公示结果，一般村民没有决策权，被动接受下达意见。

7）居民住宅风格统一、大方美观，但缺乏实用性

按照改造“青瓦白墙，朱门木窗”的标准，砖木的结构类型，房屋一般都有两层，大概200m^2，15间房左右，采用统一色调，白墙、灰色坡屋顶，整体感观统一协调，具有湖乡特色，并配套完善了庭院绿化。但房屋空置率高，多数房屋贴牌招租；据调查村民反映，认为这些房屋华而不实，房屋虽然错落有致，但都是政府统一规划，没有考虑到居民的实际需要，有门面工程之嫌，且房屋改造补贴尚未落实。房屋改造分为三期进行，三期民居改造共完成235栋。

6. 建议

（1）着力发展特色产业，提高第三产业产值，改善产业布局，将产业设置真正落到实处，而不是简单地给游客参观构想图。其次提高村民参与度，让当地村民真正参与到乡村建设中来，自己对土地进行利用规划，而不是单纯地承包给外地商人。除了现有的项目，还可以开设主题文化、饮食旅游，将农业与旅游业结合起来，城里人出资购买土地短期的使用权、种子、化肥等物资，由村民负责打理，最终收果实的时候，城里人负责给村民一定的金钱回报。由此农业发展和旅游业发展就可以并驾齐驱。

（2）加快农村的经济发展，使青壮年能够回到本村进行工作，提高农村吸引力。

（3）应加快基础设施的完善。加强道路设施的完善，减少交通事故的发生；最大化地利用广播，应该分时段(早晨7:00，中午12:00，晚上18:00)播放新闻、歌曲；村委会建立手机飞信，定时给村民以及外出打工的人发送村里新闻；加强与大型医院建立合作关系，切实保障医疗条件。招聘具有经验的医护人员，与市里大型医院建立合作关系，定期开展下农村会诊活动；对于破旧的垃圾桶、路标警示牌及时补修、更换，选定合适地点建设垃圾池，并组织群众清理卫生死角，清除各类垃圾、路障。

（4）提高公共服务设施的使用率，做到物尽其用。村委会要多鼓励村民加大对农村书屋的利用，多学习科普知识，创造良好、健康的村风村貌。同时要提高商业服务的质量，让村民可以在本村解决购物、缴费等生活需要。

（5）管理民主化，发展规划透明化，光明村的发展规划不能使其成为上级政府检查的绩效工程。应开展以“了解光明·发展光明”主题活动，定时利用广播通告政策，具体细则及时公布，让村民了解光明村的发展，参与到光明村的决策中来。

（6）在住宅规划方面要加强与村民的交流，做到双赢。减少门面工程，将乡村规划落到实处。

（7）光明村现状图(图7.43)与综合规划构想图(图7.44)。

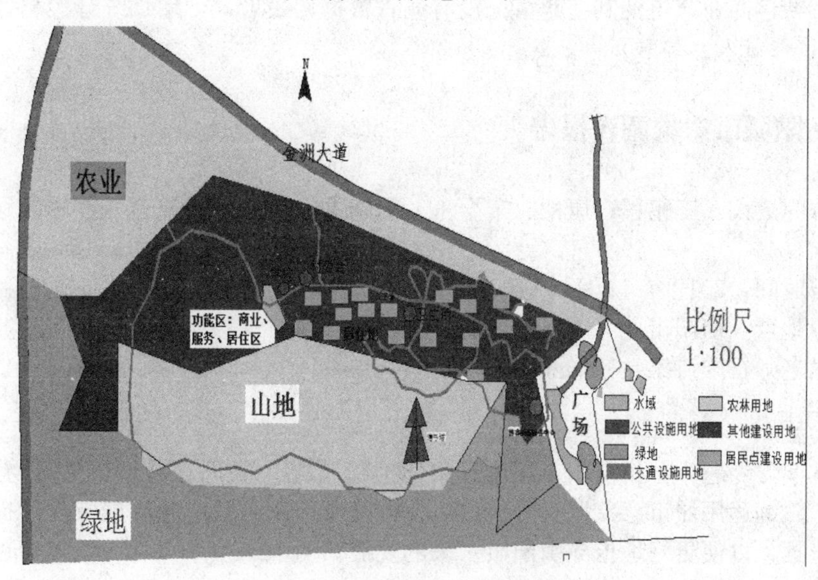

图7.43　光明村土地利用现状图

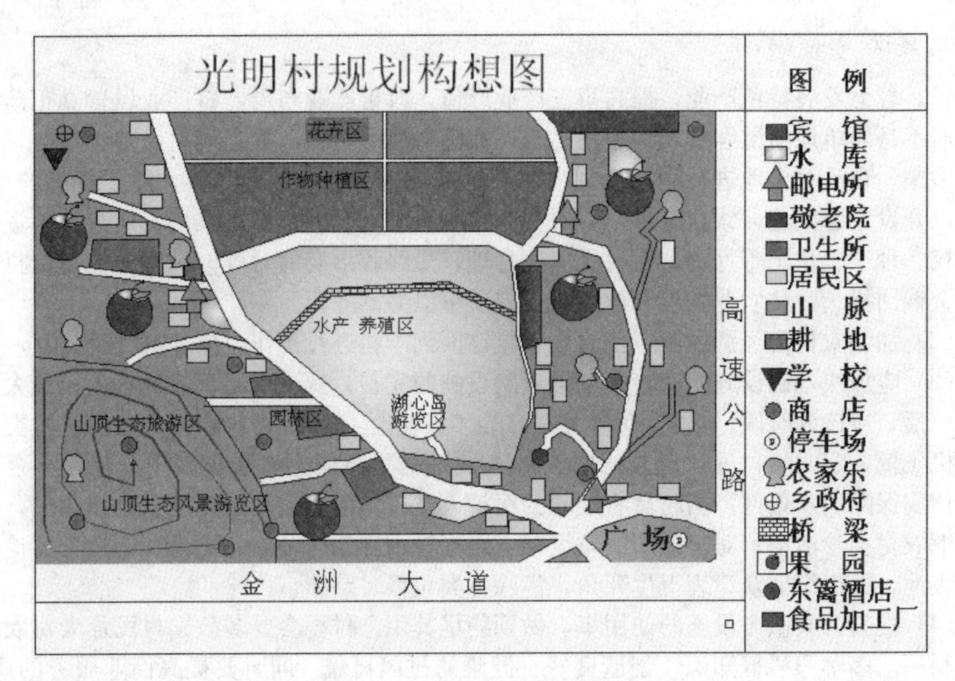

图 7.44 光明村综合规划构想图

7. 报告评析

报告从产业发展、居民收入、基础设施、公共服务设施、绿色能源、民主建设和住房情况等诸多方面对光明村新农村建设情况进行阐述，内容涉及面广，分析较为深入，思路清晰，层次分明，形式规范，论证过程具有较好的逻辑性。整体来看，是一篇不错的专题实习报告。尚可改进之处：首先，有些语言表述略带口语化；其次，产业调查部分欠深入，例如，特色产业产值及其变化情况没有调查数据；最后，可增加统计表格，增强论证的说服力。(评析人：邹君)

7.2.7 衡阳城市意象调查报告

□报告完成人：王鹏程、唐彬、宋金玉、周靖文、黄婧、柯航达、罗洋、顾建鑫、伍吉群、何永良

□实习时间：2012 年 11 月 30 日

□实习地点：衡阳市

□指导老师：廖诗家、齐增湘

1. 实习目的

通过本实习专题，分析衡阳市城市意象(区域、边界、道路、节点、标志物)现状和存在的问题；熟练运用城市意象调查分析方法；为衡阳市未来城市的规划与设计提供一些可借鉴性的依据，以便更好地指导衡阳市未来的发展。

2. 实习方法

本专题主要采用实地调查、现场踏勘、问卷调查、拍照、图片认知及标图等方法。将

本组成员划分为五个小组，对从衡阳市的四个片区中挑选出的对象展开调查。

3. 实习区域概况

衡阳地处南岳衡山之南，因山南水北为“阳”，得此名。因“北雁南飞，至此歇翅停回”，栖息于市区回雁峰，故雅称“雁城”。历来为中南重镇、湖南省第二大城市、省域中心城市。2011年建成区面积158km²里，建成区人口200万人。国家老工业基地、中国历史文化名城、中国优秀旅游城市、中国抗战纪念城、国家承接产业转移示范区、全国加工贸易重点承接地、全国综合交通枢纽、湖湘文化发源地、湘军发祥地。京广、湘桂、衡茶吉、衡邵怀铁路在此交汇，是南下两广，东连江浙、赣闽，西达云贵川渝的重要门户。

4. 城市意象概述

城市意象是人们对城市物质环境的各种感觉，体验记忆的综合。1960年，美国凯文·林奇开创性地把意象拓展到城市研究领域当中，在城市规划人性化方面迈出了具有历史意义的一步。林奇认为，所谓城市意象，是指由于周围环境对居民的影响而使居民产生的对周围环境的直接或间接的经验认识空间，是人的大脑通过想象可以回忆出来的城市印象，也是居民头脑中的“主观环境”空间，归纳为区域(district)、道路(road)、边界(edge)、节点(node)、标志物(landmark)五种意象元素。意象性强的城市必然有整体生动的物质环境，人们在这个环境中展开活动会愉悦舒畅。反之，如果一个城市混乱不堪，缺乏可意象性，就会让身处其中的人感到困惑迷惘。因此，城市意象对城市建设及生活在其中的人们有重要意义。

5. 调查结果分析

衡阳市内三江汇合，尤以湘江从城内穿流而过将衡阳分割成了两大区域——河西与河东。从自然地理环境来看，衡阳的选址非常有利于衡阳城市意象的营造。湘江、蒸水、耒水三条河流既可作为边界增强人们的区域概念，同时也可发挥景观方面的作用。从社会环境来看，衡阳市作为全国宗教文化中心，中华五岳之一的南岳位于此地，同时在抗日战争中被称为“东方的莫斯科保卫战”、“华南的旅顺之战”的衡阳保卫战发生在此地，人文气息浓厚，这些都为营造独特的城市意象打下了坚实的基础。

根据调查可知：衡阳市的城市意象空间是以火车站为中心，以解放路、蒸湘路和船山路等道路骨架形成的网格状系统，在道路框架的基础上，地标、节点、功能区共同组成城市意象图的主要要素，行政区、功能区等区域要素在公众意象中有所体现，部分道路(特别是环路)、河流有时也起到了边缘要素的功能(图7.45)。

1）区域认知程度都较高，雁峰区认知度最高

区域是城市内中等以上的分区，是二维平面，观察者从心理上有“进入”其中的感觉，具有某些共同的能够被识别的特征。区域主要包括城市公共活动中心、城市公园、开发区以及历史性地段。

衡阳市主要划分为四大片区：蒸湘区、雁峰区、石鼓区、珠晖区。四大片区的认知度都较高，其中雁峰区由于接近衡阳市的商业中心——解放路，车流量和人流最大，所以其认知度最高。珠晖区和蒸湘区离市中心较远，相对比较偏僻，所以人们对这两个区域的熟悉度较低(表7-23)。

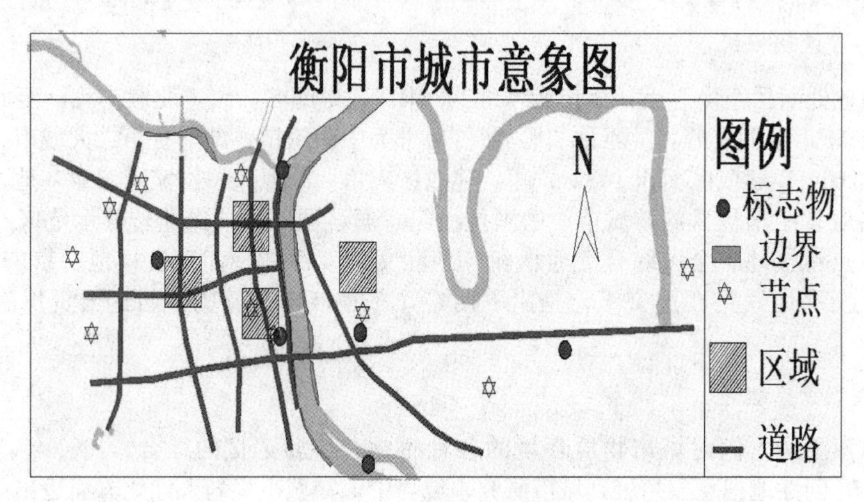

图 7.45 衡阳城市意象图

表 7-23 衡阳市四大片区认知度

区　域	标志性建筑	识别率/(%)	平均识别率/(%)
雁峰区	回雁峰广场	88	66
	抗战纪念碑	63	
	中山路南口	47	
石鼓区	石鼓书院	64	61
	西湖公园	58	
珠晖区	火车站广场	48	44
	高铁站	58	
	新体育中心	26	
蒸湘区	太阳广场	44	44

根据城市片区的划分，分别选取各大区域的标志物：中山南路步行街、市政府驻地、莲湖广场、沿江风光带、石鼓书院、岳屏广场等展开调查。由表 7-23 可知，其中回雁峰认知程度最高，所占比例为88%，其次分别是石鼓书院、西湖公园等。整体来说，雁峰区的认知度最高，石鼓区紧随其后。雁峰区较石鼓区认知度高的原因，一方面是因为衡阳市为历史文化名城，历史街区主要分布在雁峰区与石鼓区，雁峰区有回雁峰、抗战纪念碑等历史构筑物，而石鼓区有石鼓书院以及草桥等历史构筑物，而且保护较好，环境优美，居民对此较为熟悉，因此居民对这两个区域认知程度高；另一方面，雁峰区分布有白沙洲工业园，且衡阳市的老经济中心位于雁峰区解放路，所以雁峰区的认知程度相对石鼓区要高。而其他两个区域由于属于新开发的片区，且距离城市中心较远，所以居民对其意象则相对模糊。

2）道路识别性较强，船山大道的识别性最强，识别程度与市主要商业区和客运区的接近程度有关

道路是城市意象感知的主体要素，是观察者习惯、偶然或是潜在的移动通道，它可能是机动车道、步行道、长途干线、隧道或是铁路线，对许多人来说，它是意象中的主导元素。人们正是在道路上移动的同时观察着城市，其他的环境元素也是沿着道路展开布局，因此与之密切相关。据调查，受访居民对衡阳市主要干道的辨识度都很强，且与是否靠近商业圈及客运圈有关，道路越靠近商业区和客运区其识别性就越强。整体来说，衡阳市道路的可识性较强(图 7.46)。

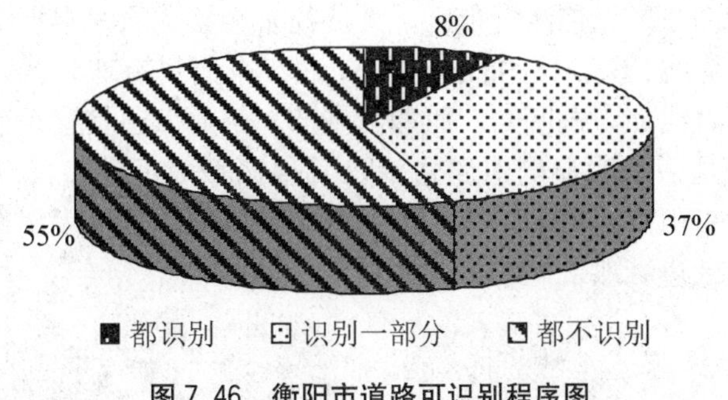

图 7.46　衡阳市道路可识别程序图

据图 7.47 可知，靠近市商业中心的衡州大道、船山大道、解放大道、蒸湘南路、蒸阳路、湘江南路的识别率分别为 67％、76％、55％、64％、56％、52％，靠近火车站的东风路识别率为 71％，靠近中心汽车站的船山大道识别率为 76％，而蒸水大道、华新大道、红湘路的识别率仅为 33％、21％和 39％。其中，船山大道的识别性是最强的，一方面是其接近市中心商业区，街道周边商铺林立，整条街具有统一的建筑风格，广告、街景、小品使人印象深刻，可意向性非常强；另一方面其邻近中心汽车站，穿越华新开发区，整条道路畅通，通达性很好。整体上，衡阳市道路可识别性都很强，越是靠近市商业中心和客运区的道路则识别程度越高。

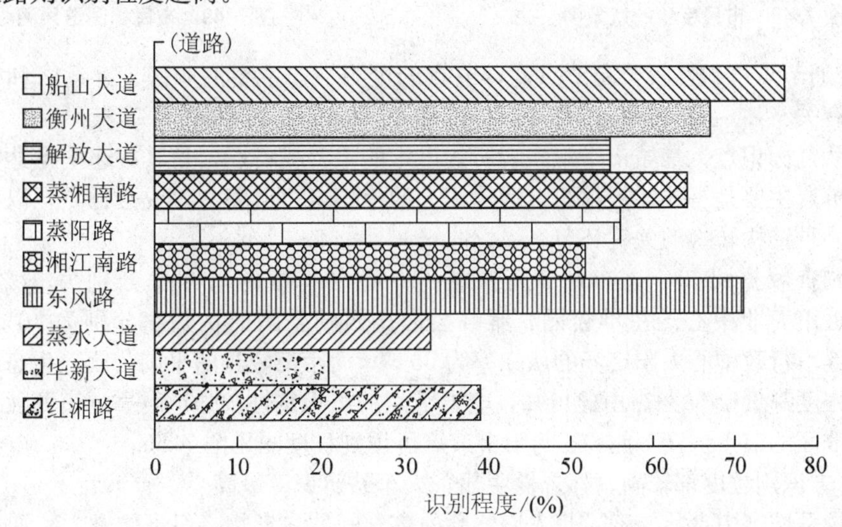

图 7.47　衡阳市道路识别程度图

3）边界可识别性较低，分隔作用不强

边界是一种线性元素，它并不像道路一样，被观察者们使用或关注。它们是两个片断之间的界线，是连续体上的线性裂纹：海滨、铁道断口、城市发展的边缘、墙体等。

衡阳市的边界主要为湘江风光带、蒸水风光带、解放大道和环西路，在本次调查中，受访者基本上只知道湘江风光带和蒸水风光带这两个自然的边界，对边界线都不识别率为55%，知道一部分边界的为37%(图7.46)。其中，湘江风光带可识别性明显高于蒸水风光带：一方面，由于湘江风光带将衡阳分割成了河东、河西两部分，它们成为居民记忆城市环境的基本参照系，而蒸水沿江带并没有进行特别的景区规划，蒸水江段西岸几乎都是施工区；另一方面，湘江风光带接近市区，人流往来频繁。同时根据市民认知画出湘江和解放大道为主要的分界线(图7.48和图7.49)，湘江东部只有珠晖区，因此湘江作为珠晖区与其他几个区的分界线都为人所知。而湘江东部，解放大道贯穿东西，同时也是经济发展繁华地带，因此也是一个明显的道路边沿。其他区域之间，市民对其分界线的说法不一，说明衡阳市民对衡阳市的边沿这个城市意象印象模糊。这也表明衡阳城市各区边沿规划不明显，市民对各区边缘地带比较不关注。

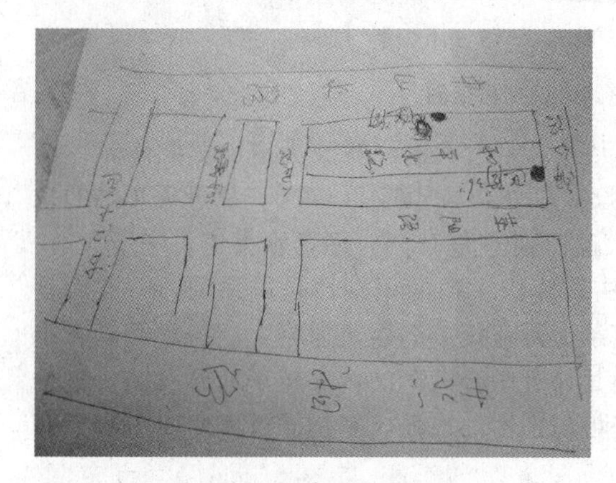

图7.48　市民手绘的意象图

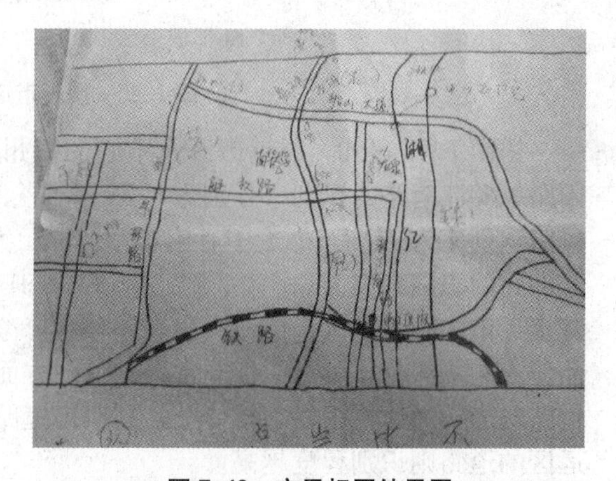

图7.49　市民标图结果图

4）交通节点可识性较公园节点高，节点的可识性与主要商业区、客运区和行政区的接近程度有关

节点就是标识点，是城市中观察者所能进入的重要战略点，是其旅途中抵达与出发的聚焦点。节点主要是一些连接枢纽、运输线上的停靠点、道路岔口或会合点，以及从一种结构向另一种结构转换的关键环节。

根据调查数据可知，火车站、高铁站、中心汽车站的认知率分别为87%、64%、64%，靠近市商业中心的岳屏公园、雁峰公园、西湖公园的认知率分别为70%、57%、58%，靠近市行政中心太阳广场的认知率为56%，而距离较远的平湖公园、生态公园等的可识别度程度都低于50%。由此可知，交通节点的可识别性较强，越靠近市商业中心、客运区、行政区的节点认知率越高。衡阳市节点可识别程度图见图7.50。

5）标志识别程度都较高，标志性明显，火车站辨识度最高

标志物是城市中点状要素，是人们体验外部空间的参考物，但不能进入，通常是识确而肯定的具体对象，如山丘、高大建筑、特色建筑、构筑物，有时候树木、店招牌乃至建筑物的细部也是一种标志。

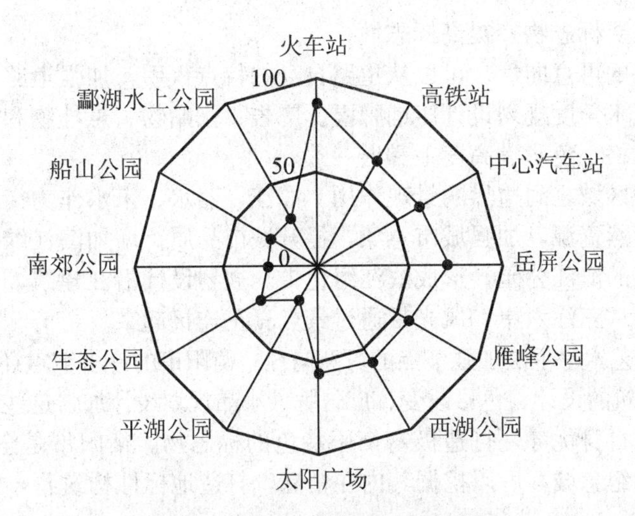

图 7.50 衡阳市节点可识别程度图

根据选取的10个标志物图片认知调查结果(表7-24)，衡阳市的主要标志物的辨识度都较高，都达到50%以上，其中火车站广场的中心标志物的辨认率最高，每个受访者几乎不需考虑就能辨认。这是因为衡阳火车站是衡阳人流量最多且流动人口量最大的地方，同时周边商业较密集，属于人群聚集区。岳屏公园、回雁阁、石鼓书院的认出比率均在70%以上，由于这些公园都有其标志性的雕塑或者历史故事，吸引很多游人到此观赏；同时其环境优美，又成为了衡阳市民休闲健身及晨练的好去处，在居民的日常生活中有着重要作用。综上所述，衡阳市标志物辨识度都较高，标志性很强，同时辨别度同它们的地理位置、知名度及所起作用大小有关。

表 7-24 衡阳市标志物及其辨识度

城市功能分类	地　点	辨识人数/人				出比率/(%)
		认出	较易认出	中等	难认出	
商业中心	晶珠广场	27	21	6	17	61.36
古风景建筑	回雁阁	33	27	6	11	75.00
	石鼓广场	32	29	3	12	72.73
人口集散地	火车东站	40	36	4	4	90.91
	衡阳市高铁站	28	21	7	16	63.64
文化娱乐场所	衡阳市体育馆	22	18	4	22	50.00
	莲湖广场	22	10	12	22	50.00
	太阳广场	29	23	6	15	65.91
	岳屏公园	39	34	5	5	88.64
	雁峰公园	38	34	4	6	86.36

6. 建议

(1) 增强珠晖、蒸湘两个片区的认知程度。加强区域之间的交通联系，提高道路通达度，增加区域中主要标志物，提高标志性。

（2）增强道路的可意向性。可以从道路自身的特点入手，加强道路周边环境要素的设计，可以从环境艺术角度规划设计店铺牌匾、广告、张贴物、悬挂物和灯具等，同时使道路周边的建筑在风格、色彩、高度上和谐一致。

（3）充分发挥区域之间边界的景观作用。湘江、蒸水、耒水作为衡阳的边界，应充分发挥这一出色的自然资源，加强城市意象，提升城市品质。增加滨江绿化，结合大堤做坡地绿化，发展更多的滨江公园，形成滨江绿化带。规划设计沿江建筑，多开发景点，加强景观的集聚性，使“三江六岸”风光带通过景点真正连接起来。

（4）利用环境艺术等手法加强节点的可意向性。衡阳市的许多节点还存在许多要改进的地方，可以通过建筑的设计、色彩改变、广告牌、小品规划设计加强这些节点的可意象性。

（5）充分挖掘自身优势，打造极富衡阳特色的标志物。衡阳市是全国历史文化名城，同时作为中国抗战纪念城，可以挖掘其内在精髓，打造地标性构筑物，使其成为衡阳精神文明的象征。

7. 报告评析

报告内容详尽，表达形式多样，图文并茂，思路清晰，论点提炼较为到位。尤其值得肯定的是分析较为深入，不但对调查资料进行了分析，还加入了自己的思考，分析了要素意象强弱的原因。建议从以下几方面进行完善：一是，对衡阳市总体意象的总结不够，衡阳市给调查对象的整体感觉如何，意象的五要素分别是哪些？二是，城市意象图可进一步完善，建议增加道路、节点名称，并可在旁边附上相应的照片。三是，增强衡阳市意象的措施稍显空洞，建议提高措施的针对性和可操作性。（评析人：蒋志凌）

7.2.8　城市商业步行街调查报告

□报告完成人：罗忠平、吴志健、皮灿、刘静、谭石柳、谭勇、夏妮、罗念、伍峰杰、邹云龙

□实习时间：2010 年 7 月 8 日

□实习地点：衡阳市中山南路商业街和长沙市黄兴南路商业街

□指导老师：杨立国、邹君、李伯华

1. 实习目的

商业街的繁华程度在一定程度上可以反映所在城市的繁华程度，同时商业街与市民生活联系紧密。通过对城市商业街的调查，使我们能够更直接地了解城市商业和经济发展水平。利用本次区域认知实习的机会，深入衡阳和长沙两个城市商业街进行调查，了解两个城市商业街发展、布局等基本情况，在此基础上对两个城市商业街的发展状况进行对比分析，找出两个城市商业街的相似点与不同点；从而提高对商业街的更深层次认识和分析问题的能力。

2. 实习方法

本课题调查采用实地踏勘法调查商业街的设施、绿化等内容；通过手绘草图法绘制商业街区的平面布局草图；通过访谈法随机访问市民对商业街的基本态度和建议等内容。

3. 实习区域概况

衡阳是湖南省第二大城市，2009年常住人口达到120.8万人；衡阳市中山南路地处衡阳市雁峰区，历史文化悠久，是衡阳城市发展的中心区域。中山南路如今已发展成为衡阳市最繁华的商业街，其周边一带是衡阳市的核心商圈，地段显赫，交通畅达，商业氛围浓厚，素有衡阳的“小南京路”之称。

长沙为湖南省的省会城市，为全省的经济、文化、政治中心。长沙市黄兴南路是一条百年老街，是长沙商业历史变迁的最好见证。自清代以来，坡子街、红牌楼(今黄兴路)一带就已成为长沙的商业中心。而今黄兴南路地处长沙中心商务区的核心地段，是长沙市五一广场商圈最重要的组成部分，被誉为“三湘第一街”。

4. 商业街定义

商业街是以平面形式按照街的形式布置的单层或多层商业房地产形式，其沿街两侧的铺面及商业楼里面的铺位都属于商业街商铺。商业街商铺与商业街的发展紧密联系，其经营情况完全依赖于整个商业街的经营状况以及人气，运营良好的商业街，其投资者大多数收益丰厚；运营不好的商业街，自然令投资商、商铺租户、商铺经营者都面临损失。商业街的繁荣状况是城市经济发展的晴雨表。

5. 调查结果分析

1）两条商业街的区位条件都很优越

衡阳市中山南路地处衡阳市历史文化悠久的雁峰区，是衡阳城市的中心区域(图7.51)。中山南路已发展成为衡阳市最繁华的商业街，素有衡阳的“小南京路”之称，其周边一带是衡阳市的核心商圈，商业氛围浓厚。东临湘江南路，北靠衡阳城市主干道——解放大道，地段显赫，交通条件优越。南端是衡阳市“3A”级景区南岳第一峰——回雁峰，日常游客众多，为中山南路带来了丰富的客源。

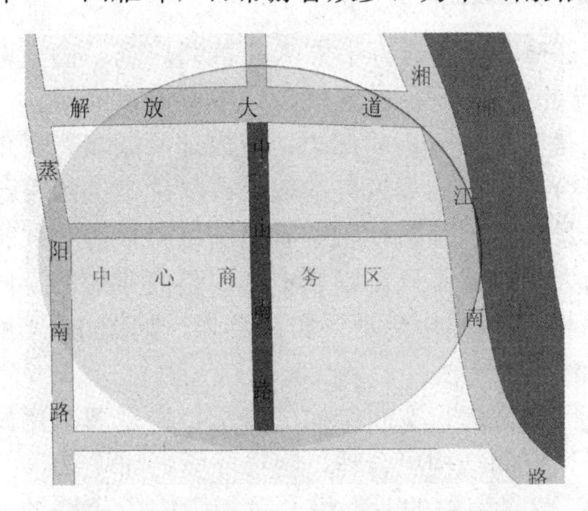

图7.51 衡阳市中心南路商业街区位图

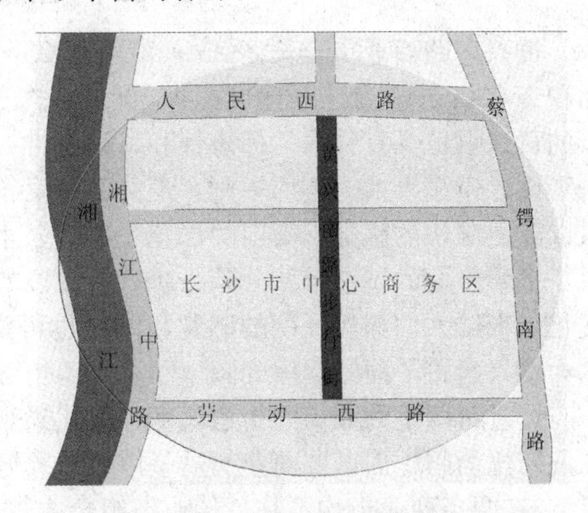

图7.52 长沙市黄兴南路商业街区位图

长沙市黄兴南路是一条百年老街，历史悠久，文化浓厚，自清代以来，坡子街、红牌楼一带(今黄兴路)就已成为长沙城市的商业中心(图7.52)。如今的黄兴南路已开发成为繁华的商业步行街，地处长沙中央商业区的核心地段，是长沙市五一广场商圈最重要的组成部分，商业环境良好；商业街北端与引领长沙休闲文化潮流的解放路相接，南与高收入密集居民区相连。北端的司门口，南端的南门口，均是长沙市的重要交通枢纽，四周交通便利，人气旺盛。步行街周边分布着坡子街、大古道巷等许多可以直通的小街小巷，区位条件优越。

由此可见，两条商业街的区位条件都非常优越，都是处于所在城市的核心商业圈中，靠临城市主干道，交通便捷，商业发展和购物环境都很优越。

2）黄兴南路的空间结构更为合理

通过实地踏勘，了解到中山南路全长 750m，街面宽 20～30m，在其发展过程中，缺乏科学的规划，形成了风格各异、高低错落的建筑，整体感觉较为杂乱，缺乏连贯性，影响了商业街整体外观的美感效果。街内通信、纳凉、休憩、卫生等配套的公共服务设施严重滞后，影响了步行街的购物环境和商业运作。如图 7.53 所示为中山南路平面景观序列图。

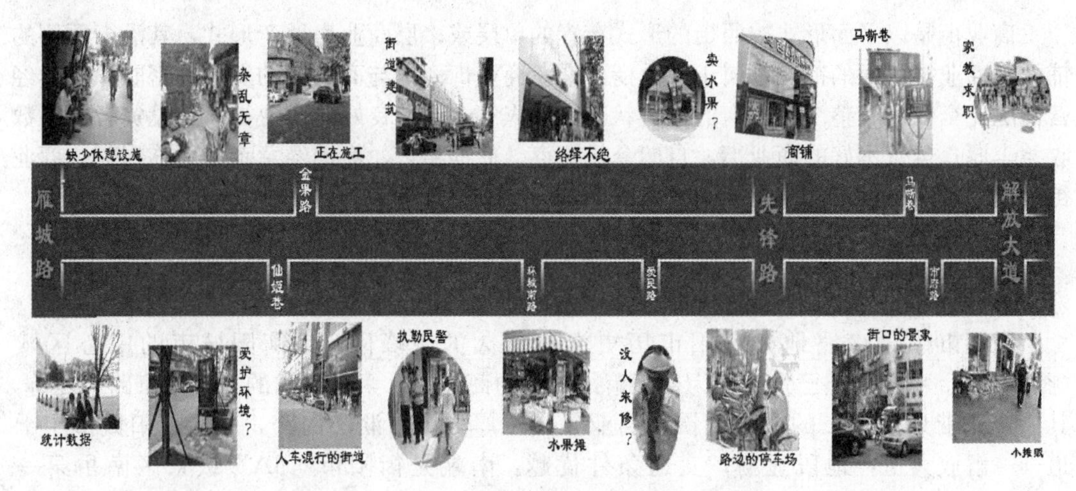

图 7.53　中山南路平面景观序列图

黄兴南路商业街全长 838m，街面宽 23～26m，包括近万平方米的黄兴广场，商业总面积 250000m^2，其中新建面积 150000m^2。黄兴南路步行街在规划设计中有诸多亮点：入口的黄兴铜像具有很强的标志性和可识别性，是整个步行街的标志；室内外两条步行街的景观设计遵循以人为本的原则，道路的尺度符合街道的内聚人气的效果，绿化带的尺度给人以舒适愉快的感觉。街内的绿化、小品、水景，特别是各种雕塑有机的结合，为市民提供了多彩多姿的城市带状公园；步行街中段的大型广场不仅可以在中途调整商业街的空间变化，带给人们豁然开朗的感觉，同时也可举办各种文化活动，实用性强。如图 7.54 所示为黄兴南路平面景观序列图。

经过对两条商业街的街道尺度、绿化景观等要素进行空间结构的分析，发现黄兴南路商业街比衡阳中山南路商业街的整体效果要好，空间结构更合理，购物环境更加优美。

3）两条商业街均不是最佳业态组合方式，黄兴南路的业态组合较衡阳中山南路的业态组合状况好

商业业态，是指针对特定消费者的特定需要，按照一定的战略目标，有选择地运用商品经营结构、店铺位置、价格政策、销售方式等经营手段，提供销售和服务的类型化经营形态。在商业街中体现为专卖店、餐饮、大型超市和休闲娱乐等几种形式。

在调查过程中分别记录了两条商业街商铺的种类，最后把它们分为专业专营、餐饮服

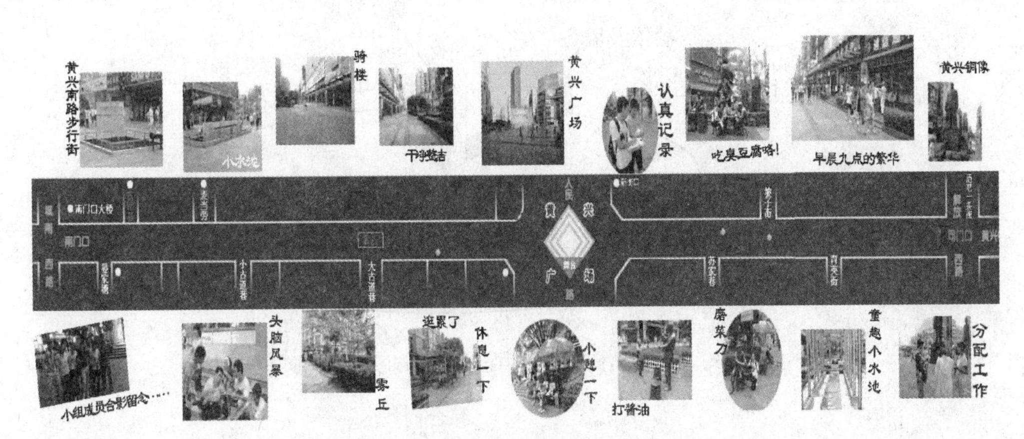

图 7.54 黄兴南路平面景观序列图

务、综合商场和娱乐文化四大类并进行了数量统计，分析得出两条商业街均不是最佳业态组合方式，但黄兴南路的业态组合较衡阳中山南路的业态组合状况好。

通过查阅相关文献得知，合理的业态组合应以零售设施(专营店、综合商场等)为主，其用地面积占整个商业街面积的70%左右；以文化娱乐设施(动感影院、休闲广场等)为配比业态，占整个商业街面积的20%左右；以配套设施(餐饮广场、咖啡西餐等)为附属业态，占整个商业面积的10%左右(图 7.55)。而中山南路和黄兴南路商业街的零售设施比例过大，文化娱乐设施和配套设施的比例太小。

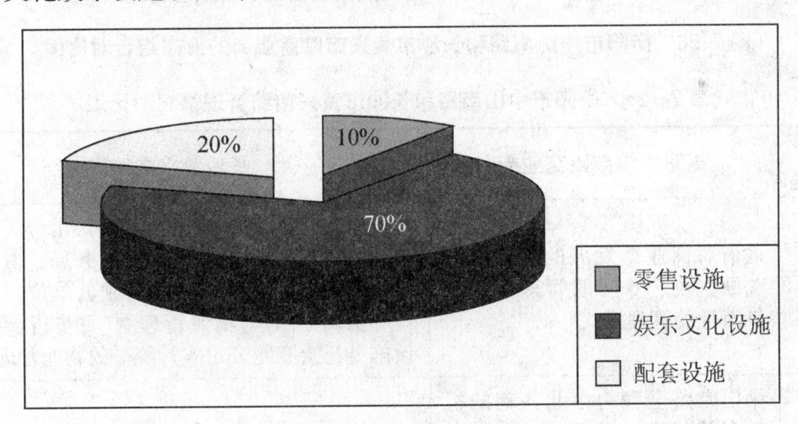

图 7.55 最佳业态组

在调查中我们发现，衡阳中山南路商业街两侧的商铺种类繁杂，食品服装等各种商铺交错布置，并且道路两旁有许多小摊贩，没有合理的规划，功能分区不明显。而长沙黄兴南路商业街以服装、休闲商场为主，周边分布着酒吧一条街、小吃一条街等与主街区互补，功能分区明显。相对来说，长沙黄兴南路商业街的商业业态分布较衡阳的规范(图 7.56)。

4) 黄兴南路商业街的管理比中山南路商业街更加有效

商业街的管理对商业街的发展和经营有重要的影响，它也是影响商业街内部环境、增强对消费者吸引力的重要因素。在调查过程中，我们发现两条商业街在管理方面存在许多差异(表 7-25)。

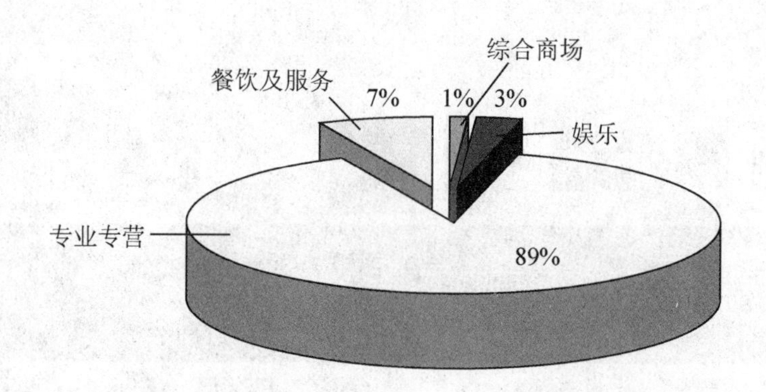

(a) 衡阳市中山南路商业步行街业态组合图

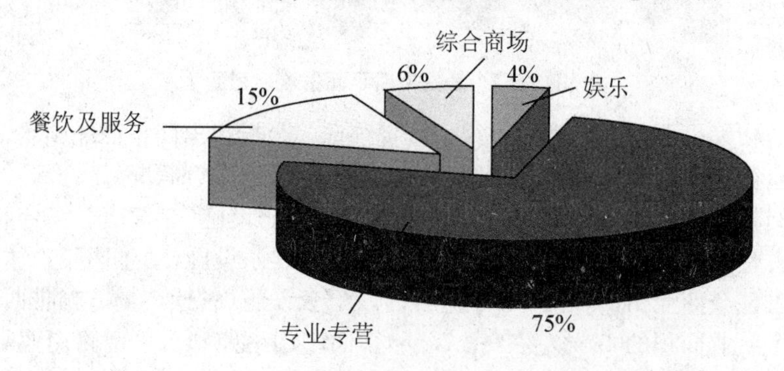

(b) 长沙市黄兴南路商业步行街业态组合图

图 7.56 衡阳市中山南路和长沙市黄兴南路商业街的业态组合对比图

表 7-25 衡阳市中山南路和长沙市黄兴南路管理情况对比表

地点 对比要素	衡阳中山南路商业街	长沙黄兴南路商业街
管理模式	政府对商业街发展的引导有所欠缺，缺乏专门的管理机构和针对性的管理模式	抽调制(步行街设立管理委员会，由分管商业的副市长担任管理委员会主任，市商务局、市公安局、市城管局等单位为管理委员会成员单位，负责高层管理和协调工作)与物业管理制(将步行街的所有市政设施委托给三兆公司实行统一的物业管理)相结合
交通管理	中山南路全程为由北往南的机动车单行道，但是对摩的、电动车等非机动车缺乏管理，任由穿行，交通秩序杂乱，且车辆乱停放现象严重	黄兴南路商业街内禁止车辆通行，营造了良好的步行空间
安保工作	无专门的保安人员，商业街秩序较为混乱，小偷经常出没，无法保证安全舒适的购物环境；街道内消防设施较少，人员消防意识薄弱	物业公司成立安防队伍，定时巡逻，维护步行街的正常秩序；安排专人定期对消防设施进行保养，确保消防安全
保洁工作	衡阳市环卫局负责早晚两次的道路清洁，小摊贩乱摆放造成大量垃圾且道路卫生死角多	物业公司安排清洁工清扫垃圾，做到全天候保洁，商业街内禁止乱摆乱放

5）中山南路商业街的人流量低于黄兴南路商业街

商业街的产生、发展和繁荣不断拉动着区域经济发展。商业街以点带线、以线带面，发展辐射全市，但是由于城市发展水平、商业街区位条件、商业街特色等因素的不同，商业街所产生的集聚效应和对消费者的吸引程度也不同。

调查过程中，小组成员采取现场统计方法在统一时段(上午 10～11 点)于主要路口分别对进出两条商业街的人车流量进行了统计(图 7.57)，单从进入步行街的人流量来看，长沙黄兴南路商业街是衡阳中山南路商业街的 3 倍；结合离开商业街的人流量来看，停留在黄兴南路商业街内的人较多，购物时间较长；而中山南路商业街出入人流量相对持平，只有小部分人驻足停留。黄兴南路商业街由于禁止车辆通行，基本上符合商业步行街的标准和要求，而中山南路车流量(包括机动车和非机动车)接近人流量，人车混行，容易造成交通事故，严重破坏了步行购物环境，还未达到步行街的要求。

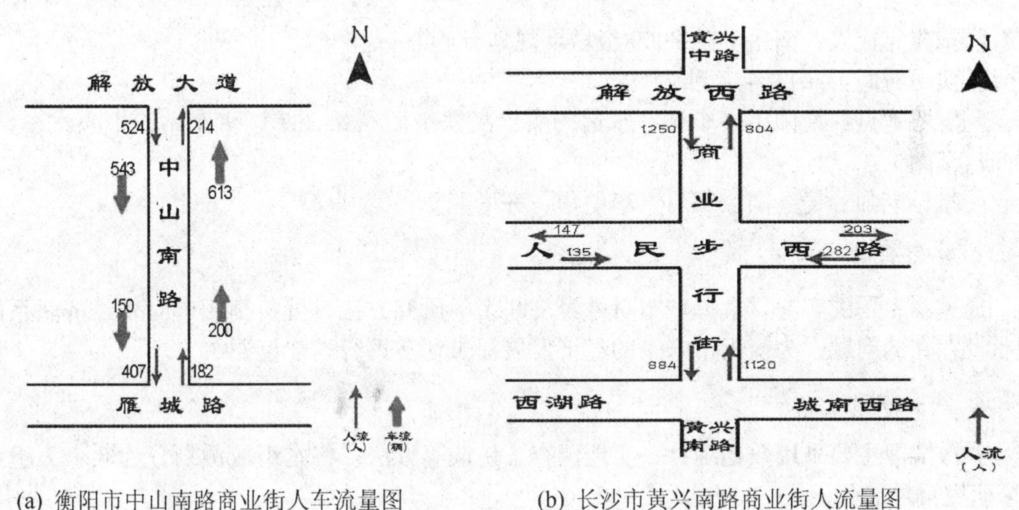

(a) 衡阳市中山南路商业街人车流量图　　(b) 长沙市黄兴南路商业街人流量图

图 7.57　衡阳市中山南路商业街和长沙市黄兴南路商业街人流量对比图

6. 建议

通过对两条商业街现状的调查和分析，针对发现的问题，提出相应建议。

(1) 空间结构方面。针对衡阳中山南路商业街休憩、环卫等相关公共服务设施严重滞后和建筑杂乱等问题，建议坚持以人为本的设计理念，设置一些用于缓解购物者疲劳的休憩长凳，完善垃圾桶等卫生设施。黄兴商业街则主要加大环境卫生的管理力度，营造干净卫生的购物环境。

(2) 业态布局方面。一方面，与规范的步行街相比，两条商业街的业态组合都不合理，建议合理配置各种业态和商铺，增加文化娱乐设施和餐饮服务的配置，更好地满足消费者多方面的需求；另一方面，衡阳市中山南路商业街应科学合理地组织不同类型商业店铺的空间布局，扩大相同类型的集聚，可以满足顾客购物的多种选择，同时实现规模效益。

(3) 街道管理方面。针对衡阳中山南路商业街缺乏专门的管理机构、环卫状况差等弊端，建议成立专业的中山南路商业街的管理机构对其进行专业化管理，提高物业管理水平；针对人车混行的危险局面，建议商业街内限制车辆的通行来确保安全良好的购物环境，提高对顾客的吸引力。

7. 报告评析

整体来看，报告主题突出，思路较清晰，写作层次分明，结构安排合理，报告形式规范，是一份优秀的实习专题报告。具体说，首先，报告执笔人文字处理能力较好，语言表达通顺，结论明确，观点突出，并辅助有图和相应的表格支撑观点。其次，图件表达思维很强，图件制作水平较高，特别是制作的两条商业街的景观序列图，很有创意。但是，对于商业业态的分析还不够细致，对商业街业态存在问题及优化的对策也稍显不够深入。(评析人：杨立国)

7.2.9　衡阳对外经济联系考察报告

□报告完成人：南岳学院2009级城乡规划专业第一组

□实习时间：2011年7月11日

□实习地点：衡阳市火车站、水运码头、高铁衡阳东站、酃湖汽车站、中心汽车站、华新汽车站

□指导老师：杨立国、邹君、李伯华、齐增湘

1. 实习目的

通过本专题的实习，掌握城市对外经济联系的研究方法；分析衡阳市对外经济联系的现状及存在的问题；为衡阳市未来的经济发展提供切实可行的建议。

2. 实习方法

本次实习主要采用数据统计、实地调查、访谈等方法，将本组成员划分为6个大组对6个研究对象展开调查。

3. 实习区域概况

衡阳地处南岳衡山之南，因山南水北为“阳”得此名，雅称“雁城”。历来为中南重镇、湖南省第二大城市、省域中心城市。境内拥有京广铁路、湘桂铁路、京港澳高速、武广高铁、湘江等陆域、水域交通线经过，交通优势明显。衡阳作为湘中南中心城市、联结长江产业带与华南经济群的经济枢纽、长株潭城市群的砥柱、综合工业基地，对外经济联系频繁。

4. 城市对外经济联系概述

城市作为开放的经济系统，其发展离不开与其他地区的联系，城市经济联系是城市体系形成发育的重要动力，也是区域空间结构形成的重要驱动因素。城市间在各种基础设施的支撑下进行社会经济要素的流动，其空间投影表现为形成不同类型的空间结构形式。研究城市与区域的主要经济联系，有利于了解城市和区域经济的空间组织，有利于明确城市和区域实体的空间发展方向，有利于交通运输的合理组织。城市对外经济联系是一个综合的概念，包括人流、物流、资金流、信息流等形式，其大小就是相互作用的强弱，通过量化研究其强弱就可以定量研究城市经济联系。本调查报告主要从各大经济联系中心的客流量和货运量展开调查。

5. 调查内容及分析

通过实际调研可知，衡阳的对外经济联系主要依靠衡阳火车站和中心汽车站，其中以火车为动力，衡阳火车站成为衡阳对外经济联系的龙头老大，其他联系中心作用则相对较弱。

1）火车站客运作用最大

衡阳市火车站作为衡阳市与市外联系的重要枢纽，起到了至关重要的作用。其位于衡阳市珠晖区广东路、京广铁路和湘桂铁路交会处，每天(d)的物流约为300辆火车，每一辆火车约为30节车厢，每节载重27.4t。衡阳市火车站与全国各地都有经济物流联系，主要是依靠京广线与广州、大朗等地区进行物流活动。从客运方面来看，衡阳在湖南省，甚至在全国都承担着一个交通枢纽的作用，平均每小时有1000人出站，约800人进站(表7-26)。

表7-26　衡阳火车站客货流量统计表

项　目	流　量	方　向	备　注
客流	进入：1000人/h 流出：800人/h	全国大部分地区都有	由于条件有限，统计数据只是一个大概数据
货流量	822t/天	广州、大朗	私人货流公司数据统计不到，故有偏差

2）货运码头只承担货运运输，但易受自然条件影响

衡阳市货运码头坐落于雁峰区湘江乡，是一座具有千吨级货物吞吐量的码头。根据调查数据显示，货运码头每月达到20条的出船量，货流量达到1～1.5千万吨，主要沿长江沿岸地区进行货物交换，运输木材、矿石、煤等重量级货物。但是，其出船量及货运量易受湘江与长江水位影响(表7-27)。

表7-27　货运码头货物流量统计

出船量	货流量	流　向	主要货资	备　注
20条/月	1000～1500万吨/月	沿长江、沿海地区	木材、矿石、煤	受湘江、长江流域水位影响

3）高铁衡阳东站客运作用较弱，无货运运输

高铁站位于珠晖区衡州大道一侧，作为衡阳市新建的对外联系站点，承担了一部分的客运量。每天有84个车次，有8节车厢，主要开往广州、长沙，CRH3和CRH2分别可以容纳556人和610人。但是高铁作为新世纪的快捷交通工具，虽然具有高效性，但由于票价的原因还没有成为城市对外经济联系的主流(表7-28)。同时，目前高铁发展情况，还不能承担起货运的运输，所以更加弱化了其对外联系能力。

4）酃湖汽车站对内联系作用大于对外联系作用

酃湖汽车站位于衡茶路1号，每天的总客流量大约为3500人，其中省外的客流量约为200人，省内跨区的约为500人，市内人流量约为2000～3000人。由此可见，酃湖汽车站作为衡阳市五大经济联系点之一，主要承担着衡阳市区内的交通运输，对外经济联系相较而言作用不大(图7.58)。

表 7-28　高铁衡阳东站票价情况表

动车组	观光票	特等票	一等票	二等票	高铁组	观光票	特等票	一等票	二等票
衡阳到武汉	500	300	265	165	衡阳到武汉	778	468	395	245
衡阳到咸宁北	420	255	225	140	衡阳到咸宁北	660	397	335	210
衡阳到赤壁北	380	230	205	125	衡阳到赤壁北	598	360	300	190
衡阳到岳阳东	300	180	160	100	衡阳到岳阳东	471	284	240	150
衡阳到汨罗东	235	140	125	80	衡阳到汨罗东	369	222	185	115
衡阳到长沙南	165	100	90	55	衡阳到长沙南	257	155	130	80
衡阳到株洲西	115	70	60	40	衡阳到株洲西	182	109	90	60
衡阳到衡山西	40	25	20	15	衡阳到衡山西	60	36	30	20
衡阳到耒阳西	50	30	25	15	衡阳到耒阳西	80	48	40	25
衡阳到郴州西	140	85	75	45	衡阳到郴州西	223	134	115	70
衡阳到韶关	280	170	150	95	衡阳到韶关	441	265	225	140
衡阳到清远	415	350	220	140	衡阳到清远	650	391	330	205
衡阳到广州北	450	270	240	150	衡阳到广州北	702	423	355	220
衡阳到广州南	490	295	260	165	衡阳到广州南	766	461	390	245

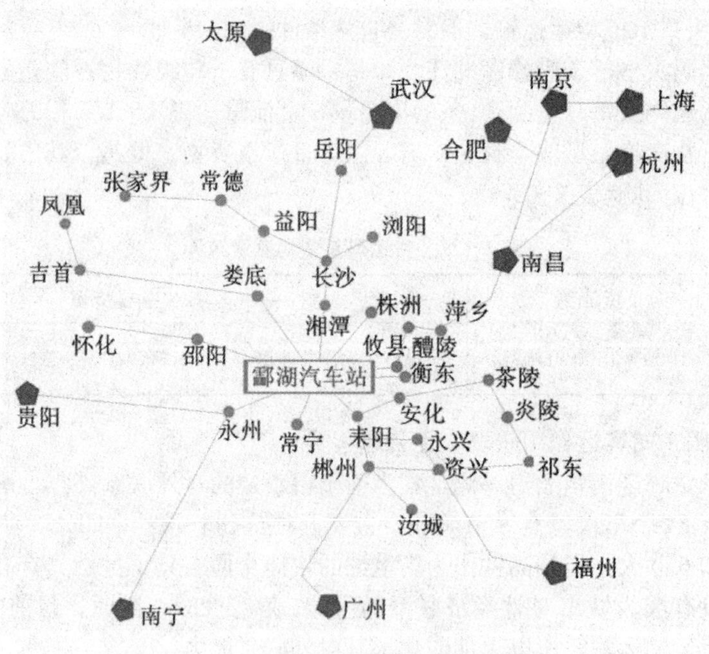

图 7.58　酃湖汽车站对外经济联系图

5）中心汽车站为对外经济联系的主要枢纽，但周边管理不到位

新中心汽车站坐落于蔡伦大道与船山大道交汇处，西临蔡伦大道、南临船山西路，靠近平湖公园，占地面积 110 多亩。中心汽车站是对外经济联系的主要枢纽，从省际交通交流来说，中心汽车站与广州、广西、江西、福建、海南、云南、贵州、湖北和四川重庆都

有经济联系(图 7.59)；从省内交通交流来说，中心汽车站与长沙、株洲、湘潭、张家界、益阳、常德、岳阳、吉首、娄底、永州、郴州、邵阳和怀化都有经济联系，特别与邵阳、长沙、娄底、永州和郴州的经济联系非常紧密(图 7.60)。

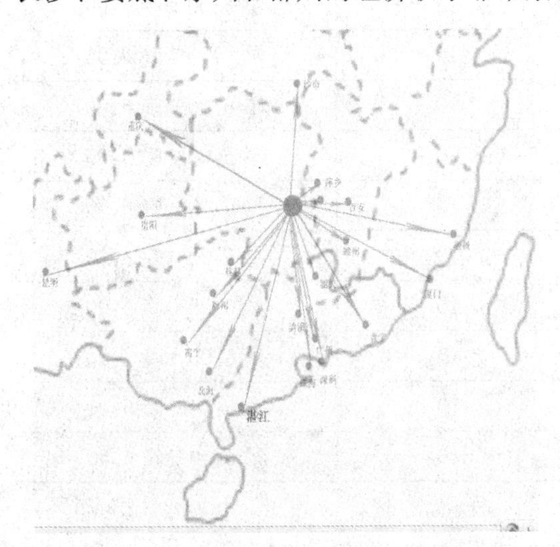

图 7.59　中心汽车站与外省的联系强度

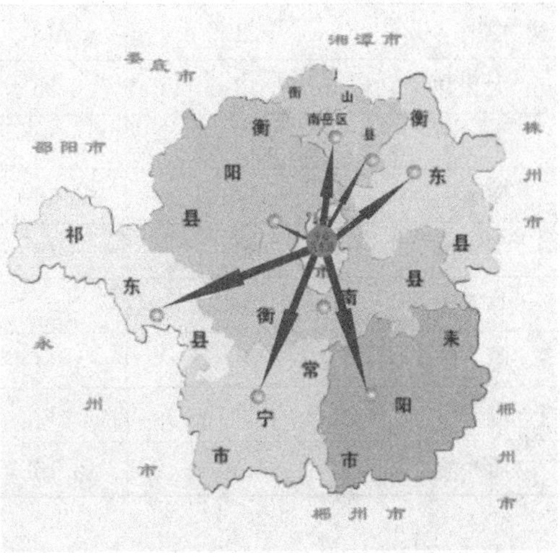

图 7.60　中心汽车站与省内其他地区的联系强度

由此可见，中心汽车站在衡阳是一个主要的对外经济联系点，对内线路也少于对外线路数量，省际交通量明显小于省外交通量。同时由于中心汽车站初建不久，汽车站前坪没有完全石砖铺地，人流进出很不方便，且对周围环境的管理不够到位，周边有很多小商小贩，造成汽车站周围环境与内部环境不协调。

6）华新汽车站对外经济联系不明显，存在供过于求现象

华新汽车站是衡阳市高新技术开发区的六个站场之一，于 2002 年 5 月 30 日建成，占地面积 119.18 亩，为汽车客运一级站工程，设计合理使用年限为 100 年。主站房建筑面积 12224m^2，主楼 11487m^2，高 47.9m，可容纳 450 辆客车，地理位置优越，交通便利。东临生态公园，西临蒸水，西接 315 省道，南距 322 国道 2km，距东环线不足 3km，距老城区的中心汽车站，也仅 5km，是往返西渡、邵东方向和祁东、祁阳方向的车辆进出衡阳的最佳战场。

华新汽车站的建设：一方面是为了拉开城区骨架，缓解市区紧张的交通压力；另一方面是为方便老百姓的出行，促进衡阳经济发展。其运营情况见表 7-29。

华新汽车站的服务时间与方式都是以旅客为主体，从早上 6:00 到晚上 6:00，随到随走，西渡方向末班车延迟到 6:50，每隔十分钟发一趟。然而，作为一级车站，其实载客率却远远不够，每天的运客量只有 240 人左右，出现了客车供过于求的现象。主要有以下原因：一方面，由于城里公交车开的界限过宽，深入到了市区外的集镇；另一方面，黑车较多，许多旅客被黑车接走；其三，乡、县的的士到城区会带走一些旅客；其四，部分客车没有按规定进站，半路接客。由于上述原因，使得华新汽车站的作用没有发挥到最佳状态，对外经济的联系作用也不明显。

7）衡阳总体对外经济联系

通过以上实际调研数据我们可知，衡阳的对外经济联系主要是依靠衡阳火车站和中心汽车站(图 7.61)，其中以火车为动力，衡阳火车站成为衡阳对外经济联系的龙头老大。

表 7-29　华新汽车站对外联系表

通往方向	日发车次	票　价	发车间隔	始末车时间
祁　东	70	12	10	早 6:00—晚 6:00
白地市	21	18	10	早 6:00—晚 6:00
太和堂	12	25	10	早 6:00—晚 6:00
茅　市	16	13	10	早 6:00—晚 6:00
曲　兰	51	15	10	早 6:00—晚 6:00
关　市	30	15	10	早 6:00—晚 6:00
鸡笼街	30	8	10	早 6:00—晚 6:00
归　阳	4	14	10	早 6:00—晚 6:00
渣　江	30	14	10	早 6:00—晚 6:00
西　渡	108	15	10	早 6:00—晚 6:50

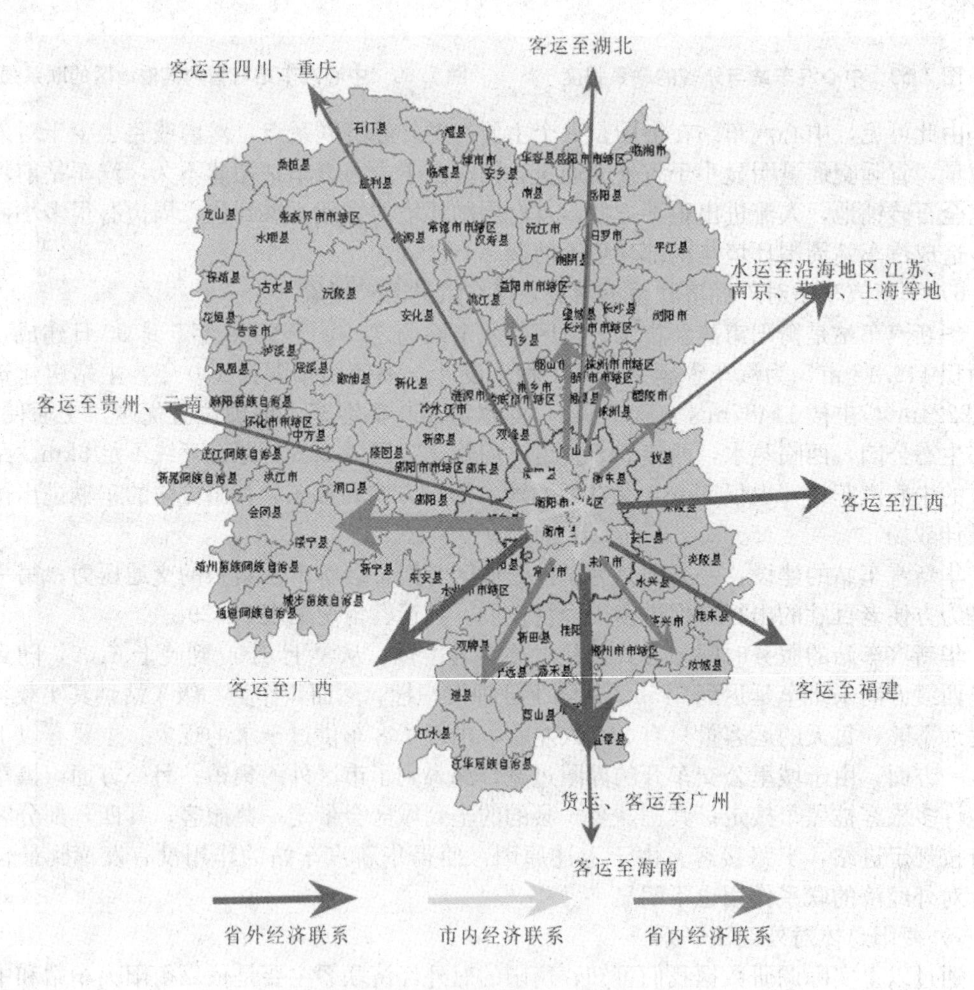

图 7.61　衡阳市对外经济联系图

6. 建议

(1) 保证火车在物流中的主要作用，完善对外物流的经营管理。

(2) 保障水运码头的货运量，做好枯水期的保护措施。

(3) 逐步加强汽车在物流中的作用，加强对外道路建设，完善经营管理的缺陷，提升汽车站形象。

(4) 重视高铁在未来物流中的重要作用，为进入高速时代提前打好基础。

7. 报告评析

整体来看，报告主题突出，思路较清晰，写作层次分明，结构安排合理，报告形式规范，是一份较好的实习专题报告。具体来说，报告执笔人文字处理能力较好，语言表达通顺，结论较为明确，观点突出，并辅助有图和相应的表格支撑观点。特别是对每一个对外交通设施给出其对外经济联系的主要作用并指出了其不足之处。但是，衡阳城市对所属县市区的经济联系和衡阳城市整体对外主要经济联系方向的分析显得较为薄弱。(评析人：杨立国)

7.2.10 历史文化街区的开发与保护调查报告

□报告完成人：戴金焕、张涛、白晓宁、肖雁君、俞佳颖、张锡祥、刘学、屈群夏、杨森、王文娇

□实习时间：2011 年 7 月 15 日

□实习地点：长沙市区

□指导老师：杨立国、齐增湘、邹君、李伯华

1. 实习目的

了解文化街区的历史概况、建筑风格、布局特色、保护及开发现状，在此基础上分析历史文化街区在发展过程中存在的问题并提出针对性建议；同时掌握调查历史文化街区的方法。

2. 实习方法

本专题主要采用文献查阅、实地踏勘、拍照、访谈等方法进行资料和数据采集。专题调查过程中，我们组分成 4 个小组分别对开福寺、第一师范、坡子街和太平街 4 个地区进行实地调查。

3. 实习区域概况

长沙历史悠久，素有“楚汉名城”之称；人文荟萃，有“潇湘洙泗”之称；英雄辈出，又有“革命摇篮”之称；融山水洲城于一体，风景秀丽，风光独异，有“山水名郡”之称。长沙是国务院公布的首批 24 个历史文化名城之一，也是中国影视传媒和娱乐文化产业最发达的城市之一。长沙历史文化街区核心保护区是指从沿太平街(北起长沙食品城，南至金线街口)、马家巷(东起太平街，西至卫国街)、孚嘉巷(东起太平街，西至长沙港务招待所)、西牌楼(西起太平街，东至三泰街)、太傅里两侧传统民居集中的区域。历史文化街区核心区面积为 5.07 公顷。图 7.62 为长沙历史文化街区景观序列图。

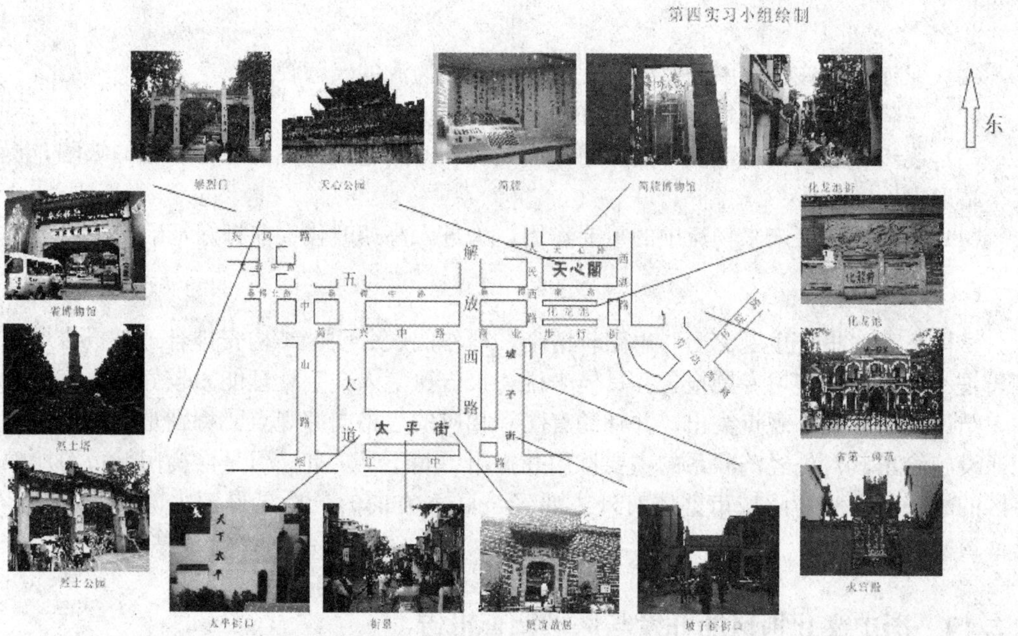

第四实习小组绘制

图 7.62　长沙历史文化街区序列图

4. 历史文化街区概述

历史文化街区是指经省、自治区、直辖市人民政府核定公布的保存文物特别丰富、历史建筑集中成片、能够较完整和真实地体现传统格局和历史风貌，并有一定规模的区域。《文物保护法》中对历史文化街区的界定是：法定保护的区域，学术上叫“历史地段”。历史文化街区重在保护外观的整体风貌，不但要保护构成历史风貌的文物古迹、历史建筑，还要保存构成整体风貌的所有要素，如道路、街巷、院墙、小桥、溪流、驳岸乃至古树等。历史文化街区是一个成片的地区，有大量居民在其间生活，是活态的文化遗产，有其特有的社区文化，不能只保护那些历史建筑的躯壳，还应该保存它承载的文化，保护非物质形态的内容，保存文化多样性。这就要维护社区传统，改善生活环境，促进地区经济活力。

5. 调查结果分析

1）开福寺

(1) 历史文化悠久。

开福寺是中国佛教重点开放寺院之一，始建于五代时期，距今已有 1000 多年历史。千余年来，开福寺历经兴衰，多次改建重修，现存建筑主要为清光绪年间重建。1994 年开福寺被定为尼僧修学道场，主持能净法师对开福寺进行了大规模修建，新修了僧堂、放生池、清泰桥、钟鼓楼等，维修了大雄宝殿、法堂、禅堂、念佛堂、摩尼所、斋堂、客堂、藏经楼等。

(2) 开发规模较大，建筑特点鲜明。

今开福寺占地面积 48000m^2，建筑面积 16000m^2，主要建筑有山门三大殿(三圣殿、大雄宝殿、毗卢殿)及两厢堂舍等。除旁边的大悲殿和万佛塔以外，其他建筑均严格对称。

每个建筑都别具特色，虽然其主要为外木漆内水泥的建筑结构，但白＋红，黄＋红的墙体，黄、青瓦以及丰富而细腻的建筑彩绘和雕饰强烈地表现出中国古典韵味以及寺庙的神圣。

(3) 建设现状与街区风格比较协调。

开福寺主体建筑及正面街区扩建、改造情况较好，整体符合原风貌。开福寺路面以麻石铺路，附近的公交站点也颇具特色，古典气息厚重，寺庙对面的开福寺文化广场建设良好，功能齐全。周围店铺以经营香烛、吉祥物、法器或测算风水为主，大体也与寺庙相符。

(4) 周边现代建筑激增，内部管理不到位。

由于地铁即将开通，开福寺周边的房价突涨，原本控规的建筑限高由 24m 增至 100m，之前由于历史原因形成的低矮棚屋被高楼代替，且正对开福寺，随着开发的跟紧，开福寺逐渐被高楼包围。但另一方面，周边低矮棚屋过于凌乱随意，与开福寺风格相抵触，急需适当加以改建。

部分庙堂后面施工未完成，现场较凌乱；寺庙内缺乏对寺庙以及各尊佛的介绍；大悲殿内部观音身上披有彩灯，与寺庙氛围不符。功德箱设置过多；部分内部人员对于相关知识不够了解；内部人员生活区与游览区域无明显界限，比较混乱；大门正对站牌，路面有道路白线但未设斑马线，交通情况较混乱。

(5) 建议。

科学规划周边开发与建设，严格审批开发项目；加大专业的管理投入与力度，长廊墙面处加寺庙及佛介绍；撤掉彩灯或只选用以金黄为主色调的灯；加设斑马线，合理组织交通。

2) 第一师范

(1) 历史较悠久，地位较高。

湖南第一师范青年毛泽东纪念馆坐落在长沙市城南妙高峰下，西临湘江，风景优美，黉舍壮观。学校始建于 1912 年，建筑面积 21241m^2，整个校园走廊迂回，连接一个个美丽的庭院，庄重典雅、古朴舒适、宁静别致，是一所集东方文化内涵与西方建筑风格于一体的建筑艺术珍品。于 1972 年被列为省级重点文物保护单位，1995 年被评为省市级教育基地向社会开放。现为全国重点文物保护单位——全国爱国主义教育示范基地、全国红色旅游经典景区。

第一师范的前身是南宋理学家张栻创办的城南书院，1903 年始立湖南师范馆，享有“千年学府，百年师范”的美誉。老一辈无产阶级革命家毛泽东、蔡和森等在此求学。据不完全统计，师生载入《辞海》者 48 位，中共一大代表 3 位，一代伟人毛泽东曾在此学习工作达八个春秋。

(2) 整体保护情况较好，木结构建筑已遭破坏。

湖南一师青年毛泽东纪念馆大体保存完好，现存毛泽东同志青年时期革命活动纪念地 14 处，陈列各具特色、弥足珍贵。纪念馆有 6 个展厅，面积 1200m^2，展厅中有毛泽东青年时代的青春遗迹，有湖南一师的校服，还有革命时期的长杆枪，虽然已破旧但其留下的历史仍能在我们心中留下印记。展厅内有工人定期打扫，各种遗迹保存良好，但由于属于砖木结构，一师内有地方遭白蚁侵蚀，部分楼梯不坚固。一师内有些房间被利用为现代教育活动，可能会对遗迹造成破坏。

(3) 对策。

加大旅游宣传力度，提倡红色旅游；加大建筑保护力度，对于一些建筑要适时适度的修补；加大各文物古迹的保护，增派人员定期检查；提升旅游文化品位，向更高的定位前进。

3) 坡子街

(1) 历史文化悠久，街道特色鲜明。

据城民父老相传，自清末起，坡子街就成了长沙市金融业、药材业集中的地带，商业十分发达。现在被打造成长沙市以火宫殿为龙头的美食一条街。坡子街是以仿古建筑为主，建筑结构大体为砖木结构，街中有五幢具有代表性的建筑：火神庙、九芝堂、湖南财贸职工医院、伍厚德堂、星月楼。饮食文化极具特色，具有很强的知名度。

(2) 古建筑翻修效果好，现代商业布局合理。

受文化大革命“破四旧”，及20世纪80年代以来，大量开发建设的破坏，坡子街的现有历史文化建筑物大多被翻修、重修过，现在被开发为美食一条街，布局了以火宫殿为代表的大量的餐饮店铺，由于饮食文化与商业开发的合理结合，使得坡子街的历史建筑、街道的保护及开发现状良好。

(3) 建筑格局新旧杂处，缺乏统一风貌。

F1本色酒吧及街口现代居民楼的布局产权复杂，利益矛盾尖锐，主要体现在原居民、政府及开发商之间的利益矛盾。周边的高层建筑阻挡通透视野，破坏了老街长久形成的古老空间特色。

(4) 建议。

拆除街道两旁具有现代气息的建筑，设定一定范围的保护区，限制高层建筑的建设；街道两旁布置特色餐饮行业，将其他功能外迁；完善相关法律法规，降低利益矛盾。

4) 太平街

(1) 区位条件优越，历史文化悠久。

太平街坐落于长沙市老城区南部，街区以太平街为主线，北至五一大道，南到解放路，西接卫国街，东到三兴街、三泰街。鱼骨状街区200年未变，全长375m，宽不过7m，占地面积约12.57hm^2，是“古老长沙”的缩影。自战国时期长沙有城池开始，即为古城的核心地带，历经2000多年没有改变。西汉杰出政治家、文学家贾谊的故居也位于太平街里，贾谊故宅为西汉贾谊之宅，被称为湖湘文化的源头，至今已有多年的历史，是长沙最古老的古迹，承载着展示湖湘文化魅力、体现传统商业民俗风情的重任。行走古街，除了能直观感受到石牌坊、麻石路、封火墙、古戏台这些标志性古建筑符号所带来的古典视觉冲击之外，更多的是领略到一种历史积淀所散发的文气与韵味。

图7.63　保存较好的贾谊故居

(2) 建筑古典特色浓厚，但老字号店铺所剩无几。

由于湖湘人民对高贤的敬仰，在多年历史中，对贾谊故居维修和重建了100余次，所以他的故宅及宅内文物用品能保存至今(图7.63)。太平街现存的老字号有玉泰和茶行、宜春园戏台(图7.64)、乾益升粮栈等，目前宜春园戏台可以定期为市民免费提供戏剧，乾益升粮栈(图 7.65)将被筹划成长沙太平街名俗博物馆。然而某些老字号未能继承下来，如今只剩下字号招牌古迹，如杨隆泰钉子铺、农民银行。

图 7.64 宜春园戏台

图 7.65 乾益升粮栈

太平街目前的店铺及民居风格大多采用了小青瓦、坡屋顶、白瓦脊、封火墙、木门窗的古典格局，这也是这一带建筑的共同特色。并且由长沙市太平历史文化街区管理办法可知，街区建筑物需依照统一规划建设的原则，未经允许不得改变外立面，装修过程中不得改变和破坏房屋原有结构。这是维持街区整体建筑风貌，建立街区形象必不可少的举措。

(3) 街区特色商铺与现代商业设施混杂布局。

街区的业态主要以特色工艺品、旅游产品、名特老字号等传统文化产业为主，能够体现出街区承载的湖湘文化及历史韵味。当然街区内也分布了较多的酒吧、餐饮、现代商场，这与街区的整体形象不符(图 7.66)。

图 7.66 现代时尚酒吧与古韵浓厚的酒吧混杂布局

某些老字号店铺未能继承并发展下来，如今仅存留了其招牌；街内存在较多的现代气息浓厚的酒吧、餐饮店铺，据统计太平街现有 10 多个酒吧，并且新型时尚酒吧的招牌信息随处可见，并出现了“酒吧一条街”之说，而太平街上的传统文化，如书画茶艺等生意则较为冷淡，这使得原本浓厚的文化积淀遭受到了新型文化的巨大撞击。街区内存在三处现代商城、精品城，如潮流特区、阳升精品城、阳升商城。并且某些名为民族工艺、字画等的商场，内部实为现代饰品、服饰的店铺。

(4) 管理工作到位。

对于太平街区的交通管理，其管理办法中明确规定禁止机动车停放，禁止机动车辆在非通行时间内通行。另外街区内还有多位治安人员对街区进行管制，保护文化遗产，构造一条安全祥和的历史街区。

（5）建议。

我们应该在对原址充分利用的基础上，展现一些原有老字号的信息，如在阿甘茶馆内展示杨泰隆钉子铺字号的信息；在新老文化的交织碰撞中，我们应严格限制酒吧数量，控制酒吧用地面积，并将这种休闲文化融入到古香古色的文化当中去；改造商城，限制现代饰品、服饰销售店铺的快速膨胀，鼓励传统文化店铺的发展，对传统文化店铺给予一定的优惠政策，以支持其发展。提高对酒吧、网吧等现代气味较浓店铺的要求，以限制其过快发展，避免侵占老字号店铺；完善管理办法，加强监控力度。严格拆除违规建筑，平衡新老文化，缓解利益矛盾。

5）潮宗街

（1）区位条件优越的综合性历史文化街。

潮宗街历史文化街区位于湖南省长沙市湘江东岸的开福区古城区。街区位于中山路口至营盘路口。核心保护区以潮宗街为轴线，南侧有连升街、三贵街、梓园、九如里等，北侧有寿星街、高升巷、玉皇坪等。潮宗街是近现代长沙米市的中心街区，集中了多家粮栈和米厂。作为长沙市仅存的4条麻石路之一，潮宗街已历经百余年岁月的流转。2005年国庆节前，开福区按长沙市政府对历史文化街区的保护要求，将潮宗街打造成具有晚清特色的集休闲、旅游和消费于一体的历史文化街巷。

（2）仿古建筑风格，地面特色鲜明。

潮宗街整体建筑结构为砖木结构，建筑风格为仿古式风格。街道内被拆除的古建筑有文化书社、长沙仓储业厂房等。潮宗街麻石潮地面是长沙市历史街巷中保存得最好的地面，从黄兴北路到湘江风光带，长达400m的麻石路段一块麻石也不缺。这些晚清时期铺设的麻石地面很有讲究，其中间横排，两侧竖排，麻石铺设与两厢建筑十分协调，过往行人无论往哪边走都很舒服。只是跟现在开发的麻石板相比，似乎显得不平而充满"皱纹"。

（3）街道的保护工作有效。

潮宗街原有潮宗门、文化书社故址和八路军驻湘通讯故址三处故址，经过多年的变迁，三处故址已不复存在。三处历史遗迹均采用立碑方式予以保护。潮宗门是长沙的城门之一，潮宗街因潮宗门而得名。旧时从长沙经潮宗街到达湘江码头必须经过潮宗门。潮宗街56号是1920年毛泽东创办文化书社的旧址。八路军驻湘通讯故址在寿星街。三处遗迹本次未按原貌恢复，而是根据历史记载制作建筑小品就地立碑予以保护。

潮宗街(含梓园、九如里)，现存6栋民国旧宅。其中，1栋在梓园，2栋在连升街，3栋在九如里，也按修旧如旧的原则改造过，使之与民国时期的建筑风格相协调。

（4）原有建筑破坏严重。

2009年6月，长沙开福区中山西路重大棚改项目正式启动，中山西路棚户区改造项目是2011年长沙市重点建设项目之一，也是开福区三大棚改项目中拆迁面积最大、拆迁户最多的一个。中山西路棚改项目东起西长街、福庆街，西至湘江大道，南起五一大道，北至营盘路，共计单位55家，居民1883户，直管公房423户，土地面积244.35亩(1亩=666.6m^2)，拆迁房屋面积约2865hm^2。

（5）缺乏统一规划，基础设施不足。

潮宗街旁商业店铺缺少统一规划；历史遗址开发、包装等力度不够，配套设施有待健全；没有游憩的地方；街道两旁无垃圾桶，且存在随便停车的现象；原有的古老建筑被拆除，失去了原有的古风古色。

(6) 建议。

在保持整体不变的基础上，对一些破旧的建筑进行改修；对一些历史遗迹进行重修，增加街道的古色古味，提升历史街道的历史纪念价值；拆除影响历史街道风格的建筑，保持其独特的、古朴的历史街道风味。

6. 报告评析

报告结构清晰，层次分明，形式规范，表达较为通畅，分别对开福寺、第一师范、坡子街、太平街和潮宗街5个历史地段进行了分析，并提出了相应的对策。存在的不足之处：内容过于宽泛，分析深度不够，分析方法较为单一；长沙市历史文化街区序列图不完整，且应该要加上指北针。(评析人：蒋志凌)

7.3 总结性实习报告

□报告完成人：刘一睿、何丁霖、黄鹏、喻媚、易康健、曾玉莲、高作念、江丽珍、周紫辉、唐翔瑛子

□实习时间：2012年11月26日—2012年12月9日

□实习地点：衡阳市、长沙市

□指导老师：杨立国、邹君、齐增湘、蒋志凌、廖诗家

1. 实习目的

通过本次实习需要达到以下目的：掌握城市与区域认知实习的常用方法；了解我国城市与区域发展的现状和问题；掌握实习报告的撰写方法；学会与同学之间相互协作等。

2. 实习过程与内容

本次实习分别在衡阳市和长沙市两个地方进行，在衡阳市调查了其主要干道和重要广场等节点，在长沙市我们调查了沿江风光带以及其他城市要素，开展了城市与区域认知实习的考察。

3. 实习总结

1) 专题一：工联村新农村建设调查

2012年11月28日上午我们组一行10人在衡南县工联村进行了为期一个上午的实地调查，通过问卷调查、居民访谈等方式获取第一手资料，经数据处理、分析和后期思索，总结工联村新农村建设，调查的主要结论如下。

(1) 以运输业起步的自下而上的发展模式。工联村发展于20世纪70年代末，在改革开放政策的影响下，在少数“能人”的带领下，以板车运输发端，逐步发展为后来的运输有限公司，规模不断扩大，先富带动后富，开辟了一条农村致富之路。

(2) 特色农业和非农产业是工联村居民发展致富的重要依托。工联村三次产业结构比例为75：21：4(表7-30)，与我国中西部地区大多数农村的产业结构存在显著区别。其中，第一产业以效益较高的烟草种植为主(上半年种植烟草，下半年种植水稻，给工联村

带来了巨大的收益)，第二产业以大米厂、莲子厂、油厂、水厂等农产品加工企业为支撑，工联村还开办了一家农家乐餐馆，提供餐饮、休闲等饮食和娱乐服务。由此可见，工联村因为发展特色农业和农产品加工业而极大地增加了居民收入，改变了农村落后面貌。

表 7-30　工联村产业结构表

产业类型	收入/(万元/年)						
	烤烟	水稻	水厂	油厂	大米厂	莲子厂	农家乐
第一产业	600	500					
第二产业			155	76	35	34	
第三产业							55

(3) 存在问题及解决方法。根据调查，工联村三次产业比重尚不协调，第一产业比重过大，产业转型速度过慢，第二产业产品的附加值不高，吸纳劳动力能力有限，没有从根本上解决农村居民收入持续增长的问题。今后需要提高农产品加工业的层次，提升其盈利能力；进一步稳固特色农业；另外，培养农村致富带头人极为关键，需要发现和培养新一代有知识、有思想、有远见的接班人带领大家致富。

2) 专题二：南岳古镇发展考察

通过南岳古镇半天的实地考查，我们对古镇的历史渊源及其演变有了较为深入的了解，同时，通过问卷、访谈等方法对古镇的意象进行了调查和分析。

古镇在市民和游客心目中的印象是以南岳大庙为标志，牌楼和南岳大庙为重要节点，南街、东街、西街和御街构成主要道路骨架，分区明确，但边界模糊的古镇意象。调查结果显示，100%的市民及游客认为南岳大庙是古镇最具代表性的地方；95%的人认为牌楼与南岳大庙是古镇最具代表性的节点；在对古镇市民及游客进行手绘道路图的调查中，南街、东街、西街和御街能够画出的人数比例达到了95%，说明南街、东街、西街和御街识别率最高；本地居民对古镇区域概念认识都比较明确，90%的居民都能清晰地画出古镇的区域范围；60%的人不知道古镇的边界，只有少数人了解。

3) 专题三：衡阳城市意象考察

衡阳市的城市意象空间是以火车站为中心，以解放路、蒸湘路和船山路等道路骨架形成的网格状系统，在道路框架的基础上，地标、节点、功能区共同组成城市意象图的主要要素，行政区、功能区等区域要素在公众意象中有所体现，部分道路(特别是环路)、河流有时也起到了边缘要素的功能。具体如下。

(1) 道路可识别性强，区域认知程度高。其中，解放路意象性最强，雁峰区认知程度最高。究其原因，市民购物逛街的主要商业道路以及与外界联系的主要干道的识别性强。

(2) 边界可识别性较弱。衡阳市民对作为边界的湘江、蒸水、耒水、环西路、环北路、环东路、环南路、衡邵高速、岳临高速、泉南高速等现状要素识别性普遍较弱。

(3) 交通节点和标志的可识别性强，火车站辨识度最高。火车站、火车东站等交通节点，岳屏公园、雁峰公园等公园节点的可识别性较强，其中火车站和中心汽车站的识别率都高达85%，可识别性最强。标志物普遍认知程度较高，主要有火车站广场雕塑、回雁峰、石鼓书院等，火车站的辨识度最高(表7-31)。

表7-31 衡阳城市意象要素识别率统计表

五大要素	意象点	能够识别的人数/个	识别率/(%)
道 路	解放大道	16	53.3
	衡州大道	11	36.7
	蒸阳南路	4	13.3
	湘江南路	5	16.7
边 界	湘江	28	93.3
	环城南路	4	13.3
节 点	衡阳火车站	26	86.7
	中心汽车站	27	90
	石鼓广场	25	72.73
	莲湖广场	22	50.00
标志物	抗战纪念碑	15	50
	石鼓书院	9	30
	东洲岛	11	36.7
	衡阳火车站广场雕塑	21	70
区 域	岳屏公园	19	63.3
	市体育中心	13	43.3
	华新开发区	5	16.7
	太阳广场	7	23.3

4）专题四：衡阳城市交通调查

我们组选择珠晖区火车站附近的东风路和广东路等路段进行实地调查，主要调查结论如下。

(1) 不同路段车流量差别较大。由于东风路紧邻人车流密集的火车站，加之广东路是连接湘江两岸的主要道路，因此，路段1的车流量最大，占总流量的46%；而从大桥开往广东路的车辆基本上从东风支路过，因此，路段4的车流量最少。

(2) 上下班高峰期各路段车流量最大，行车缓慢。调查数据显示，各路段均呈现出同样的趋势，上午8:00—9:00和中午11:00—12:00的上下班高峰期，各路段的车流量均达到最大值，车辆拥堵现象明显加重(图7.67)。

(3) 车流量以私家车和公交车最多。调查发现，调查路段车流主要以私家车和公交车为主，分别占了55%和23%，其次是出租车，占了14%，最少的是客货车，只有8%。

(4) 调查路段存在不少交通方面的问题。调查发现，行人乱穿马路、电瓶车及摩托车闯红灯、出租车随意停放等问题突出，交通参与人的安全意识淡薄、交通秩序亟待改善。

(5) 优化措施与建议。拓宽车流量最大的路段1，由原来的4车道增加为6车道；双向车道增建绿化隔离带，既提高交通通行效率，又丰富城市景观；十字路口改圆盘交通为红绿灯；增建地下通道或人行天桥，避免与地面的车辆发生冲突；设单行线，以避免双向

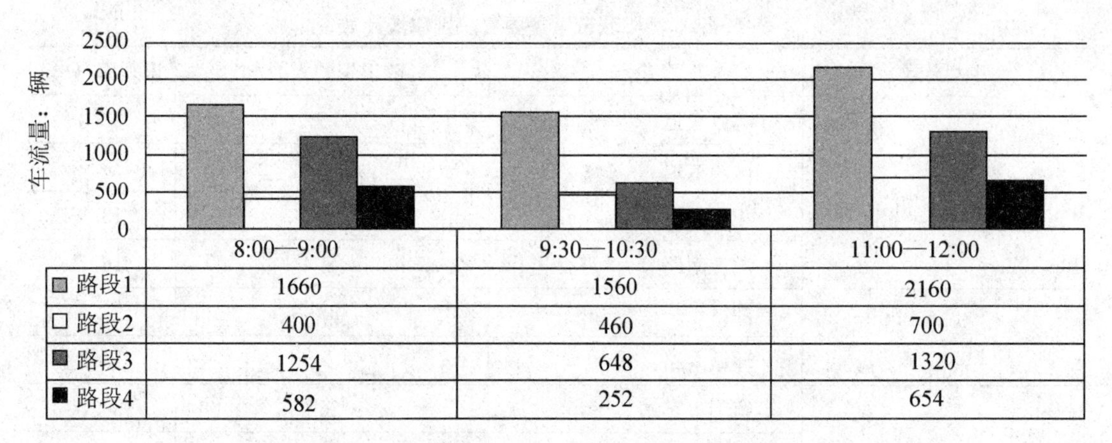

图 7.67　三大时间段各路段交通流量柱形图

交通带来的交通拥堵现象。

5）专题五：衡阳城市形态调查

我们组选择衡阳市不同类型和档次的 5 个住宅小区进行调查，主要调查内容和结论总结如下。

（1）小区建筑密度与其档次成反比。高档住宅区和单位制社区的建筑密度符合标准，建筑密度较小，普通住宅区、安置小区、廉住房社区的建筑密度与标准相差较远，建筑密度明显偏大(表 7 - 32)。

表 7 - 32　各小区建筑密度

小区名称	总面积/m²		建筑		建筑密度/(%)	超出值/(%)
	基地	社区	栋数/栋	层数/层		
锦绣华府	7748	31954	2	26、24	24.2	4.2
太平社区	34295	56000	67	6	61.2	41.2
金龙坪社区	20962.5	25000	26	6	83.8	63.8
寒婆坳社区	121920.4	222600	18	7	54.8	34.8
电缆厂家属区	6136	31500	10	6	19	−1

（2）户型种类与社区档次成正比。高档住宅区、普通住宅区的户型种类较多，户型面积大小丰富，居民选择具有多样性；安置小区、廉租房社区和单位制社区的户型单一，选择灵活性差(表 7 - 33)。

表 7 - 33　各小区户型及居民户型选择倾向性情况表

小区名称	户型种类/种	户型面积/m²	居民选择倾向度/(%)
锦绣华府	2	60～90	17
		90～120	27
		120～150	46
		150～180	10

续表

小区名称	户型种类/种	户型面积/m²	居民选择倾向度/(%)
太平社区	5	60	18
		80	27
		90	9
		100	21
		120	21
		156	4
金龙坪社区	1	120	
寒婆坳社区	3	49.02～49.95	
电缆厂家属区	2	65	
		120	

(3) 出行方式多样，等级高的小区多以私家车为主，大部分小区以公交车为主。小区出行方式呈现多样化特征，出行方式以公交车、私家车、步行为主。其中，高档小区居民较富裕，出行多采用私家车，廉租房社区等档次较低社区居民收入水平一般，尽管公交车站点距离较远，可达性较差，但居民仍以公交车出行为主。

(4) 就业匹配性和购物匹配度差异明显。其中，金龙坪社区附近的就业机会最多，匹配性最好，太平社区的匹配性较其他社区差；同时，小区周边商业设施较为齐全，分布有中小型商铺、广场、公园等，居民出行购物、就医、休闲较为方便。但是，寒婆坳社区周边商业设施很少，不能满足社区内居民的日常生活需求，其居住与商业设施情况匹配性较差(表7-34)。

表7-34 居住-购物匹配度

购物距离小区名称	1km以内/(%)	1～3km/(%)	3～5km/(%)	5km以上/(%)
锦绣华府	50	23	27	0
太平社区	58	27	6	9
金龙坪社区	59	19	14	8
寒婆坳社区	18	22	48	12
电缆厂家属区	67	27	6	0

6) 专题六：衡阳市道路绿化设计调查

我们组此次调查选择东风北路、解放大道、蒸湘北路、船山大道、中山路道路5条城市主干道，对其绿化问题进行实地调查研究，调查发现：

(1) 调查道路形式均为一板二带式，绿化形式规整。东风北路、解放大道、蒸湘北路、船山大道、中山路道路形式皆为一板二带式(图7.68)；道路绿化设计形式则均为规则式；树木的配置形式主要为孤植、对植和丛植；绿化乔木以香樟和枫树为多，其中香樟约占90%，灌木为女贞与春鹃(表7-35)。

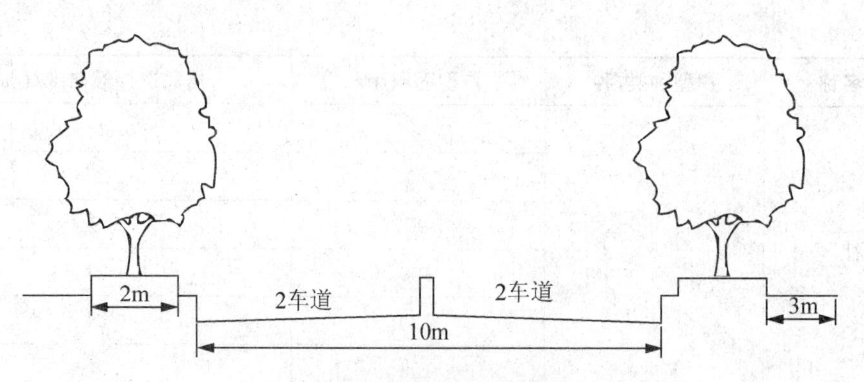

图 7.68　东风路道路断面图

表 7－35　衡阳市行道树种类相关数据表

道路 特性	东风南路	东风北路	解放大道	蒸湘北路	船山大道	中山路步行街
城市区位	中、东部	中、东部	中部	中部	中、北部	中部
道路形式	一板二带式	一板二带式	一板二带式	一板二带式	一板二带式	一板二带式
车道数	4	8	8	8	8	4
宽度/m	10	16	18	20	20	12
人行道/m	3.5	3	3.5	4.5	2.5	5
有无绿化带或护栏	无护栏	有护栏	有护栏	有护栏	有护栏	无护栏
绿化带宽度/m	2	2	3	4	3	1.5
行道树间距/m	4.5	4.5	7.5	8	7.5	5
行道树种类	枫树、樟树	樟树、栾树	樟树、悬铃木	樟树、桂花树	香樟、桂树	香樟、梧桐
灌木种类	女贞、春鹃	女贞、春鹃	女贞、山茶 红花檵木	女贞、春鹃	女贞、四季青	无
绿化形式	规则式、 混合式	规则式	规则式、 混合式	规则式、 混合式	规则式	规则式
配置形式	孤植	对植、丛植	孤植、对植 丛植	丛植、对植	丛植、对植	孤植

（2）道路绿化植物品种多样，但本地植物利用率较低，群落结构单一，缺少季相性。根据调查，衡阳市道路行道树及广场乔木品种共有 26 种，灌木品种共计 34 种，草本植物 14 种，占衡阳市植物品种总数的 5.7%；道路绿化中常绿乔木为主，色叶植物、观花植物相对较少，植物的季相景观不明显；道路绿地、街头绿地以草代树、单层乔、乔加草、灌加草的绿化结构为主，复层结构的群落种植方式还没得到广泛的运用，群落结构单一。

（3）存在问题及解决方法。存在的问题主要有两个：其一，道路绿化过分强调植物景观的大色块及图案美的效果，而忽视了植物景观的遮阴防晒功能以及使用者参与绿地、享用绿地的功能；其二，绿化率不达标。为此，我们认为，首先，在衡阳城市道路绿化过程中应该多应用衡阳本土植物，增加本土文化气息；其次，应增加树木种类，丰富结构层次，保证各种植物光照需求的同时为市民提供遮阴避暑的需要。

7）专题七：光明村新农村建设调查

光明村位于长沙市望城区境内，地理位置较为优越，属于城郊型农村。相对于衡南县的工联村，其新农村建设发展具有不一样的特点。

(1) 土地流转合作社助推光明村新农村发展。以土地流转合作社为平台，采取村民入股、合作开发等形式实行土地集中流转，成功引进了省农民服务中心、狮子山生态农庄、盛世芙蓉餐饮连锁、330亩葡萄基地、龙聚福110亩万荷园、国梅农庄135亩运动休闲场所、320亩四十年河西酒文化基地等现代农业基地，并已初具规模。另外，依托区域优势大力发展乡村旅游业是光明村经济发展的主要依托，现有23家农家乐对外营业。

(2) 基础及公共设施较完善，居民满意度高但使用率低，绿色能源得到利用。从调查情况看，光明村基础设施较完善，特别是道路系统完好；全村有污水处理站15个、水源保护点若干；光明村公共服务设施较其他农村完善，有学校、幼儿园等教育设施，歌厅、休闲会所等娱乐设施以及广场、书屋等文卫设施。但整体上来说，居民的使用率并不是很高，设施没有得到充分利用。

(3) 存在问题及解决办法。光明村社会主义新农村建设与“生产发展，生活富裕，乡风文明，村容整洁，管理民主”的要求还有较大差距：首先，农民收入仍然偏低，增收后劲不足。光明村应进一步加大支农力度，引进先进生产技术和管理经验，提高农产品附加值；其次，民主建设有待提高，在今后的决策及干部评选中应注重村民意见；最后，村民文化生活较单一，农家书屋没有发挥应有的作用，应提高村民学习的积极性，进一步提升村风文明。

8）专题八：长沙市城中村调查

城中村是快速城市化发展背景下的一种现象，居住其中的居民表面上已经城市化，但实际上其思想观念、生活方式等均没有真正实现城市化。我们组在长沙市黎托乡平阳村进行了为期半天的实地调查，主要考查结论如下。

(1) 基础设施和卫生条件差。村中道路网密集，主干道路宽约5m，次路宽约4m，通达性较好，道路硬化率达90%以上，但路面坑洼不平，常有积水，且只有花桥路旁每隔50m处设有路灯，次级道路路段被众多商贩占用，造成了交通堵塞和安全隐患的存在；供水设施较好，但供电设施还需完善。从村民的反映来看，普遍认为自来水供应和水质让人较为满意，但对于供电设施，则有10%的村民表示电压偶尔不稳定，还有些村民表示电费较高；网络覆盖率较高，但没有广播，村中网络覆盖率达80%，有一家邮局，但没有广播站；另外，居民的居住环境较差，生活垃圾随处可见，地面乱、脏、差现象严重。

2）缺乏配套的公共服务设施。文化和卫生设施缺少，医保不到位。平阳村有两三家小型餐馆和米粉店、一间书屋。50%的村民认为餐馆条件一般。只有一处卫生所，环境一般。当地只有50%村民参加了医疗保险。缺少休闲娱乐场所，生活较为单调。

9）专题九：长沙城市意象调查

对长沙市主要道路、边界、区域、节点和标志物进行了可意象性调查，主要结论如下。

(1) 道路可识别性整体较弱，各主干道的可识别性差别较大，宽敞、整洁和通达性好的道路居民印象较深。据调查，长沙市道路的可识别性较弱，受访者存在很多迷路的现象；同时，各大干道之间道路识别性也有一定的差异，绝大多数调查者认为五一大道是长沙的主干道，其次是芙蓉路、解放路、湘江路，而东风路、“六桥三环”的可识别性相当低。宽敞明亮、通达性较好、环境卫生条件好的道路整体上可识别性强。

(2) 长沙市民对市区边界的概念比较模糊。调查发现，仅有3%的市民能够清楚地知道长沙城区的边界，而对边界印象模糊的人占66%，对边界完全没有印象的占31%。可见，长沙居民对边界的印象比较模糊。主要原因应该是边界对于市民认识城市来说，不是最主要的参照物，而且，随着城市用地的不断扩张，城市边界越来越模糊，其形象代表作用也会越来越不明显。

(3) 富于特色、发展较早的区域的识别度明显高于其他区域。根据调查数据，被调查者对岳麓区、天心区和雨花区的识别率最高。对岳麓区的认识程度为82%；对天心区的认识程度为65%；对雨花区的熟悉度为77%；芙蓉区作为长沙市金融、商务中心在长沙市经济发展中起到了中流砥柱的作用，所以居民对其熟悉程度也较高；识别度最低的是望城区，这是由于望城区纳入长沙城区不久，其各方面的建设还不够成熟，人们对其可意象性明显偏低。

(4) 节点在长沙城市意象中较为突出，文化休闲场所和人群密集地方的节点可意象性高。根据调查资料，我们得出以下结论，在受访者中，27%的人认为长沙市的节点是橘子洲头；17%的受访者认为岳麓书院能够作为明显的节点；9%的受访者认为长沙火车站、贺龙体育场、杜甫江阁、天心阁能够作为节点；也有一些受访者提出五一广场和太平街等节点。由此可见，火车站、汽车站等人群密集度大的场所和橘子洲头、烈士公园等文化休闲场所节点可意象性高，这说明市民的城市意象性是以自身可达性为前提，欠缺对城市深层次的了解。

(5) 空间突出和知名度是地标形成的重要因子。调查发现，长沙火车站、杜甫江阁、天心阁、贺龙体育馆、橘子洲头、芙蓉广场、烈士公园是长沙市具有代表性的标志物。其中，长沙火车站的认出率为100%；贺龙体育馆、橘子洲头与烈士公园均在90%以上；其他一些有特色的著名景观标志物的辨认率也都在66%～77%。

4. 实习体会

(1) 团队合作极为重要。实习前，我们并没有意识到本次实习需要大量的专业知识，自己平时涉猎的专业知识也极其有限，因此，实习过程中我们遇到了很多困难。比如，在做实习计划的时候，不知道如何下手。正因为这样，大家发现了团队合作的重要，协作意识也大大增强。不懂的、不会的可以问问学长、学姐和组员，大家一起讨论，从而使实习得以正常进行。调查报告集结了我们组内每一个人的汗水和智慧结晶，看到了自己负责的课题报告完成，成就感也油然而生。

(2) 实习是忙碌的，但也是充实的。实习前一切都是未知的，感觉实习很好玩，对实习充满了好奇。可实习时才知道，一切并不那么轻松，实习地点基本都是未曾去过的地方，面对的都是不曾相识的人，加上语言沟通有一定的障碍，还是有不小的问题。这是一次实习，也是一次锻炼，尽力去做就好。每天上午进行实地调研、下午进行专题报告撰写、晚上进行汇报和实习计划制定，基本上没有空闲时间。但是，晚上躺下来回想一下一天的实习过程，却洋溢着满足的微笑，因为，内心感觉非常的充实。

(3) 理论与实践存在较大的距离。两个礼拜的实习过程使我们认识到了理论与实际的差距。例如，工联村的课题，需要我们每家每户去走访调查，从而得到我们需要的数据，进而分析数据。团队的合作非常的重要，每个组员必须分工明确并且按时按质地完成任务。对于我这种在学习上拖拉的学生来说，这是一种煎熬，但事后却非常的有成就感。感觉跟校内的课堂学习完全不一样，而且很多问题与书本上讲的并不一样，我们需要更多地去思考它的原因。

(4) 细节决定成败，细心非常重要。本次实习的一个很大收获就是让我们明白了一个重要道理——凡事都需要仔细认真。例如，虽然我们对衡阳的情况比较熟悉，但很多细节的记录都能为我们增加很多素材和避免错误。在衡阳火车站调查的时候，我们调查的是关于车流量的情况，我负责记录10min内出租车出站数量，还有一组同学负责记录出租车进站数量，我们都站在同一个地方，但后来发现出租车的进口和出口并不在同一个地方，导致我们的调查数据出现极大的偏差。因此，不管做什么事，都要细心观察细节，以免出现漏洞。

5. 实习建议

(1) 要有良好的分工，实习之前的实习计划制定尽量周全一些，尽可能提前预料到可能发生的问题。

(2) 实习之前应该多看一些专业方面的书籍，这样将有利于实习的顺利开展。

(3) 实习中我们应该注意方法与自己的行为举止，这不仅关系到个人而且关系到学校的荣辱。各组之间应该更加的团结与合作，共同把课题与任务完成好，这对于将来从事这个行业的同学非常有用。实习地点不应该局限于几个原来的地点，需要在不同的地点去做，这样我觉得更加有意义。

(4) 要达到什么样的效果和目的，就要相应地去获取什么样的信息和资料，因此实习前要做好充分准备。

6. 报告评析

报告形式规范，内容详尽，表达较为顺畅，层次和结构分明，是一份较好的总结性实习报告；实习总结部分对整个实习过程中的每个专题的主要内容进行归纳总结，是一种可供选择的总结性实习报告撰写方法；实习体会比较中肯，实习建议较为合理，说明通过此次实习，同学们确实动了脑筋，收获不少。

可以改进的地方：首先，整个报告在语言表达上有待提高，有些地方的逻辑性不强，也存在口语化的问题；其次，实习总结部分最好像写学术论文的摘要一样进行归纳，语言要高度概括和精练，图、表可以考虑删除，字数不要太多。如果说专题报告追求写“长”的话，那么总结性报告的内容总结部分要追求写“短”。(评析人：邹君)

参考文献

[1] 张泉，陈刚．“由观到悟”——城市规划专业认识实习教学改革与探索[J]．高等建筑教育，2011，20(1)：146-148.

[2] 常疆，夏安桃，朱佩娟．城乡规划专业《区域与城市认识实习》模式探索[J]．衡阳师范学院学报，2009，30(3)：168-170.

[3] 杨立国，邹君，刘小兰．地方高师城乡规划专业城市与区域认知实习定位与操作模式[J]．黑龙江教育，2012(5)：41.

[4] 刘慧平，白穆，穆晓东．实践以学生为本的地球科学实习课程教学理念[J]．中国大学教育，2010(1)：70-71.

[5] 张群芳．实习教学学生考核方式探索[J]．职业与教育，2011(11)：66.

[6] 赵卫东，郭琳．实践教学环节考核方法探讨[J]．中国电力教育，2008(11)：153-154.

[7] 张业旺，刘瑞江，李红霞．严肃性和趣味性并举，提高生产实习动员效果[J]．新课程研究，2011，12：147-148.

[8] 刘清泉，王家合．应用型本科专业实践教学质量保证理念研究[J]．高等教育研究，2010(12)：87-88.

[9] 徐行方，张纪京．论校外实习的组织管理[J]．教育教学论坛，2012(31)：217-218.

[10] 曾正中，张明泉，杨军．野外实习学生管理准则探讨——以综合环境实习为例[J]．高等理科教育，2003(2)：105-108.

[11] 余志勇，梅燕，肖晓．旅游管理专业野外认识实习的创新研究——以成都理工大学为例[J]．成都理工大学学报：社会科学版，2012，20(3)：118-122.

[12] 王炎松，刘世英．认识实习教学的“五化”与“三式”[J]．成都航空职业技术学院学报，2000(2)：38.

[13] 张忠文．培养大学生的勤俭吃苦耐劳精神[J]．锦州师范学院学报，2000，22(4)：106-110.

[14] 徐宗珠．中职生吃苦耐劳精神的教育与培养策略[J]．科技信息，2009，2：233-237.

[15] 吴雨明．如何制定实习计划[J]．职教通讯，1997，8：39-40.

北京大学出版社土木建筑系列教材(已出版)

序号	书名	主编	定价	序号	书名	主编	定价
1	建筑设备(第2版)	刘源全　张国军	46.00	50	土木工程施工	石海均　马　哲	40.00
2	土木工程测量(第2版)	陈久强　刘文生	40.00	51	土木工程制图(第2版)	张会平	45.00
3	土木工程材料(第2版)	柯国军	45.00	52	土木工程制图习题集(第2版)	张会平	28.00
4	土木工程计算机绘图	袁　果　张渝生	28.00	53	土木工程材料(第2版)	王春阳	50.00
5	工程地质(第2版)	何培玲　张　婷	26.00	54	结构抗震设计	祝英杰	30.00
6	建设工程监理概论(第3版)	巩天真　张泽平	40.00	55	土木工程专业英语	霍俊芳　姜丽云	35.00
7	工程经济学(第2版)	冯为民　付晓灵	42.00	56	混凝土结构设计原理(第2版)	邵永健	52.00
8	工程项目管理(第2版)	仲景冰　王红兵	45.00	57	土木工程计量与计价	王翠琴　李春燕	35.00
9	工程造价管理	车春鹂　杜春艳	24.00	58	房地产开发与管理	刘　薇	38.00
10	工程招标投标管理(第2版)	刘昌明	30.00	59	土力学	高向阳	32.00
11	工程合同管理	方　俊　胡向真	23.00	60	建筑表现技法	冯　柯	42.00
12	建筑工程施工组织与管理(第2版)	余群舟　宋会莲	31.00	61	工程招投标与合同管理	吴　芳　冯　宁	39.00
13	建设法规(第2版)	肖　铭　潘安平	32.00	62	工程施工组织	周国恩	28.00
14	建设项目评估	王　华	35.00	63	建筑力学	邹建奇	34.00
15	工程量清单的编制与投标报价	刘富勤　陈德方	25.00	64	土力学学习指导与考题精解	高向阳	26.00
16	土木工程概预算与投标报价(第2版)	刘　薇　叶　良	37.00	65	建筑概论	钱　坤	28.00
17	室内装饰工程预算	陈祖建	30.00	66	岩石力学	高　玮	35.00
18	力学与结构	徐吉恩　唐小弟	42.00	67	交通工程学	李　杰　王　富	39.00
19	理论力学(第2版)	张俊彦　赵荣国	40.00	68	房地产策划	王直民	42.00
20	材料力学	金康宁　谢群丹	27.00	69	中国传统建筑构造	李合群	35.00
21	结构力学简明教程	张系斌	20.00	70	房地产开发	石海均　王　宏	34.00
22	流体力学(第2版)	章宝华	25.00	71	室内设计原理	冯　柯	28.00
23	弹性力学	薛　强	22.00	72	建筑结构优化及应用	朱杰江	30.00
24	工程力学(第2版)	罗迎社　喻小明	39.00	73	高层与大跨建筑结构施工	王绍君	45.00
25	土力学(第2版)	肖仁成　俞　晓	25.00	74	工程造价管理	周国恩	42.00
26	基础工程	王协群　章宝华	32.00	75	土建工程制图	张黎骅	29.00
27	有限单元法(第2版)	丁　科　殷水平	30.00	76	土建工程制图习题集	张黎骅	26.00
28	土木工程施工	邓寿昌　李晓目	42.00	77	材料力学	章宝华	36.00
29	房屋建筑学(第2版)	聂洪达　郄恩田	48.00	78	土力学教程	孟祥波	30.00
30	混凝土结构设计原理	许成祥　何培玲	28.00	79	土力学	曹卫平	34.00
31	混凝土结构设计	彭　刚　蔡江勇	28.00	80	土木工程项目管理	郑文新	41.00
32	钢结构设计原理	石建军　姜　袁	32.00	81	工程力学	王明斌　庞永平	37.00
33	结构抗震设计	马成松　苏　原	25.00	82	建筑工程造价	郑文新	39.00
34	高层建筑施工	张厚先　陈德方	32.00	83	土力学(中英双语)	郎煜华	38.00
35	高层建筑结构设计	张仲先　王海波	23.00	84	土木建筑 CAD 实用教程	王文达	30.00
36	工程事故分析与工程安全(第2版)	谢征勋　罗　章	38.00	85	工程管理概论	郑文新　李献涛	26.00
37	砌体结构(第2版)	何培玲　尹维新	26.00	86	景观设计	陈玲玲	49.00
38	荷载与结构设计方法(第2版)	许成祥　何培玲	30.00	87	色彩景观基础教程	阮正仪	42.00
39	工程结构检测	周　详　刘益虹	20.00	88	工程力学	杨云芳	42.00
40	土木工程课程设计指南	许　明　孟茁超	25.00	89	工程设计软件应用	孙香红	39.00
41	桥梁工程(第2版)	周先雁　王解军	37.00	90	城市轨道交通工程建设风险与保险	吴宏建　刘宽亮	75.00
42	房屋建筑学(上：民用建筑)	钱　坤　王若竹	32.00	91	混凝土结构设计原理	熊丹安	32.00
43	房屋建筑学(下：工业建筑)	钱　坤　吴　歌	26.00	92	城市详细规划原理与设计方法	姜　云	36.00
44	工程管理专业英语	王竹芳	24.00	93	工程经济学	都沁军	42.00
45	建筑结构 CAD 教程	崔钦淑	36.00	94	结构力学	边亚东	42.00
46	建设工程招投标与合同管理实务	崔东红	38.00	95	房地产估价	沈良峰	45.00
47	工程地质（第2版）	倪宏革　周建波	30.00	96	土木工程结构试验	叶成杰	39.00
48	工程经济学	张厚钧	36.00	97	土木工程概论	邓友生	34.00
49	工程财务管理	张学英	38.00	98	工程项目管理	邓铁军　杨亚频	48.00

序号	书名	主编	定价	序号	书名	主编	定价
99	误差理论与测量平差基础	胡圣武　肖本林	37.00	124	建筑工程计量与计价	张叶田	50.00
100	房地产估价理论与实务	李　龙	36.00	125	工程力学	杨民献	50.00
101	混凝土结构设计	熊丹安	37.00	126	建筑工程管理专业英语	杨云会	36.00
102	钢结构设计原理	胡习兵	30.00	127	土木工程地质	陈文昭	32.00
103	钢结构设计	胡习兵　张再华	42.00	128	暖通空调节能运行	余晓平	30.00
104	土木工程材料	赵志曼	39.00	129	土工试验原理与操作	高向阳	25.00
105	工程项目投资控制	曲　娜　陈顺良	32.00	130	理论力学	欧阳辉	48.00
106	建设项目评估	黄明知　尚华艳	38.00	131	土木工程材料习题与学习指导	鄢朝勇	35.00
107	结构力学实用教程	常伏德	47.00	132	建筑构造原理与设计(上册)	陈玲玲	34.00
108	道路勘测设计	刘文生	43.00	133	城市生态与城市环境保护	梁彦兰　阎　利	36.00
109	大跨桥梁	王解军　周先雁	30.00	134	房地产法规	潘安平	45.00
110	工程爆破	段宝福	42.00	135	水泵与水泵站	张　伟　周书葵	35.00
111	地基处理	刘起霞	45.00	136	建筑工程施工	叶　良	55.00
112	水分析化学	宋吉娜	42.00	137	建筑学导论	裘　鞠　常　悦	32.00
113	基础工程	曹　云	43.00	138	工程项目管理	王　华	42.00
114	建筑结构抗震分析与设计	裴星洙	35.00	139	园林工程计量与计价	温日琨　舒美英	45.00
115	建筑工程安全管理与技术	高向阳	40.00	140	城市与区域规划实用模型	郭志恭	45.00
116	土木工程施工与管理	李华锋　徐　芸	65.00	141	特殊土地基处理	刘起霞	50.00
117	土木工程试验	王吉民	34.00	142	建筑节能概论	余晓平	34.00
118	土质学与土力学	刘红军	36.00	143	中国文物建筑保护及修复工程学	郭志恭	45.00
119	建筑工程施工组织与概预算	钟吉湘	52.00	144	建筑电气	李　云	45.00
120	房地产测量	魏德宏	28.00	145	建筑美学	邓友生	36.00
121	土力学	贾彩虹	38.00	146	空调工程	战乃岩　王建辉	45.00
122	交通工程基础	王富	24.00	147	建筑构造	宿晓萍　隋艳娥	36.00
123	房屋建筑学	宿晓萍　隋艳娥	43.00	148	城市与区域认知实习教程	邹　君	30.00